马克思主义基本原理重点学科建设成果

马克思主义政治伦理思想与当代伦理道德问题研究

肖祥◎著

MAKESI ZHUYI ZHENGZHI LUNLI SIXIANG
YU DANGDAI LUNLI DAODE WENTI YANJIU

暨南大學出版社
JINAN UNIVERSITY PRESS

中国·广州

图书在版编目（CIP）数据

马克思主义政治伦理思想与当代伦理道德问题研究/肖祥著．—广州：暨南大学出版社，2017.8
ISBN 978－7－5668－2147－8

Ⅰ.①马…　Ⅱ.①肖…　Ⅲ.①马克思主义—政治伦理学—研究—中国②伦理学—研究—中国　Ⅳ.①A811.64②B82－092

中国版本图书馆CIP数据核字(2017)第165196号

马克思主义政治伦理思想与当代伦理道德问题研究
MAKESI ZHUYI ZHENGZHI LUNLI SIXIANG YU DANGDAI LUNLI DAODE WENTI YANJIU
著　者：肖　祥

出 版 人：徐义雄
策划编辑：陈绪泉　杜小陆
责任编辑：陈绪泉
责任校对：刘雨婷
责任印制：汤慧君　周一丹

出版发行：暨南大学出版社（510630）
电　　话：总编室（8620）85221601
营销部（8620）85225284　85228291　85228292（邮购）
传　　真：（8620）85221583（办公室）　85223774（营销部）
网　　址：http：//www.jnupress.com
排　　版：广州市天河星辰文化发展部照排中心
印　　刷：佛山市浩文彩色印刷有限公司
开　　本：787mm×960mm　1/16
印　　张：18
字　　数：297千
版　　次：2017年8月第1版
印　　次：2017年8月第1次
定　　价：50.00元

目　录

马克思主义政治伦理思想研究

伦理现实问题研究

生态伦理与生态文明建设研究

道德教育研究

引　言

引领生活：伦理学研究的当代视野

回归生活世界是现代哲学的基本精神，也是对近代哲学遗忘生活的一种反叛。伦理学研究应该以回归现实生活的热切姿态，积极倡导“生活、实践”的观点，关注生活、引领生活、切入生活。

马克思主义哲学的致思路径和马克思主义社会科学方法论，为中国特色社会主义伦理学建设指明了路向。马克思曾说：“哲学非常懂得生活。”① 他在批判和超越传统形而上学的基础上对此进行了诠释，从而表达现代哲学的基本精神：对传统形而上学的批判，对生活世界的回归。从古希腊巴门尼德肇始，经由柏拉图“理念世界”的确立，感性存在和经验世界一直被哲学思维所弃置。相反，对感性世界的超越和对超感性的理念世界的追求却成了寻求真理的道路。这种根深蒂固的形而上学思维方式甚至一直影响了19世纪德国古典哲学家黑格尔。在黑格尔那里，绝对精神是世界的本原，感性存在、自然界不过是从它那里生长出来的，生活也只不过是一种精神性的过程。传统形而上学对感性世界和精神、观念世界关系的颠倒，导致对生活实质的错误理解，它不可能懂得什么是生活。马克思主义既反对古希腊哲学家只关注自然界而不关注人的生活的片面理解，也反对近代哲学家主客二分式的思维方式。现代西方哲学批判了近代哲学对现实生活世界的遗忘、遮蔽和漠视，开始了对人及其生活的关注。从某种意义上

① 《马克思恩格斯全集》(第1卷)，北京：人民出版社，1956年，第123页。

说，现代西方哲学对生活的关注是基于生存论的思考。现代西方工业社会中，人日益被物化，成了工具化、零件化、技术化的人，工具理性的膨胀导致了人的种种异化、人文精神的丧失、道德意识的危机。人类社会遭受着来自大自然和人类自身的各种污染和危害，生命群体陷入了前所未有的困惑、紧张、焦虑、不安和抑郁之中，正如海德格尔在《关于人道主义的书信》中所形容的："无家可归状态成了世界的命运。"现代西方哲学面向人及其生活世界的哲学变革，就是要反思和消解工具理性主义给人类社会带来的消极影响，使被遮蔽的人的本性及其生活本质完整地呈现，以实现"诗意的栖居"。现代西方哲学家对此也进行多形式的探寻，无论是胡塞尔的"生活世界"、维特根斯坦的"生活形式"、海德格尔的"日常生活"、哈贝马斯的"生活世界的殖民化"，还是伽达默尔与列斐伏尔的"日常生活批判"、舒茨的"生活结构理论"，都是对如何理解生活世界和回归生活世界的积极努力，展示了独特的理论视界和不同的价值旨趣。但是，他们对生活世界的理解大都是经验性的、日常性的，所谓意识也只不过是个人对现实生活的体验和感受。最重要的是，他们没有探究作为生活本质的物质生活实践，没能深刻地理解物质生活实践的基础性地位，从而难以理解物质生活和精神生活在何种程度上实现了统一。马克思作为现代哲学的奠基人，其生活理论不同于现代西方哲学。他对"生活世界"的强调和深入显然已有更高的立意，因为生活的展开并不是停留于"人的生存如何可能"的问题，而是执着于"什么是更好的生活""生活的意义何在"等问题的追问。

伦理学研究的学术责任，就在于它对现代性面临的严重问题做出回答。现代性面临的问题，"最为重大的无疑是价值虚无主义的挑战"①。在资本占统治地位的历史时期，人处于以物的依赖关系为基础的独立性阶段，社会关系以异己的物的关系的形式同个人相对立，人的发展依然受到社会关系的束缚和压抑。在社会主义市场经济建设中，我们并没有完全摆脱这种束缚和压抑，人的全面发展仍"在途中"。在当代生活境遇性的发展过程中，伦理学对生活的关切的目标指向总是确定的、深远的、终极性

① 贺来：《"现代性"的反省与马克思主义哲学研究纵深推进的生长点》，《求是学刊》2005 年第 1 期。

的。对于人而言，生活是合目的性与超功利性的有机结合，因此人的生活必定追寻价值和意义。对生活实践的关注，不仅为解决现实的发展问题和对已存在问题进行思考和纠偏，更重要的是通过对生活进行前提性的价值批判，从而为消除生活中的种种异化提供价值合理性的途径。

伦理学研究应当落实于社会生活中种种社会关系的矛盾化解，使实存性的生存变成现实性的生活，使生活充满意义。

从人与人的关系而言，现阶段并没有超越马克思描绘的人与人的异化状态。尽管马克思批判了资本主义社会条件下异化劳动造成了劳动产品和劳动者相异化、劳动本身和劳动者相异化、人同自己的类本质相异化和人同人相异化，但是在社会主义初级阶段，人与人的异化在一定程度上还存在着。人与人的异化必然导致生活中种种不和谐现象和矛盾冲突，必然存在人被当作工具或手段的状况。如何优化实践交往关系，使每一个人尽量“以一种全面的方式，就是说，作为一个总体的人，占有自己的全面的本质”①，将成为生活实践中的重要而亟待完成的课题，因为“一个人的发展取决于和他直接或间接进行交往的其他一切人的发展”②。只有如此，个人与他人的关系才能和谐，人的全面发展才有现实的依据。

从人与社会的关系而言，二者是相互制约、相互影响的。马克思曾言：“只有在社会中，人的自然的存在对他来说才是自己的人的存在，并且自然界对他来说才成为人。”③ 人是社会的人，社会是人的社会，离开社会，人的本质和特征也失去了解释的依托而无法把握。马克思正是在此意义上说人的本质在其现实性上“是一切社会关系的总和”④。如何在个体生活中提高每个人的素质，从而促进社会共同体的健康发展，避免“道德的人与不道德的社会”⑤ 状况；如何在社会公共生活中营造公平正义、积极向上的社会氛围，从而促进个人的自觉自由发展，这是当代社会主义生活同一问题的不可分割的两面。正如马克思指出的：“要不是每一个人都得

---

① 马克思：《1844 年经济学哲学手稿》，北京：人民出版社，2000 年，第 85 页。
② 《马克思恩格斯全集》（第 3 卷），北京：人民出版社，1960 年，第 515 页。
③ 《马克思恩格斯全集》（第 21 卷），北京：人民出版社，1965 年，第 515 页。
④ 《马克思恩格斯选集》（第 1 卷），北京：人民出版社，1995 年，第 56 页。
⑤ 《马克思恩格斯全集》（第 3 卷），北京：人民出版社，1960 年，第 340－341 页。

到解放，社会本身也不能得到解放。”① “只有在共同体中，个人才能获得全面发展其才能的手段，也就是说，只有在共同体中才可能有个人自由”，而且只有“在真正的共同体的条件下，各个人在自己的联合中并通过这种联合获得自己的自由”②。人与社会的发展是辩证统一的过程，如何在现实生活中构建和谐良性的社会环境，为人的全面发展创造有利条件，将是社会主义建设的另一重大课题。

从人与自然的关系而言，既有人对自然的改造，又有自然对人的影响。马克思曾说：“自然界是人为了不致死亡而必须与之处于持续不断的交互作用过程的、人的身体，所谓人的肉体生活和精神生活同自然界相联系，也就等于说自然与自身相联系，因为人是自然的一部分。”③ 自然界是人之生存的保障，不仅为人的物质生活提供吃、喝、住等基本生存条件，同时也为人的“精神生活”提供自然性基础。

从人与自我的关系而言，人的身心和谐也已经成为当代生活中的一个值得关注的问题。由于现代社会中种种内外的压力，人们在日常生活中面临着多元的、相互冲突的价值观，因而陷入了精神生活和道德秩序的混乱。其典型的表现就是人们无止境地追求感官享受，致使身心失调、人格分裂。心理的失衡引起了精神和行为异常，造成了自我身心的扭曲，不仅影响了个人的健康发展，甚至也严重地影响了社会的和谐安宁。一个不争的事实是：“现代人正在精神深层中经受着来自价值秩序混乱的道德困惑与道德不幸。道德价值的彻底颠覆是现代性问题的根本症结，反映了现代人的精神气质的变形。”④ 个体以何种方式生存于社会当中，其实是关涉人的价值存在的问题，也就是以何种价值观念、价值选择、价值实现对待生活的问题。

从中国当代社会生活的实际出发，结合中国特色社会主义建设的实践，关注民生，关注物质与精神生活的进步，是伦理学实践性的体现。正是从对化解以上种种矛盾的引领作用而言，伦理学对当代生活的切近正散发着春天般的气息。

---

① 《马克思恩格斯全集》（第3卷），北京：人民出版社，1960年，第332－333页。
② 《马克思恩格斯选集》（第1卷），北京：人民出版社，1995年，第119页。
③ 《马克思恩格斯全集》（第21卷），北京：人民出版社，1965年，第56页。
④ 金生鈜：《德性与教化》，长沙：湖南大学出版社，2003年，第2页。

马克思主义政治伦理思想研究

制度与心灵的双重建构：中国马克思主义政治伦理秩序之建立

马克思主义政治伦理思想以建立正义的政治制度、合伦理的权力运行规范、完善的权力制约机制为手段，以追求合理公平的政治关系和人的解放为基本目标，以实现人的全面自由发展为政治理想目标，因其革命性、科学性和道德性的崭新特征，切合中国政治变革的需要，在实现中国化的过程中推进中国马克思主义政治伦理思想形成、发展和成熟，引起了20世纪以来中国当代政治伦理文化的伟大变迁和中国政治生活的巨大变革。中国马克思主义政治伦理的形成与发展，开辟了马克思主义政治伦理发展的新境界，从制度和心灵的两个维度建构了中国政治伦理新秩序，并从理论和现实推进了社会主义民主政治的发展。

一、制度秩序与心灵秩序：政治伦理秩序的双重维度

伦理秩序是通过伦理规范的约束和社会个体对伦理规范约束的心理认同而实现的社会秩序。作为一种规范体系，伦理秩序随着社会生活的个体化、经济交往的自由化、人际交往的复杂化、社会结构的多元化、价值观念多样化而发生变革；作为一种应然状态，伦理秩序是一个社会发展追求的良好运行状态。“伦理秩序”作为一种“伦理关系的结构性存在”①，首先是一种客观性关系结构，这种结构自身具有客观交往规则，并以制度秩序为表现形式；其次是作为一种主观性追求和表达，并以心灵秩序的形式得以呈现。政治伦理秩序亦然。所谓政治伦理秩序，是指通过政治伦理规范对政治主体的行为和心理实施影响，从而实现社会政治活动和政治生活

---

① 高兆明：《制度公正论：变革时期道德失范研究》，上海：上海文艺出版社，2001年，第59页。

的良性发展。

一方面，制度秩序是政治伦理秩序实现的刚性基础和保障。制度秩序是在一定的政治价值目标的引导下通过一整套制度规范体系而实现的。首先，制度秩序确保政治伦理秩序价值目标的方向性和正确性。对于社会主义政治民主建设而言，政治价值目标的确立起着旗帜和标杆的作用。任何政治制度的设计，“都必须兼顾两项最基本的政治价值：政府的权力必须完整强大，而人民的权利必须获得最坚固的保障”①。“人民当家作主”是社会主义民主政治的本质和核心要求，是社会主义政治文明建设的根本出发点和归宿。没有制度规约，就无法切实尊重和保障人民的政治、经济和文化权益。其次，政治伦理秩序是制度秩序的基本内容。现代社会的“现代性”在很大程度上就在于它的制度化，因为制度化实际上意味着理性化、正规化。随着市场经济体制的变革，由利益的高度分化引发的价值观念多元化和社会伦理失序的诸多问题对社会主义政治发展产生了深刻而广泛的影响。政治民主化和政治资源的整合需要伦理道德的支持，但也必须有制度的制约，才能使多元利益主体有秩序地参与政治生活，保证和促进社会主义民主在发展中求得和谐。因此，在政治伦理秩序建设过程中必须使制度与伦理有机地结合起来。政治伦理秩序的制度化一要有效地维护社会的公平、正义，为形成良好的政治民主提供有效保障；二要通过制度安排，反对和剔除那些不符合社会主义政治民主发展的行为，从制度上对此进行惩治。

另一方面，心灵秩序既是政治伦理秩序得以形成的前提性心理基础，也是一定制度秩序良性运行后社会心理的和谐状态。正是因为如此，政治伦理秩序的建构有赖于心灵秩序的建立和完善。如果说制度秩序立足于社会经济政治秩序对人们提出普遍的政治伦理要求，其核心问题是“应该怎样”；那么心灵秩序则指政治信念、政治价值理想、政治道德主体性的确立，强调政治活动主体的自觉性，其核心问题是“我要怎样”的问题，从而达到一种对政治理想信念的自觉服膺。心灵秩序的发生是由政治心理到政治认同，再到政治参与和政治结果共享的过程。政治心理是社会成员对

① 钱永祥：《纵欲与虚无之上——现代情境里的政治伦理》，台北：联经出版事业公司，2001 年，第 143 页。

社会政治现象、政治生活和政治过程的一种自发的心理反应。政治心理总是在一定社会历史条件下产生的。不同的政治心理素质，包括对政治的兴趣、政治的效能感、政治知识、公共责任感等，导致了个体现实政治参与的差异。政治心理是前提，是一切社会政治良性运行的基础，在其之上才有可能形成一定政治意识形态的政治认同。政治认同是主体对政治统治体系（政治意识形态、政治制度、政治运行）的一种主观、能动、积极的反映，是心灵秩序建构的最重要的环节。广大民众只有对一定的政治意识形态及其表现形式产生政治认同，才能形成政治参与和政治共享。政治参与是政治心理和政治认同在行为层面的反应，是心灵秩序的外在表现。政治共享是政治心灵秩序形成所达成的一种美好的、和谐的状态，它表明政治价值性的获得。

真正具有渗透力的政治伦理既是理性化的，又包含政治活动参与者的主体性认同、向往和信仰——对政治价值的认同和政治理想的信仰构成了政治伦理秩序长久而深沉的心理动因。政治心灵秩序关注政治情感的生成，把政治活动置于人性的基础之上，使政治真正成为主体人的社会存在方式，避免了将政治与人性割裂而使政治规范苍白无力的偏颇；关注政治行为的发生动机乃是主体的内驱力而非外界的强制性，使政治活动的工具性与人类社会、人的最终发展相契合而不是相背离；关注政治行为结果上的内心体验，求得民众广泛的内心平和、愉悦。从这个意义上说，政治伦理秩序的建立不能局限于伦理制度的规范秩序，而更应该注重人的心灵秩序的建构。

二、制度变革：中国政治伦理制度的历史性转型

以毛泽东为代表的中央领导集体带领全国各族人民，完成了新民主主义革命和社会主义革命的伟大历史任务，并对社会主义政治伦理制度进行了伟大探索，实现了马克思主义政治伦理的一般原理与中国革命和建设的政治实践及中国政治伦理文化优秀传统的结合，实现了中国政治伦理制度的伟大变革。以邓小平为代表的中央领导集体发展了毛泽东政治伦理思想，更加重视从制度建设上处理和协调社会主义初级阶段各政治活动主体间的伦理关系，初步回答了“如何建设中国特色社会主义政治文明”的问

题，开创了中国特色社会主义政治文明发展的新境界。以江泽民为代表的中央领导集体以及以胡锦涛为代表的新一代领导集体，审时度势，推动了中国政治伦理制度朝着规范、公正、民主的目标前进。

毛泽东对中国现代政治伦理制度的历史性转型的伟大贡献主要表现在：其一，消灭了剥削制度，建立了社会主义公有制；其二，确立了与社会主义公有制相适应的管理制度，从而实现了政治伦理制度翻天覆地的变革。

首先，消灭剥削制度，建立社会主义公有制是实现现代中国政治伦理制度历史性转型的基础性工程。在《共产党宣言》中，马克思、恩格斯就指出："共产党人可以把自己的理论概括为一句话：消灭私有制。"生产资料公有制是社会主义生产关系的基础，是社会主义的一个最主要、最基本的特征。毛泽东在《新民主主义论》一文中指出："我们不但要把一个政治上受压迫、经济上受剥削的中国，变为一个政治上自由和经济上繁荣的中国，而且要把一个被旧文化统治因而愚昧落后的中国，变为一个被新文化统治因而文明先进的中国。"① 公有制作为社会主义的经济基础，是巩固和发展社会主义的根本。在中国只有社会主义才能够为实现国家富强、人民共同富裕提供根本的制度保证。社会主义公有制主体地位的确立，意味着社会主体部分的生产资料不再成为剥削和压迫人的工具，这就为社会成员的平等地位、根本利益的一致性提供了保证，也为进一步巩固和发展社会主义提供了坚实的经济基础。

其次，确立了与社会主义公有制相适应的管理制度是实现现代中国政治伦理制度历史性转型的关键环节。社会主义制度建立之后，如何巩固和发展社会主义，即社会主义国家的管理问题成为毛泽东等第一代中央领导集体面临的重大问题。新中国成立伊始，毛泽东主持制定的具有国家大法作用的《共同纲领》就明确规定："中华人民共和国的国家政权属于人民。"② 这一国家性质的根本原则在后来制定的中华人民共和国宪法中得到确认。我国现行宪法对人民群众参与管理国家的权利都做了明确规定："人民依照法律规定，通过各种途径和形式，管理国家事务，管理经济和

---

① 《毛泽东选集》（第2卷），北京：人民出版社，1991年，第663页。

② 《建国以来重要文献选编》（第1册），北京：中央文献出版社，1992年，第4页。

文化事业，管理社会事务。”[①] 重视人民的主体地位，凸显人民性，正是新型政治伦理制度最根本的特征，其区别于中国传统两千多年的封建政治伦理思想。而在重视人民主体地位的同时，毛泽东还十分重视制度建设，从而为社会主义政治伦理建设预设了政治上层建筑的保障性措施。1956 年，毛泽东就提出：“解决制度问题比解决思想问题更重要，更带有根本性质。”他认为，“光从思想上解决问题不行，还要研究解决制度问题。人是生活在制度之中，同样是那些人，实行这种制度，人们就不积极，实行另外一种制度，人们就积极起来了”[②]。

以毛泽东同志为代表的第一代领导集体实现了中国人民前所未有的政治民主的主体归属，实现了中国社会前所未有的政治民主的价值导向和价值共享，从而实现了政治伦理制度前所未有的变革。当时制度秩序的建立“源生于战争时代的‘革命道德’和‘共产主义道德’的经验积累与有效利用；依靠‘领袖权威’和‘道德英雄主义精神’而树立起来的社会‘信念伦理’或道德理想主义精神；以及在某种程度上受到原苏联影响的共产主义道德的思想宣传和理论建构。在实现国家政治解放和社会结构性变革的非常时期，这些因素对于创建新的社会伦理秩序、规范民众道德行为、整合民德民心等的积极作用和历史合理性是毋庸置疑的”[③]。但是，毋庸讳言，毛泽东对政治伦理制度的历史性建构过多地强调、甚至夸大人的主体性作用，造成了中国政治民主发展出现了重大挫折，这种历史性缺陷为以邓小平为代表的第二代领导集体所认识并加以改进。

邓小平更强调制度建立的客观性和公正性。邓小平同志在深刻总结我党过去的历史经验时，指出“我们过去发生的各种错误，固然与某些领导人的思想、作风有关，但是组织制度、工作制度方面的问题更重要”[④]。他

---

① 《新编中华人民共和国常用法律法规全书》，北京：中国法制出版社，2008 年，第 2 页。

② 逄先知、金冲及主编：《毛泽东传（1949—1976）》，北京：中央文献出版社，2003 年，第 472 页。

③ 吴洁珍、万俊人：《伦理秩序与道德资源——关于当前中国社会伦理问题的一点理论分析》，《马克思主义与现实》1999 年第 6 期，第 20 页。

④ 《邓小平文选》（第 2 卷），北京：人民出版社，1994 年，第 333 页。

认为“最重要的是一个制度问题”[①]。“制度是决定因素。”[②] 改革开放后，小平同志认为，稳定党的政策，巩固社会主义也要从制度上入手。他认为制度问题“更带有根本性、全局性、稳定性和长期性”。制度问题，“关系到党和国家是否改变颜色，必须引起全党的高度重视”[③]。首先，制度问题是社会主义建设中根本性的问题。制度一经形成，就能从根本上规范人们的言行，使人们的言行自觉地纳入制度的轨道上来，“制度好可以使坏人无法任意横行，制度不好可以使好人无法充分做好事，甚至会走向反面”[④]。其次，制度问题是社会主义建设带有全局性的问题。制度就其本质功能来说，它是对全局起作用的，局部、个人必须无条件地服从全局。再次，制度问题是关涉社会主义稳定的重大问题。虽然任何一种制度都不是永恒不变的，制度本身也有一个发展完善的过程。但是这种完善是在社会基本稳定的前提下进行的。保持制度的稳定性，有利于社会主义各项事业的正常、有序进行，“不因领导人的改变而改变，不因领导人的看法和注意力的改变而改变”[⑤]。最后，社会主义制度问题是一个长期性的问题。制度一经形成，就要长期坚持下去。邓小平从“什么是社会主义，怎样建设社会主义”的基本问题入手，多次阐述了从制度上保证党的基本路线，并长期坚持下去。邓小平关于制度建设的思想推进了中国政治伦理制度的历史性的当代转型和深化，使制度建设是社会主义事业取得胜利的根本保证成为新时期的政治共识。

其后，以江泽民为代表的第三代中央领导集体高举邓小平理论的伟大旗帜，继往开来，使社会主义政治伦理建设在制度的保障下实现了新的发展。致力于实现中华民族的伟大复兴，正确引导社会主义市场经济建设，江泽民积极倡导与社会主义市场经济相适应的政治伦理核心思想——“以民为本”“与执政为民”，提出了“三个代表”重要思想，并以爱国主义作为新时期政治伦理的精神之魂，强调党的领导、人民当家作主和依法治国的统一性以凸显社会主义民主政治的重要优势，有效回答了新时期政治

---

① 《邓小平文选》（第 2 卷），北京：人民出版社，1994 年，第 297 页。
② 《邓小平文选》（第 2 卷），北京：人民出版社，1994 年，第 309 页。
③ 《邓小平文选》（第 2 卷），北京：人民出版社，1994 年，第 333 页。
④ 《邓小平文选》（第 2 卷），北京：人民出版社，1994 年，第 333 页。
⑤ 《邓小平文选》（第 2 卷），北京：人民出版社，1994 年，第 146 页。

伦理建设如何实现的问题。以胡锦涛为代表的新一代领导集体，从政治价值理念、政治组织伦理、政治制度伦理和政治主体伦理等方面对毛泽东、邓小平、江泽民政治伦理思想进行继承和发展。社会主义政治民主在制度建设的道路上开拓创新，在科学发展观的指引下取得了喜人的硕果。

概而言之，经过几代中央领导集体的倡导和全国各族人民的共同努力，中国实现了社会主义政治伦理制度的伟大变革和历史性转型。

三、心灵安顿：中国政治伦理心理的伟大变迁

黑格尔说："伦理关系本质是现实合理性的秩序中的关系。"① 伦理秩序是现实的社会结构中的伦理关系的客观性、必然性及其展开。在黑格尔看来，伦理秩序包括了两个层面：内在的精神秩序和外在的规范秩序。现代制度经济学奠基者康芒斯在其《制度经济学》一书中指出，"制度"实际上就是集体行动对个体行动的控制、解放和扩张，社会制度不仅包括"显性制度"，如社会法制和政治制度、经济制度等，也包括那些"隐性制度"，如社会风俗礼仪和道德伦理等。社会显性制度以外界力量来起约束作用，显然，它构建了一个社会的制度秩序；而社会隐性制度从人的内心来起约束作用，它构建了一个社会的心灵（心理）秩序。社会隐性制度的约束力与社会显性制度的约束力相比，其作用是深刻而长久的，其作用方式是广泛而持续的。尽管它依然是一个"在途中"的发展事业，但中国社会主义政治伦理思想的发展和建设，不仅构建了制度秩序，实现了社会安定、团结、有序地发展，同时也为中国广大民众建构了积极、和谐、幸福的心灵秩序，从而实现了中国历史上政治伦理心理的伟大变迁，即心灵安顿。

首先，广大人民成为国家和社会的主人，前所未有地享受着主人翁地位的优越感和心理满足感、满意感。新中国的成立表明中国人民站起来了，人民当家作主的新社会到来了。新中国成立后，迅速改变中国一穷二白的状况，需要全国人民共同努力、团结一心、艰苦奋斗，中国人民的主

---

① 黑格尔著，范扬、张企泰译：《法哲学原理》，北京：商务印书馆，1961 年，第 274 页。

人翁精神展现了前所未有的力量：在社会主义建设初期，面临帝国主义的经济封锁，国际社会主义大家庭的分裂，国内自然灾害的困扰，这些因素严峻地考验着执政党和我国人民的承受能力，而中国人民的主人翁精神再一次迸发出闪耀的光辉，展现了坚韧不拔、迎难而上、不屈不挠的英雄气概和民族气节。时代精神是一个民族精神风貌的鲜明展现。毛泽东时代是人民当家作主、激情燃烧的时代，是蒸蒸日上、繁荣昌盛、扬眉吐气的时代！毛泽东时代是全心全意为人民服务的时代，人民生活在公平公正、安定祥和、充满希望之中！毛泽东时代是伟大的时代，毛泽东时代铸造的中国人民的主人翁精神，成为社会主义建设的伟大精神力量，成为中国改革开放、社会主义市场经济建设、和谐社会建设的精神动力，也成为中国人民与时俱进、继往开来、再接再厉、开拓创新的主体支撑。一旦主人翁精神和时代精神融为一体，就会起到引领潮流的作用，社会主义的伟大事业将充满无限生机与活力。

其次，广大人民实现了对政治民主的初步期待，自由、平等的价值理念成为共享的价值现实。民主本身就蕴含着道德要求，蕴含着自由、公正的伦理秩序追求。民主如果与国家制度、政府形式联系起来，就是政治学视野中的制度民主；如果是依靠人们的内心信念、责任感来维系的价值理念和信仰，它就成为一种道德价值追求，因为民主本身就关涉人权尊重与权利自主，内含道德公正与意志自由。民主政治的逻辑起点就是人的自由、平等。正如美国著名思想家达尔所认为："我们必须意识到，有时我们谈论的平等用来表达的并不是事实的判断"，"而是要表达有关人类的一种道德判断，表达我们以为'应该'的事情。"① 社会主义政治民主就是基于一个绝对的道德前提：每个人是平等的。民主承认每一个个体地位的平等性，也就等于承认了个体独立性和自由性。民主政治是"整个社会能够获得自由的唯一方法和唯一意义"②。

再次，广大人民普遍受惠于社会主义经济、政治、文化、社会发展的成果，生活的满意度和心理的幸福感逐步提升。从毛泽东"完全彻底、全

---

① 罗伯特·达尔著，林猛、李柏光译：《论民主》，北京：商务印书馆，1999 年，第 72 页。

② 康德著，韩水法译：《实践理性批判》，北京：商务印书馆，1998 年，第 124 页。

心全意为人民服务”的宗旨到邓小平以“人民拥护不拥护”“人民赞成不赞成”“人民答应不答应”作为衡量和检验党的一切决策和工作的根本标准，无不体现了将社会主义经济、政治、文化、社会发展的成果惠及人民群众的主张。在改革开放的新时期，江泽民提出：“改革越深化，越要正确认识和处理各种利益关系，把个人利益与集体利益、局部利益与整体利益、当前利益与长远利益正确地统一和结合起来，把最广大人民群众的切身利益实现好、维护好、发展好，把他们的积极性引导好、保护好、发挥好。只有这样，我们的改革和建设才能始终获得最广泛最可靠的群众基础和力量源泉。”① 十七大报告再次强调：“要始终把实现好、维护好、发展好最广大人民的根本利益作为党和国家一切工作的出发点和落脚点，尊重人民主体地位，发挥人民首创精神，保障人民各项权益，走共同富裕道路，促进人的全面发展，做到发展为了人民、发展依靠人民、发展成果由人民共享。”② 这些充满关怀、饱含真情的表述为广大人民群众所拥护和赞同。历史实践和社会主义的发展已经证明：随着社会主义经济、政治、文化、社会不断发展，人们生活满意度和幸福感正逐步提升。

中国当代政治伦理秩序制度和心灵的双重建构，使得公众民主意识、参与意识日益提升；对国家和民族的认同激发了整个社会的创造力和凝聚力，社会主义建设充满了活力，社会主义公民意识和生活共同体意识正在良性发展；对社会主义的核心价值认同正成为建设社会主义的不竭动力，一个全体人民各尽所能、充满创造活力的社会正在健康发展。

---

① 《在纪念党的十一届三中全会召开二十周年大会上的讲话》，中共中央文献研究室：《十五大以来重要文献选编》（上册），北京：人民出版社，2000 年，第 692 页。

② 《高举中国特色社会主义伟大旗帜，为夺取全面建设小康社会新胜利而奋斗》，《人民日报》，2007 年 10 月 25 日。

马克思主义政治伦理思想的终极关怀及其当代启示

马克思主义政治伦理思想就是以建立正义的政治制度、合伦理的权力运行规范、完善的权力制约机制为手段，以追求合理公平的政治关系和人的解放为基本目标，以实现人的全面自由发展为政治理想目标的政治伦理思想体系。马克思主义政治伦理对政治解放和人的解放的关切、对人全面自由发展和理想社会的憧憬追求，无不渗透着强烈的政治伦理关怀。

一、马克思主义政治伦理思想终极关怀的价值内涵

人自身的存在和发展中的最高问题，即对理想和信仰状况的关注、对人的精神和价值的追求和探询，以及精神家园的回归的眷注和解答，我们谓之为终极关怀。终极关怀有两层含义，即对人类活动的终极依据和社会生活的终极理想、终极意义的探求。①

马克思主义政治伦理思想的终极关怀所指向的是关于人的生存发展的基本问题，它对于人类的价值和意义主要表现为如下几个方面：

其一，马克思主义政治伦理思想的终极关怀为人的生存发展提供了一种精神动力。终极关怀承载着人类精神的信仰价值。信仰价值融合了真、善、美的价值诉求，因此高于知识价值、伦理价值与审美价值，具有超越现实的特性。马克思主义政治伦理思想所昭示的是人“自由全面”生存发展和“自由人的联合体”的政治信仰，正是这种昭示，使马克思主义政治伦理成为人类生活的精神动力。对终极关怀的渴望和追求，是马克思主义政治信仰价值形成的内驱力，其形成不仅有助于提高政治生活的精神价值，也有助于拓展政治文明的时代精神向度。

---

① 谭培文、肖祥：《从底线伦理到终极关怀——社会主义和谐价值观研究》，桂林：广西师范大学出版社，2009 年，第 160 - 161 页。

其二，马克思主义政治伦理思想的终极关怀最终落实为一种社会性关怀。一是对人的自由全面发展的关怀。马克思主义政治伦理思想的终极关怀深入人们生活的各个层面，真正体现对公民主体的伦理关怀和道义力量，即在社会主义的框架下，建立起普遍关怀、扬善抑恶、公平正义、民主参与的制度体系，使每一个人能感受到“主人”式感觉。二是对社会整体的关怀。政治伦理建设的最终目的是为了建立一个民主正义的社会，实现社会良性运行，一个社会要稳定和发展，需要作为社会政治制度基础的政治伦理价值共识。只有这样，一个公平正义、民主自由、公民主体积极向上的社会才可能出现。

其三，马克思主义政治伦理思想的终极关怀蕴含了人类的最高价值理想。终极价值是人类用以判断、说明、评价、规范自己的全部思想和行为的最终根据与最高标准，是人类一切相对价值和有限意义得以成立的基础与依据，它主要表现为价值理想的树立。马克思主义政治伦理思想终极关怀的价值理想体现了政治的功利性和价值性的有机结合，既展现了对现实社会政治发展的批判性，也展现了对政治发展目标和实现社会理想的建设性。一方面，马克思主义政治伦理思想指引着社会主义政治文明建设，为广大民众带来了前所未有的安定、发展与和谐，使利益惠及广大民众，体现了功利性。社会主义政治伦理秩序的良性发展和“富强、民主、文明、和谐”社会发展目标的逐渐实现已经极大地证明：没有政治伦理思想的价值引导，就没有政治体制的改革和完善；就不可能建立昌明和谐的政治伦理秩序，从而营造积极向上的社会发展氛围。另一方面，马克思主义政治伦理思想的形成以实现全体民众共同利益为价值取向，体现了鲜明的社会主义价值性。马克思主义的阶级立场，决定了其政治价值实质是实现广大劳动群众的共同利益。马克思主义政治伦理思想经历了政治解放、社会解放和人类解放等不同阶段，以平等、公正、民主、自由等为价值表现形式，实现了政治实质价值和形式价值相统一。

马克思主义政治伦理终极关怀就是在肯定人的生存、人的尊严和符合人性的生活条件的前提下，为人类的解放与自由的追求确立了社会政治信仰体系——共产主义的理想信念，不仅为探明人的本质和人类生存意义、探询人类社会发展出路找到了一个最可靠的根基，也为人类改造世界的实践活动和实现自身本质和社会价值指出一条根本途径。

二、马克思主义政治伦理思想终极关怀的价值目标

在马克思主义的价值视域中，人的解放和自由是其政治伦理思想的核心目标，也是理解和把握当代马克思主义政治伦理思想发展的方向标。人的解放指人的生存获得了实现，而人的自由则指人的发展之途。

（一）实现人的解放

在确认“任何一种解放都是把人的世界和人的关系还给人自己”的基础上，马克思论述了“人类解放”和“政治解放”的区别。他指出：“政治解放当然是一大进步”，但“它不是一般人类解放的最后形式”。[①]“致力于政治解放的人本末倒置，把目的当作手段，把手段当作目的。”那么，人类解放如何才能实现呢？马克思回答说：“……只有当人认识到自己的‘原有力量’并把这种力量组织成为社会力量，因而不再把社会力量当作政治力量跟自己分开的时候，只有到了那个时候，人类解放才能完成。”[②]马克思所说的这种状态也正是人全面占有自己的本质、并全面发挥自己本质的阶段。

马克思主义政治伦理思想中的人类解放，不仅是从剥削制度下解放，而且是从一切异化形式的束缚下的解放。马克思认为各种异化现象都束缚人、奴役人、贬低人的价值。在《论犹太人问题》和《黑格尔法哲学批判导言》中，马克思从人的异化去揭露资本主义金钱统治的本质，并指出实现人类解放就要“否定私有财产”，就“必须推翻那些使人成为受屈辱、被奴役、被遗弃和被蔑视的东西的一切关系”。[③]这表明，马克思已开始接触到异化的经济基础问题。直到《关于费尔巴哈提纲》《德意志意识形态》的完成，马克思彻底清算了费尔巴哈的人本主义，实现了哲学世界观的根本转变，从抽象地谈论“类”“类本质”转到分析现实的个人，揭露“现实个人的现实异化”。在《资本论》中，马克思对资本主义生产方式下人

---

① 《马克思恩格斯全集》（第3卷），北京：人民出版社，2002年，第174页。

② 《马克思恩格斯选集》（第1卷），北京：人民出版社，1999年，第441页。

③ 《马克思恩格斯选集》（第1卷），北京：人民出版社，1995年，第10页。

的异化状况及造成异化的条件做了科学分析，并批判资本主义经济生活中的物役性特征：一是“物的世界的增殖以人的世界的贬值为代价”；二是“物质财富的增长以牺牲大多数人的全面发展为代价”。

马克思看到了私有制下人和自然、人和人、人的存在和本质、自由与必然、个体和类之间的矛盾，并指出解决这些“历史之谜”的途径是消灭私有制，消灭自我异化。马克思始终关注着“从事实际生活活动的人”，关注着人的生活状况以及人价值追求的社会实践形式。马克思的目标是使人从经济需要压迫下解放出来，摆脱“动物式”的经济，克服异化，恢复人的本质。马克思政治伦理终极关怀的最终价值目标是实现人的全面自由（即真正的人）状态。

（二）实现自由全面发展

人的自由是“生存”实现之后的发展目标。在《共产党宣言》中，马克思指明了政治伦理的目标理想：“代替那存在着阶级和阶级对立的资产阶级旧社会的，将是这样一个联合体，在那里，每个人的自由发展是一切人自由发展的条件。”① 在《资本论》中，马克思继续阐发了“自由人联合体”的思想，并且进一步论述了人类向“自由王国”的过渡。他认为“真正的自由王国”是以“作为目的本身的人类能力的发展为特征的，而这种‘自由王国’只是在由必须和外在目的规定要做的劳动终止的地方才开始”。② 马克思曾把人类发展分为以“人的依赖关系”为特征、“以物的依赖性为基础的人的独立性”和“人的自由个性”三个阶段，共产主义是人的自由的彻底实现，它消灭了阶级压迫和阶级差别，创造了高度发达的生产力，“各个个人在自己的联合中并通过这种联合获得自由”③、“以每个人的全面而自由的发展为基本原则”④ 的思想展现了马克思政治伦理对人本身、对人的存在和发展的终极关注。自由作为一种具有价值的目标，始终是人类永远追求的对象，人类也因此总是把人的自由发展与美好、幸

---

① 《马克思恩格斯选集》（第1卷），北京：人民出版社，1995年，第294页。

② 卡尔·马克思著，中共中央马克思恩格斯列宁斯大林著作编译局译：《资本论》（第3卷），北京：人民出版社，1975年，第926－927页。

③ 《马克思恩格斯全集》（第3卷），北京：人民出版社，2002年，第84－85页。

④ 《马克思恩格斯全集》（第23卷），北京：人民出版社，1972年，第649页。

福、和谐等字眼联系在一起。而更为重要的是，这一政治伦理价值目标为人们在特定历史阶段选择相宜的社会发展方式提供了重要启迪。

三、马克思主义政治伦理思想终极关怀的当代启示

纵观马克思主义政治伦理思想发展史，它为探明人的本质，探寻人类社会发展出路，给人类改造世界的实践活动和人类生存的意义找到了一个最可靠的根基，为人类指出一条实现自身本质和社会价值的根本途径。马克思主义政治伦理思想终极关怀对于当代社会主义政治文明建设具有重要的启示。

（一）社会主义政治文明建设必须“以人为本”

马克思主义政治伦理思想以人的发展为终极关怀目标，其价值追求内在地、有机地构成了社会主义政治文明“以人为本”的价值意蕴。所谓“以人为本”就是在政治文明建设中实现对人的生存状况的关注、对人的尊严和符合人性的生活条件的肯定，为人自由发展创造条件。

总之，正是因为马克思主义政治伦理思想独特的价值追求，使得马克思主义政治伦理思想批判和超越了政治现代性，成为社会主义政治建设的价值理论指南。中国特色社会主义政治民主建设，正是以马克思主义政治伦理思想作为指导，并在不断地中国化过程中，实现了当代中国政治文明建设的伟大变革。

（二）社会主义政治文明建设必须遵循马克思政治伦理的价值原则

社会主义政治文明建设必须遵循马克思政治伦理的价值原则，实现当代政治伦理的终极关怀。

其一，尊重民意——公意原则。公意原则作为政治伦理的价值原则在马克思主义政治伦理思想中得到了积极的体现。一方面，公意体现了大多数人对其利益保护的认知和意愿。公意必须得到尊重，因为它是普遍的，代表了广大人民的意愿。另一方面，公意的体现必须遵循少数服从多数的原则。少数服从多数是民主集中制最基本的原则之一，但是它只是民主集中制量的规定性，因此这一原则不能泛化，应该有其适当的边界。

其二，代表民利——合法原则。代表、维护和实现人民利益，是马克思主义政治伦理思想的一个核心命题。马克思批判过资本主义政权的合法性。资本主义政权因为不能代表广大民众的利益和愿望，因而没有能够获得广大民众的信任，也不可能达成一致的价值认同。无产阶级政党的根本性质和唯一宗旨都在于为最广大人民的根本利益而奋斗。一个政党先进与否，主要应看它的理论和纲领是否代表了最广大人民的根本利益。需要指出的是，保障政治合法性既有形式性基础，也有实质性基础。政治效能的有效性、制度规则的合法性与意识形态的一致性是构成当代政治合法性的形式基础，而政治权力主体与民众之间达成的价值认同才是当代政治合法性的实质基础。党的理论、路线、方针、政策和各项工作应坚持把人民利益作为出发点和归宿，充分发挥人民群众的积极性、主动性和创造性，在社会不断发展进步的基础上，使人民群众不断获得经济、政治和文化利益。

其三，实现民享——公正原则。马克思主义政治伦理的公正原则体现在对资本主义社会关系批判过程中，在政治上提出了消灭剥削，消灭掠夺、征服和歧视，消灭建立在他人痛苦之上的特权，要建立的是“平等互助”“各尽所能、各取所需”的社会关系。马克思在《德意志意识形态》中指出：一个社会制度的极大不公正，是建立在生产资料私有制基础上的。马克思主义认为社会公正总是以高度发达的物质生产作为最重要的前提条件。“把生产发展到能够满足全体成员需要的规模；消灭牺牲一些人的利益来满足另一些人的需要的情况；彻底消灭阶级和阶级对立：通过消除旧的分工，通过产业教育、变换工种，共同享受大家创造出来的福利，通过城乡的融合，使社会全体成员的才能得到全面发展；——这一切就是废除私有制的主要结果。”① 马克思在《资本论》中分析了资本主义社会的经济现象，批判了掩盖压迫劳动群众关系的资产阶级自由和平等，并从商品经济的等价交换中引申出近代的平等观念。马克思认为，平等永远是一个公正社会的最先进和最大的共同利益，公有制为实现社会平等创造了良好的条件。“一切人，或至少是一个国家的一切公民，或一个社会的一切成员，都应当有平等的政治地位和社会地位。”② 在《共产党宣言》中，马

① 《马克思恩格斯选集》（第1卷），北京：人民出版社，1995年，第243页。
② 《马克思恩格斯选集》（第3卷），北京：人民出版社，1995年，第444页。

克思、恩格斯指出：共产主义的特征，并不是要废除一般的所有制，而是要废除资产阶级的所有制，即消灭私有制。总之，马克思消灭三大差别、消灭剥削，实现人人平等、人人共享、普遍受益的理念，以及对人类史上的不公现象的批判和有关获得人类自由和解放、向真正的人性复归的理念，构成了马克思社会公正思想的基本观念，这正是马克思主义政治伦理思想重要的价值原则。

其四，敞开民情——公开原则。列宁认为，公开性是社会主义民主政治不可分割的一方面，是建设社会主义民主政治、实现人民当家作主的必要条件。马克思主义关于社会主义民主政治的公开性原则的主要内容包括：会议公开、审判公开、党内事务公开、国家事务公开、舆论监督公开。公开性原则是民主政治发展的内在要求。完整、准确地理解社会主义民主政治的公开性原则，对于我们今天反对官僚主义、防止权力腐败、完善国家监察制度，从而最终推进社会主义政治民主化建设和促进社会主义市场经济体制健康有序发展，具有重要的意义。在新时期，马克思主义政治伦理思想的公开性原则必须制度化、规范化、程序化。

（三）社会公正与政治民主：社会主义政治文明的二维保障

1. 实现社会公正

在高度发达的经济基础之上消灭一切不公正的社会现象，追求全人类的公正平等，实现人类社会真正意义上的自由，这是马克思主义政治伦理思想的基本价值追求。公正的政治伦理内涵包括：

（1）平等。马克思、恩格斯在批判私有制的同时指出，公正应当成为工人阶级最为重要的价值观念。恩格斯指出："一切人，作为人来说，都有某些共同点，在这些共同点所及的范围内，他们是平等的，这样的观念自然是非常古老的。但是现代的平等要求与此完全不同；这种平等要求更应当是从人的这种共同特性中，从人就他们是人而言的这种平等中引申出这样的要求：一切人，或至少是一个国家的一切公民，或一个社会的一切成员，都应当有平等的政治地位和社会地位。"① 恩格斯把平等的实现看作是一个过程："现在平等权利被承认了。资产阶级在反对封建制度的斗争

① 《马克思恩格斯选集》（第3卷），北京：人民出版社，1995年，第444页。

中和在发展资本主义生产的过程中不得不废除一切等级的即个人的特权，而且起初在私法方面、后来逐渐在公法方面实施了个人在法律上的平等权利，从那时以来并且由于那个缘故，平等权利在口头上是被承认了。”①

（2）基本的尊严与权利。在马克思、恩格斯看来，在剥削制度存在的社会状况下，人的尊严和基本权利不可能得到保障。马克思说：“旧世界是属于庸人的”，“庸人社会所需要的只是奴隶，而这些奴隶的主人并不需要自由”。所以，“必须唤起这些人的自尊心，即对自由的要求。……只有这种心理才能使社会重新成为一个人们为了达到崇高目的而团结在一起的同盟，成为一个民主的国家”②。就连马克思赞扬的生产力高度发展的资本主义社会也是非人的社会，在这种状况下“工人处处发觉资产阶级把他当作物件、当作自己的财产来看待，只凭这一点，工人也要成为资产阶级的敌人”③。

关于如何实现公正，马克思主义政治伦理思想不仅批判了旧制度的不公正，也描绘了未来的公正的价值理想。

（1）对旧制度的批判。马克思指出：“专制制度必然具有兽性，并且和人性是不相容的。兽的关系只能靠兽性来维持。”④“专制制度的唯一原则就是轻视人类，使人不成其为人，而这个原则比其他很多原则好的地方，就在于它不单是一个原则，而且还是一个事实。专制君主总把人看得很下贱。他眼看着这些人为了他而淹在庸碌生活的泥沼中，而且还像癞蛤蟆那样，不时从泥沼中露出头来。……君主政体的原则总的说来就是轻视人，蔑视人，使人不成其为人。”⑤

（2）公正价值目标的追求。马克思、恩格斯认为，公正是人类社会的崇高境界，是社会主义和共产主义的首要价值，“真正的自由和真正的平等只有在共产主义制度下才可能实现；而这样的制度是正义所要求的”⑥。在他们看来，人人共享、普遍受益是社会发展的终极目标，也就是“在共

---

① 《马克思恩格斯选集》（第4卷），北京：人民出版社，1995年，第239页。
② 《马克思恩格斯全集》（第1卷），北京：人民出版社，1956年，第409页。
③ 《马克思恩格斯全集》（第2卷），北京：人民出版社，1957年，第500页。
④ 《马克思恩格斯全集》（第1卷），北京：人民出版社，1956年，第414页。
⑤ 《马克思恩格斯全集》（第1卷），北京：人民出版社，1956年，第411页。
⑥ 《马克思恩格斯全集》（第1卷），北京：人民出版社，1956年，第582页。

产主义社会高级阶段，在迫使人们奴隶般地服从分工的情形已经消失，从而脑力劳动和体力劳动的对立也随之消失之后；在劳动已经不仅仅是谋生的手段，而且本身成了生活的第一需要之后；在随着个人的全面发展，他们的生产力也增长起来，而集体财富的一切源泉都充分涌流之后——只有在那个时候，才能完全超出资产阶级权利的狭隘眼界，社会才能在自己的旗帜上写上：各尽所能，按需分配！”①

在充分发达的生产力的基础之上，消灭产生种种不公正现象根源的私有制是实现公平的必经途径。马克思、恩格斯认为，建立在生产力特定阶段基础之上的不合理的社会分工是社会不公现象形成的重要根源之一，所以，应当在发达的生产力的基础上消除不合理的社会分工现象。“通过社会生产，不仅可能保证一切社会成员有富足的和一天比一天充裕的物质生活，而且还可能保证他们的体力和智力获得充分的自由的发展和运用。”②新时期，邓小平提出：“社会主义的本质，是解放生产力，发展生产力，消灭剥削，消除两极分化，最终达到共同富裕。”③ 这是对马克思主义政治伦理思想价值目标的公正思想的时代发展。

2. 增强政治民主

民主的基本含义是人民的政权和按照人民意愿进行的治理。马克思在《1848 年至 1850 年的法兰西阶级斗争》中对资产阶级专政的形成和实质进行了批判。马克思说：“资产阶级既然将它一向用来掩饰自己并从中汲取无限权力的普选权抛弃，也就是公开承认：‘我们的专政以前是依靠人民意志而存在的，现在它却必须违背人民意志而使自己巩固起来’。”④ 马克思明确指出：1871 年建立的巴黎公社，作为第一个无产阶级政权，实质上是工人阶级的政府；工人阶级的政治要求，就是用民主的方式治理国家和改造社会。列宁揭示了民主的内涵：“民主意味着在形式上承认公民一律平等，承认大家都有决定国家制度和管理国家的平等权利。”⑤

---

① 《马克思恩格斯全集》（第 3 卷），北京：人民出版社，1995 年，第 305－306 页。

② 《马克思恩格斯全集》（第 3 卷），北京：人民出版社，1995 年，第 757 页。

③ 《邓小平文选》（第 3 卷），北京：人民出版社，1993 年，第 373 页。

④ 《马克思恩格斯全集》（第 1 卷），北京：人民出版社，1995 年，第 466 页。

⑤ 《列宁选集》（第 3 卷），北京：人民出版社，1995 年，第 257 页。

作为马克思主义政治伦理思想的重要价值目标，民主具有三个层面的含义：①民主是一种社会制度。列宁指出：“民主是一种国家形式，一种国家形态。”[①] 从制度的形态定位民主，民主就是一种政体，即民主制。在马克思主义政治伦理思想中民主制集中体现了人民和国家之间的关系。在人民与国家的关系中，人民是主体，这是民主制的根本特点。马克思指出：“在民主制中，国家制度本身就是一个规定，即人民的自我规定。……在‘民主制’中则是人民的国家制度。”“民主制独有的特点，就是国家制度无论如何只是人民存在的环节。”[②] 人民是国家的主人，国家的存在并不能对立于人民。社会决定国家，人民支配国家，这是民主的广泛性和人民性表现。②民主是一种观念形态。从观念形态考察民主，民主直接表现为民主意识。民主意识与民主制度一样，是民主本质规定的另一种形式。民主的制度形态和观念形态的统一揭示了民主的真正内涵。真正的民主不仅从制度上为人的全面参与及人的自我发展提供保障，而且在观念形态上提供着一种价值目标，为实现个人和社会的发展提供精神动力。③民主集中表现为政治民主的伦理价值意蕴。其一，政治民主是广大民众公意的体现，它代表的是多数人的意志，少数服从多数构成政治民主最一般的规定和基本原则。其二，政治民主必须通过一定的组织形式、程序规则来体现，如选举制度、政治参与制度等。其三，政治民主的实现必须以完善的民主运行机制为保障，如各种形式的分权和制衡、监督机制对权力的适当约束。

作为人类历史上新的更高类型的民主，社会主义民主是社会化生产力发展的政治结果，是社会主义生产关系的必然要求，它在人类历史上第一次实现广大劳动人民当家作主，并且将人民权利从政治领域扩大到经济、社会、文化领域，不仅在形式上而且在事实上实现和保障广大人民群众的民主权利。

马克思主义政治伦理思想的终极关怀的实践路向是构建公平正义、民主自由、公民主体积极向上的社会。因此，增强广大民众的政治认同感，使其坚定政治信念和提高民族自信心，实现对社会主义政治文明建设的价值性引导，必将能实现中国特色社会主义伟大事业的更大繁荣！

---

① 《列宁选集》（第3卷），北京：人民出版社，1995年，第257页。

② 《马克思恩格斯全集》（第1卷），北京：人民出版社，1956年，第281页。

党的干部队伍建设必须反对权力拜物教

中国共产党自执政掌权的那一天起，从来没有忽视党员干部队伍建设，从来没有向权力带来的腐败妥协退让过。新中国成立之初，共产党以反腐倡廉为立国之本，杀了刘青山、张子善，产生了持续几十年反腐正效应。毛泽东说："全心全意为人民服务，一刻也不脱离群众；一切从人民的利益出发；向人民负责和向党的领导机关负责的一致性；这些就是我们的出发点。"[①] 邓小平明确提出了"人民利益标准"，即"人民拥不拥护""人民高不高兴""人民赞不赞成""人民答不答应"。党的十八届三中全会指出：要"让人民监督权力，让权力在阳光下运行"，"把制度关进制度笼子"，努力形成科学有效的权力制约和协调机制。在新时期，如何有效地反对权力拜物教，并由此消除其导致的权力腐败，是党的执政能力的具体体现。

一、如何认识权力拜物教

"权"乃"秤锤、秤砣"，是衡量轻重、比较利益的称量之器物，"权力"是指一定的社会主体（个人和组织）为了达到一定的目的而通过一定方式支配和制约客体的一种现实能力，因此具有扩张性、占有性和排他性的特征。由于人们在社会中的地位不同、阶级属性不同、追求和维护的利益不同，权力的本质属性除了社会性外，还具有阶级性，由于掌权的人总是从属于一定的阶级，因而权力的社会性总是体现在阶级性中，权力从而成为特定阶级维护自身利益的工具。需要指出的是：权力除了具有社会性和阶级性外，还有明显的个体性，即权力的行使是由社会成员中占少数的权力执掌者来具体执行。因此我们在考察权力拜物教问题时，在考察每个

① 《毛泽东选集》（第3卷），北京：人民出版社，1991年，第1094－1095页。

官员在权力运作的方式、方法、结果时，不能忽视其个体的主观性。

（一）马克思认为权力拜物教的实质就是崇拜私利

在资本主义制度下，人们的一切关系都打上了商品货币的烙印，人们之间的一切经济关系都被淹没在物与物的关系中，人完全被“物化”了，“人已经不再是人的奴隶，而变成了物的奴隶”。在被誉为“工人阶级的圣经”的《资本论》中，马克思指出：拜物教的本质就是要维护和肯定资本主义经济生活中的这种物役性。马克思在批判黑格尔国家学说的过程中，批判了官僚政治，揭露了权力拜物教的实质。马克思指出：“就单个的官僚来说，国家的目的变成了他个人的目的，变成了升官发财、飞黄腾达的手段。”[①] 换而言之，官僚对政治权力的谋取实际上是为了经济利益的谋取，崇拜权力实际上是崇拜私利，这就是权力拜物教的实质。在官僚政治的条件下，个人的社会地位的高低、财富的多少，直接取决于个人权力的大小，权力成了物质财富的象征。

为什么在官僚政治条件下，权力具有如此的魔力呢？“权”可以变“钱”便是其实质内容。“权力权力，有权有利”，权力成为一种获取钱财的工具，而且要比其他工具换钱来得容易，来得迅速。在《法兰西内战》中，马克思分析了梯也尔是如何由一个“穷官”变成富翁的原因。当梯也尔第一次出任路易·菲利浦的内阁首相时还是一个穷官，在离职时已经成了百万富翁。梯也尔暴富之谜就是权力变金钱。

由于官僚关心和追求的只是个人利益，这就必然导致对国家、政府应有职责的懈怠和放弃，以及对工作极端不负责任的态度。马克思指出：“国家的现实目的对官僚机构来说就成了反国家的目的……官僚机构认为他自己是国家的最终目的。”[②] 当权力成为官僚谋取私利的工具的时候，国家和个人的利益必然发生矛盾冲突。在封建君主专制的国家或资产阶级共和国，国家权力被官僚阶层所掌握，国家权力不能代表大多数民众的利益，从而不能真正反映国家的本质和目的。国家实质上成了官僚谋取利益的工具，他们以权力为手段，通过追逐权力而达到追求财富的目的。国家

---

① 《马克思恩格斯全集》（第1卷），北京：人民出版社，1956年，第302页。
② 《马克思恩格斯全集》（第1卷），北京：人民出版社，1956年，第301页。

最终成了一种形式主义，其任务只能成为例行公事，这也正是官僚主义、滥用权力、裙带关系、形式主义、特权思想、徇私行贿等腐败现象滋生的根源。

（二）权力拜物教在现代社会中的种种丑态

社会主义社会与以往的社会形态相比有着不可比拟的先进性，它从根本上消除了权力拜物教的社会基础。但是，处于初级阶段的社会主义不仅没有消除封建主义的遗毒，也无法在较短的时间内彻底消除制度上的不完善。加之，大量的资产阶级的腐朽影响在改革开放时期涌入，权力拜物教在一定程度、一定范围内仍然存在，买官卖官、权钱交易、以权谋私、权大于法等现象仍有一定的“市场”。如何认识权力拜物教现象，将对我们在新的历史时期进行党的领导干部队伍建设具有深远的意义。现阶段，权力拜物教的主要表现为：

其一，神化权力。马克思批判以黑格尔为代表的唯心主义国家观把国家权力神秘化，唯心主义国家观视国家权力如宗教神学，视官吏为祭司，权力于是被蒙上了神秘的面纱。马克思深刻地揭露了这种权力神秘化的奥秘之处，“官僚机构的普遍精神的秘密，是奥秘。保守这种秘密在官僚界内部是靠等级制组织，对于外界则靠它那种闭关自守的公会性质。因此，公开的国家精神即国家的意图，对官僚机构来说就等于出卖了它的秘密”①。马克思进一步认为，要消除权力拜物教就必须铲除它的神秘化政治土壤。今天，中国已逐步认识到不废除干部领导终身制，不建立能上能下的干部任用机制，将会导致政府“失血”的状况越来越严重。唯有建立公开、公平、公正的竞争制度，才能使有能力的人才走进领导干部层、走进公务员队伍，这是消除权力神秘化的最有效的办法。

其二，嫉羡权力。在国家权力神秘性未被彻底打破而权力确确实实又给领导者带来了许多“好处”时，许多人对权力充满羡慕。“千里做官，为了吃穿”“出门比车子，进门比房子，吃喝比盘子”“有权就有钱”“有权好办事”，便是这种心态的真实写照。更有甚者，对腐败者也羡慕不已。为官一任，吃遍天下、喝遍天下、玩遍天下，到头落个“阶下囚”，甚至

---

①《马克思恩格斯全集》（第1卷），北京：人民出版社，1956年，第302页。

惹来“杀身祸”又有什么遗憾呢？有人说：刘罗锅两袖清风，一贫如洗，到头来惹祸上身，儿孙遭殃，还不如和珅享尽荣华富贵，死又何憾？这种嫉羡权力现象，正是腐败现象层出不穷、腐败者“前赴后继”的社会根源。古人训言极是：“夫俭则寡欲。君子寡欲则不役于物，可以直道而行；小人寡欲则谨身节用，远罪丰家……侈则多欲，君子多欲则贪慕富贵，枉道速祸；小人多欲则多求妄用，败家丧身，是以居官必贿，居乡必盗。”（司马光：《训俭示康》）

其三，膜拜权力。一些人灵魂深处对权力顶礼膜拜，跪倒于权力之下。马克思分析了在官僚政治条件下，膜拜权力的主要原因在于权力为少数人所拥有，一切社会事务只能由国家权力来管理和支配，这样就容易导致民众对权力的盲目崇拜。马克思说：“按照哲学观念，国家是‘观念的实现’，或是译成了哲学语言的尘世的上帝王国，也就是永恒的真理和正义所借以实现或应当借以实现的场所。由此就产生了对国家以及一切同国家有关的事物的盲目崇拜。尤其人们从小就习惯于认为，全社会的公共事务和公共利益职能像迄今为止那样，有国家和国家的地位优越的官吏来处理和维护，所以这种崇拜就更容易产生。”① 现实往往是：权力越受到崇拜，有权者就越得意忘形，恣意用权。

其四，占有权力。有权者总是尽可能把自己最小的权力使用到最大的程度，实现“个人占有最大化”，从而驱使他们不停地追名逐利，形成了弗洛姆所说的“重占有的生存方式”。“有权不用，过期作废”便是其极端表现。妄图占有权力者，总是趋于专制独断，想方设法地逃避民主监督，满脑子是“官本位”意识。这种人善于玩权弄权，官气十足，颐指气使，唯我独尊，专横跋扈，把公仆权当作老爷权，一旦从权力的位置下来，就会情绪失落、心理失衡。而千方百计地占有权力的根本原因是“权”带来的“利”。

二、当前干部队伍建设为什么要反对权力拜物教

当前中国正处于全面深化改革的攻坚阶段，党面临着严峻的执政考

---

① 《马克思恩格斯全集》（第3卷），北京：人民出版社，1960年，第13页。

验、改革开放考验、市场经济考验、外部环境考验。同时，也面临着更加凸显的精神懈怠的危险、能力不足的危险、脱离群众的危险和消极腐败的危险。十八大以来落马的贪官，一个更比一个敢贪，一个更比一个令人震惊。现实再一次向人们警示：反对权力腐败任重道远。

当前权力的腐败主要表现为：

其一，权力滥用。法国著名哲学家孟德斯鸠指出："一切有权力的人都爱滥用权力，这是万古不变的经验。"① 一些干部迷失政治方向，政治纪律松散，导致了官僚主义、形式主义，对人民极端不负责任。一些人"把小权用大，把大权用足"，有的人利用职权参与、从事经营活动，从中分利；有的人利用职权硬性摊派，强行搜刮；有的人利用职权参与中介活动，其中的"猫腻"便是从中渔利；有些人利用职权向企事业单位"明抢暗夺"，唯恐自己不富……

其二，权力私有化。权力私有化是私有制条件下追求私有财产的利益驱动机制恶性膨胀、无序泛滥而导致的社会公共权力的私有化。有些干部把党和人民赋予的权力当作私有物，用手中权力为个人或小集团谋取利益。少数干部在住房、调工资、就业、升学招工、提干、晋职评职等方面，以权谋财，甚至索贿受贿，完全没想到人民赋予其权力的宗旨是为人民服务，权力是人民的，不是私有的。

其三，权力商品化。权钱交易、买官卖官是其突出表现。"不跑不送，原地不动；只跑不送，平级调动；又跑又送，提拔重用。""世路难行钱作马，愁城欲破酒为军。"某些地方官职甚至标价出售，人民赋予的权力竟然被当作商品来买卖。腐败行为越来越多地采取货币形式，或者说目标的货币化。

其四，权力享乐。一些干部的价值观不是奉献和为人民服务，而纯粹奉行纵欲主义、享乐主义，出行讲排场，吃住讲档次，腐化堕落，奢靡无耻。有一首打油诗为证："干部不怕吃喝难，千杯万盏只等闲。生猛海鲜腾细浪，鸳鸯火锅走鱼丸。新式烧烤严冬暖，冰镇啤酒酷暑寒。更喜小姐肤如雪，三陪过后尽开颜。"

权力腐败不但侵蚀党的肌体，也败坏了社会风气。

---

① 孟德斯鸠著，张雁深译：《论法的精神》，北京：商务印书馆，1963 年，第 39 页。

首先，权力腐败离间了党群关系，损坏了党和政府的形象。官者高高在上，民众便会敬而远之；官者损公肥私，民众便会责之、骂之、唾之。这是与党的群众路线格格不入的。

其次，权力腐败败坏了社会道德风气，给市场经济建设注入不健康因素。领导干部在民众中有一定的带头示范作用。“其身正，不令而行；其身不正，虽令不行。”另外，党员干部的腐败，给党和人民的事业造成巨大的浪费和重大损失的现象屡见不鲜。有的干部办事主观武断，批条子、作决定一人说了算，甚至疏于职守，失职渎职，严重干扰市场经济公平、竞争、有序地健康发展。

再次，权力腐败渗透到公共权力部门，并有滋生、蔓延的趋势。有些地方、部门把原本为公众谋福利的公共权力异化为个人、部门、地方、行业捞好处的工具，搞地方和行业垄断，不仅严重干扰社会主义经济建设，而且使公众丧失了对公共权力的信任感、依托感，从而危及国家政权的基础。因此，反对权力腐败具有长期性、艰巨性、复杂性。

三、干部队伍建设如何反对权力拜物教

马克思在批判、揭露权力拜物教的基础上，也指明了消除拜物教的途径和条件。一方面，消除权力垄断性，才能消除对权力的盲目崇拜。只有消除了权力的垄断性，人们才不至于感到官吏们是“神圣”不可攀及的，才不至于感到权力是神秘莫测的。另一方面，马克思主张民主监督制（即巴黎公社式的），以人民的民主权利来监督制约国家权力，只有这样，才能有效防止拜物教的滋生蔓延。如果权力缺乏监督，权力势必失去约束而为所欲为。新时期，尽管权力拜物教的社会基础已经消除，但其遗毒并未彻底肃清。因此，我们在新时期进行干部队伍建设时，更应旗帜鲜明地反对权力拜物教。

首先，党员干部要加强权力道德建设，树立马克思主义的权力观。其核心是：党员干部到底为谁掌权、为谁用权？只有从认识上真正搞清楚了这个问题，才有可能真正树立全心全意为人民服务的观念，为人民掌好权、用好权。因此良好的权力道德是实践党的宗旨的根本要求。党员干部权力道德建设的主要内容就是世界观、人生观、价值观的建设。只有建立

了正确的世界观和人生观，才能在价值取向上有正确的选择。为人民服务，最大限度地为广大人民群众谋利益，是共产党人权力价值观的核心。为此，十八届六中全会强调：要“着力增强党自我净化、自我完善、自我革新、自我提高的能力”，“保持党的先进性和纯洁性”。

其次，权力的有效制约是反对权力拜物教的有力武器。“防止权力滥用的办法，就是用权力约束权力，权力不受约束必然产生腐败。”① 这是西方社会普遍认同的，这一原理同样适用于中国。在现代政治学中，有效的权力制约是管理国家权力的基本原则之一，由此产生的权力制约的制度张力是维护政治稳定的重要力量。检查部门、监察部门、纪检部门、反贪局等机构的建立，就是权力制约权力的表现。当前，加强这些部门自身素质的建设，保证其执法的公正性，确保其真正起到监督、制约作用，是反腐倡廉的重点之一。

再次，权力监督是消除产生权力拜物教温床的有效手段。监督所体现的权力关系和权力制约关系，即权力的委托和受托关系。社会主义国家的权力属于人民群众，是委托者，干部领导是受人民之委托而行使权力，是受托者。因此，权力监督的主体是广大的人民群众。

当前，我国监督机制存在着许多弊端。一是监督机制不完善。作为监督主要部门——纪检监督机关受党委和政府的双重领导，这种体制往往使监督不力，甚至无法起到监督作用。二是监督具体制度、规章不健全。迄今为止，没有一个权威性的、统一的领导干部廉政准则，尽管在十四届六中全会就制定了《中国共产党党员领导干部廉洁从政若干准则（试行）》，但缺少细节性的规定，给操作上带来困难。因此，进一步完善廉政法律、法规和制度是当务之急，诸如《廉政法》《举报法》《反贪污贿赂法》等。三是党外监督的作用不大。建立健全来自人民群众的外部监督机制，除了改善信访、举报制度之外，还应建立合法的有一定权威性的群众监督机构，让群众监督真正有路可走，有门可入。只有这样，党员干部才会认识到：“手莫伸，伸手必被捉。党和人民在监督，万目睽睽难逃脱。”（陈毅诗）

最后，重拳出击，打击权力腐败。20 世纪 80 年代，贪污受贿 10 万元被判死刑屡见不鲜；90 年代初期，贪污受贿 30 万元仍好好地活着；90 年

① 孟德斯鸠著，张雁深译：《论法的精神》，北京：商务印书馆，1963 年，第 39 页。

代中期，贪污受贿上百万、上千万成为常志，现在，贪污受贿几千万、甚至上亿居然还能判个无期或死缓，真有点让人费解。也许这正是窝案、串案日渐增多，前任“倒下”了，后任依然“飞蛾扑火”的原因。让人颇有感慨：明知山有虎，偏向虎山行。要真正改变这种“廉者贫，贪者富”的不正常现象，防腐拒腐，没有重惩如何遏制腐败者的侥幸心理和腐败行为呢？不仅要“杀鸡给猴看”，必要时，“杀猴给鸡看”也许能事半功倍。古语云：“严者，治吏之经也；宽者，养民之纬者；并行不悖，而非以时为进退者也。”（《读通鉴论》卷八）

“治国必先治党，治党务必从严。”反对权力拜物教，重在行动，只有用党风廉政建设的实际成果才能取信于民。

和谐社会的群己问题

社会主义市场经济体制一方面打破了原有的利益格局，另一方面又催生了大量的利益主体和利益群体，形成了多元化的利益格局。不同利益主体、利益群体之间的矛盾呈现出前所未有的复杂局面，在这些复杂的矛盾中，群己的矛盾尤其突出。从政治伦理的角度对群己问题做深入探讨不仅是建设政治文明、实现当代中国政治主题——建立和谐社会的需要，也是规避社会发展中由于群己界限的混乱造成损害、损失的需要。

一、和谐社会的重要伦理维度：群己和谐

和谐社会的含义从不同的角度有不同的理解，但是社会发展存在于并实现于作为社会主体的人的实践活动之中。“历史不过是追求着自己目的的人活动而已。”① 因此社会和谐状态归根结底是社会主体（个人、集团、群体）的和谐，而首要的就是群己和谐。

社会主体不是孤立存在的，而是“关系中的我”（self-in-relation），群己关系内在地包含着三种关系：其一，“主我”与“客我”的关系，即对自己既有“评价之心”又有“命令之心”。美国社会学家米德设计了在主体意识发生过程中具有重要意义的两个概念：“主我”与“客我”，“主我”是有机体对他人态度的反应，“客我”也就是采取他人看待自己的态度对待自己。“主我”与“客我”的辩证统一，意味着个体不是消极被动地顺应社会规范，而是保留了主动选择、自我承担的权利，使社会活动中的个体自觉产生行为责任感。这一个过程，也就是一个“去自我中心”的过程（皮亚杰）。当“主我”与“客我”不能协调统一，处于一种疏离、分裂的状态时，就往往会出现“自我镜像”的模糊，对自己职、责、权、

---

① 《马克思恩格斯全集》（第2卷），北京：人民出版社，1957年，第118－119页。

利缺乏明确定位，而一个主体无法厘清自己的角色身份的社会，不可能是一个和谐发展的社会。其二，“我”与“他”的关系。哈贝马斯以交往哲学中的“社会化主体（交往主体）”对抗胡塞尔的先验主体（“先验自我”，强调“自我中心主义”），人的主体性走向“主体间性”。真正的主体只有在主体间的交往中，在主体之间相互承认和尊重中才可能存在。其三，个体与群体的关系。现代文明社会是人的发展与社会发展协调一致的社会，马克思认为“建立在个人全面发展和他们共同的社会能力成为他们的社会财富这一基础上的自由个性”① 阶段是人发展的理想状态。尊重主体、为个人的全面发展创造条件，是现代社会文明进步和社会和谐的目标。

中国传统伦理在群己问题上向来重视整体而忽略个体，强调个体对于群体的义务和责任，个体利益淹没于群体利益之中，个体消融于群体之中。考察中国传统的整体主义，我们不能忽视两点：其一，中国传统伦理思想把“人道”作为重点，道德观、宇宙观、认识论交织一体，形成了“天人合一”的思维模式，这种精神构成了中华民族的精神基础。体现在天人、群我、他我的关系上，就是人与自然、人与社会、人与人的和谐统一，即天人合一、物我统一、人我和谐的整体性意象。其二，中国古代社会结构以血缘为纽带的宗法制长期存在，与宗法制相联系的家天下、家族制、家国同构在“礼”的维系下，形成了等级森严的专制制度和宗法制度，个体对于“公”“整体”及其代表的统治者唯有服从，个人的存在和发展必须以整体的发展为转移。儒家整体主义经帝王专制化后，变成重视道义的道德决定论和注重精神境界的伦理价值学说。群体本位的整体主义是依靠宗族的血亲、世系等关系来形成、维系和巩固的，国是统治家族的放大，家与国是一个整体，于是“心、意、身、家、国、天下、宇宙、形上之天”联结成整体性意象，孵化出具有凝聚力的整体主义精神。中国传统的整体主义为封建社会控制和协调人际关系的实现，中华民族的凝聚和发展起了积极作用，但因其对个体的漠视以及与专制主义、王权主义的媾和，在历史的发展过程中愈加凸显了其负面作用：就社会政治控制而言，导致了专制政治；就社会生活而言，导致了个性保守、压抑，创造性受约

---

① 《马克思恩格斯全集》［第46卷（上册）］，北京：人民出版社，1979年，第104页。

束；就社会结构发展而言，导致了自我封闭，从而使中国传统社会向现代转型步履维艰。

自古希腊德谟克利特开启了功利主义伦理思想以后，功利主义思想成为西方伦理思想史的主流，在筚路蓝缕的探寻中，我们亦可以发现其对群己问题的合理思想轨迹：①重视个人利益。爱尔维修明确提出了功利主义伦理原则，认为人类道德的核心问题就是利益问题，"利益在世界上是一个强有力的巫师，它在一切生灵的眼前改变了一切事物的形式"[①]。没有离开利益的生活，更没有抛开利益而独立产生的道德，"如果爱美德没有利益可得，那就没有美德"[②]。但爱尔维修也重视公共利益，"在整个世界上，道德的人乃是使这种或那种行为合乎人道，合乎公共利益的人"[③]。②对自私、自利、自爱的限度认识。当霍布斯提出人与人之间处于"狼与狼"的状态，"人的自我保存"是人类的天然本性，自利和自爱才是道德的基础，这一观念立即招致来自各方面的反对和批评。休谟指出：人除了其自私的自然本性外，还有其社会性，"人类是宇宙间具有最强烈的社会结合欲望的动物，并且最多的有利条件适合于社会的结合。我们每有一个愿望，总不能不着眼于社会。完全孤立的状态，或许是我们所能遭到的最大惩罚"[④]。③个人利益是社会利益实现的基础。边沁的功利主义原则的逻辑起点是"不了解个人利益是什么，而奢谈社会利益，是无益的"[⑤]。因此当他强调"我们对任何一种行为予以赞成或不赞成的时候，我们是看该行为是增多还是减少当事人的幸福"[⑥]时，"最大多数人的最大幸福"的原则就可以理解为"最大多数个人的最大利益"原则。边沁的思想落实在社会主体

---

① 北京大学哲学系外国哲学史教研室编译：《十八世纪法国哲学》，北京：商务印书馆，1979 年，第 460 页。

② 北京大学哲学系外国哲学史教研室编译：《十八世纪法国哲学》，北京：商务印书馆，1979 年，第 512 页。

③ 北京大学哲学系外国哲学史教研室编译：《十八世纪法国哲学》，北京：商务印书馆，1979 年，第 526 页。

④ 休谟著，关文运译：《人性论》，北京：商务印书馆，1980 年，第 230 页。

⑤ 北京大学哲学系外国哲学史教研室编译：《十八世纪法国哲学》，北京：商务印书馆，1979 年，第 400 页。

⑥ 周辅成编：《西方伦理学名著选辑》（下卷），北京：商务印书馆，1996 年，第 211 页。

的生存实践中，因而具有一定的现实性、合理性。④群己权界。穆勒继承并发展了功利主义思想，他在《论自由》中提出了一个功利主义原则——群己权界原则：第一，个人行为只要不涉及他人，个人就不必向社会交代，他人或社会也无权干涉；第二，个人行为如果涉及他人，则个人必须向他人或社会交代，如有必要，他人或社会也可以干涉。换而言之，个人利益与社会利益、个人权力与国家政府权力之间，必须有一个明确的限度和边界，即无论是个人还是社会、国家和政府，其行为都应不侵犯、不损害他者利益和权利。

显然，中国传统整体主义的道义论轻视个体的存在，梁漱溟先生曾批评道："圣人简直不教你意识到自己的存在——我既不存在，我不晓得我还会不会感觉到其他事物的存在。"[①] 一方面，西方功利主义的群己论重视个人主体，也试图确立群己权界，但这种权界着重涉及个人自身部分，彰扬了个体，忽略了作为社会中的人总是处于相互交往、相互影响的关系中，因而其群己权界是模糊的和偏颇的；另一方面，其对个人的自由界定以及当自由遭到侵犯时应该如何作为的论述都是不完全的，因此功利主义的群己权界在实践中缺乏操作的可行性。综上所述，用道义论补充和完善功利主义的缺陷，用功利主义的长处来修正道义论的缺陷，即将美德与快乐、幸福相结合，才是提高群己意识的现实途径。

二、走向群己和谐：从正义社会到和谐社会

从群己关系的角度而言，社会的发展经历正义社会与和谐社会两个阶段。以个体所拥有的权利而言，正义社会既保障主体的消极自由又保障主体的积极自由，和谐社会保障的是主体的创造性自由。

所谓正义的社会，一方面，首先要保障主体之自由、生命、财产不受国家和群体的侵害，因为这种自由是主体最基本的自由，是维护主体生存和实践活动的基本保障，也是人之为人的基本条件，可称之为主体的"消极自由"。一个社会或一个政体之下，社会机构或公共组织对公民的私域

---

① 周辅成编：《西方伦理学名著选辑》（下卷），北京：商务印书馆，1996年，第321页。

自由进行限制，甚至对公民的权益如人格尊严进行侮辱性伤害，这样的社会就不能算是正义社会。在专制主义的政体之下，公民的自尊、防止受到侮辱性伤害几乎是毫无保障的，如封建集权的中国历代王朝，“君要臣死臣不得不死”，各种严刑酷法对公民虎视眈眈，个体的权利得不到捍卫，而人恰恰是因为他是人、拥有人的地位才赢得尊重。在一个法制不健全的社会，私人领域常常受到公共权力的管制或侵犯，而群体（公共）领域，包括“公共权力”本身，又常被个人意志和小集团利益所支配，一个私域无自由，公域无民主的社会，无法确保公民的精神和心灵免遭侮辱。另一方面，要保障公民享有以公正方式分享社会福利和享有政治参与权的自由，这种自由的权利是主体积极能动的表现，可称之为积极性自由。柏拉图认为理想的国家就是正义的国家，公正包含了人类全部最基本的美德，他所倡导的“城邦正义”旨在维持城邦的秩序和各个阶层的和睦。亚里士多德把公正作为调节社会政治生活、缓和社会矛盾、保持社会稳定的重要手段，认为公正就是各种德行的总称。休谟则指出：“公共的效用是正义的唯一起源。”[①] 罗尔斯在《正义论》一书中认为“正义是社会制度的首要价值”[②]，其正义原则强调要平等地分配各种基本权利和义务，同时尽量平等地分配社会合作所产生的利益和负担，坚持各种职务和地位平等地向所有的人开放。并且他认为：“社会正义原则的主要问题是社会的基本结构，是一种合作体系中的主要的社会制度安排”[③]，使正义公平获得一定的制度安排，唯有如此，才可能进一步建立一套具有普遍合理性和有效性的正义规范伦理。制度的正义包括制度本身的正义和制度运行的正义两个方面。制度正义的目的就是为了维护利益的公平和调适群己的利益冲突。因此，正义社会一方面要处理好社会活动中的竞争公平、交换公平的问题，另一方面要处理好公共利益与私人利益的关系，特别强调政府官员不能非法侵占公共利益、以权谋私，也不能让少数人或集团小利益打着“集体”的幌子侵占公共利益。公正的社会使全体公民焕发出主人翁的主体意识，

---

① 梁漱溟：《中国文化要义》，上海：学林出版社，1987 年，第 35 页。

② 约翰·罗尔斯著，何怀宏、何包钢、廖申白译：《正义论》，北京：中国社会科学出版社，1988 年，第 3 页。

③ 约翰·罗尔斯著，何怀宏、何包钢、廖申白译：《正义论》，北京：中国社会科学出版社，1988 年，第 54 页。

共同维护社会生活的有序稳定，“公正显然有助于促进公共效用和支撑文明社会”①。

当公正成为美德，社会系统中各部分、各要素处于一种相互协调的状态，社会才有可能进入和谐社会。和谐社会作为社会进步形态，倡导一种积极的良性的群己互动，保障的是主体创造性的自由。和谐社会为人的自由提供了一个独特的视角，同时给实践伦理学指明了方向：寻求人们如何能够从人的奴役状态过渡到人的自由状态。和谐社会应该是理性自由人的社会，个体的理性能力得到充分发挥，个人主体活动的积极性、主观能动性得到空前的提高，个体自主行动的空间极大拓展，整个社会充满活力；和谐社会中每个个体在法律上或形式上都平等地、充分地享有个体自由，并且个体能够利用这些自由去追求自己的幸福，创造美好的生活；和谐社会从更高的层面对人的生存、人的尊严、人的幸福以及符合人性的生活条件做出肯定，从而使人们达到精神自由，使心性和谐达到心灵秩序的安顿。

三、关于群己问题的自由限度辨析

“自由”是整个西方自由主义思潮的核心。什么是自由？“真正意义上的自由只有一个，那就是用自己的方式寻求自己的利益。而且，并不因此而剥夺他人的利益，或阻碍他人谋求利益的努力。”② 和谐社会是主体享有充分自由的多元化社会，多元化固然不能排斥权威，但并不意味着自由的滥用。

其一，私域权是最基本的人权。一方面，公域不能侵犯私域。由于中国人际关系和权力体系的特殊性，在中国公共权力领域中过度渗透私人性的因素，造成公共权力没有确定的限制，而私人权利没有有效的保护，公共权力侵犯私人权力的事情常有发生。比如曾经被讨论得轰轰烈烈的夫妻在家看黄碟的问题，这应是一个私域问题，却遭警察破门干涉。而此类因群己模糊、角色不清造成的混乱，从根本上阻碍着公民权利的保障。另一

① 休谟著，张若衡译：《休谟政治论文选》，北京：商务印书馆，1993 年，第 18 页。
② 约翰·密尔著，程崇华译：《论自由》，北京：商务印书馆，1959 年，第 13 页。

方面，私域权之间不能相互损害，也就是说某一个体的权利获取不能妨碍或侵犯他人私人权利的获取。如言论自由是私域权，但当你的言论自由诽谤、诬陷他人，甚至威胁着别人的生存优先权时，这就必须禁止。在一个文明进步、法制观念良好的社会里，法律没有赋予的，公共权力就无权做出“自我裁决”；法律没有禁止的，公共权力就无权干涉私人活动领域。只有公民在私人领域中自由自在，公域和私域界限分明而互相支持的社会，才是一个和谐而愉快的社会。

其二，“己域”和“群域”的界限不是凝固不变的。如在《泰坦尼克》中，生存权这个最基本的私人权也被当作公域问题处理了。再如，公民的生育权是私域问题，但在中国严峻的人口形势下，这种“不是最好的却也不是最坏”的选择是符合群体、国家发展利益的。此时，“私欲的无限性与人们在公域中为自己的根本利益而对私域设限，两者并不构成矛盾”；“公民个人权力与公共领域的边界在哪里，这是一个自由主义、社会民主主义和其他思想流派有争议的问题，但对于我们来说，许多争议可能都还是未来的事，我们现在需要实现的是在那些毫无疑问（即无争议地）属于个人权利领域的地方坚持自由原则，而在那些毫无疑问属于公共领域的地方实行民主原则，而不是反过来，对个人领域实行‘公共权力’干预，而对公共领域又实行‘个人选择’”①。

其三，集体与个体之关联。马克思、恩格斯在《德意志意识形态》一书中论述了“虚假的集体”和“真实的集体”的区分，在真实的集体的条件下，各个个人进行联合并通过这种联合获得自由。②“真实的集体”既是各个自由劳动者的联合，每个个人又通过这种联合而获得自由。在社会主义条件下，集体原则是促进社会公正的精神动因，是实现人的价值的道义保证，是促进人的自由全面发展的现实途径，也是人民当家作主、享有广泛民主的可靠政治保障。马克思主义集体原则具有前所未有的科学性：一是从实践出发去理解人、理解社会，即从“现实的个人”出发理解社会，使得马克思主义整体观既超越了个体主义者又超越了以往的整体主义者。

---

① 秦晖、杨支柱：《“群己权界”与当代中国场景下的私生活权利——关于婚姻家庭法、计划生育和公民权问题的讨论》，http：//www. xslx. com/htm/mzfz/fzsz/2003－1－28－12932. htm。

② 《马克思恩格斯全集》（第3卷），北京：人民出版社，1960年，第84页。

二是在辩证思维的方法论上科学地解决了人的个性与社会性的关系，人的活动愈具有社会性，人就愈具有独立性，用马克思的话说，人“不仅是一种合群的动物，而且只有在社会中才能是独立的动物”[①]。三是正确地处理了个体与整体的关系，即个体的充分发展只有在集体中才能实现，而集体的生存和发展也是通过每一个个体而存在和发展的。同时，马克思赋予“个人”以自由性。马克思认为“建立在个人全面发展和他们共同的社会形态成为他们的社会财富这一基础上的自由个性”[②] 是人类社会发展的第三阶段，只有在以人的全面发展为基础的自由个性阶段，人才“作为一个完整的人，占有自己的全面本质”[③]。这时“每个人的自由发展是一切人自由发展的条件”[④]。当我们认识集体与个体关系的时候，我们既要着眼于集体，又要摒弃现代激进的个人主义，消除人我之间的对立，建立一种整体、平等的人与人的关系。很显然，在群己和谐中，个体主义的限度是必要的，一些后现代主义思想者也认识到“个人主义已成为现代社会中各种问题的根源”[⑤]。

综上所述，和谐的社会是一个自由而有度、富有创造性的社会，是一个社会成员之间冲突越来越少的社会，是一个“群域”和“己域”互相尊重的社会。社会的发展必须以人为本，协调好社会整体利益与个人利益的关系，营造良好的社会氛围、和谐相处的人际环境、“和而不同”的社会秩序，激发整个社会的活力。我们相信：一个群己和谐的社会必定是一个蒸蒸日上的社会。

---

① 《马克思恩格斯全集》［第46卷（上册）］，北京：人民出版社，1979年，第27页。

② 休谟著，关文运译：《人性论》（下册），北京：商务印书馆，1980年，第104页。

③ 《马克思恩格斯全集》（第3卷），北京：人民出版社，1960年，第123页。

④ 《马克思恩格斯全集》（第1卷），北京：人民出版社，1956年，第273页。

⑤ 大卫·雷·格里芬编，王成兵译：《后现代精神》，北京：中央编译出版社，1998年，第10页。

公正：执政伦理的核心理念

法国政治家、哲学家路易斯·博洛尔说：“政治问题正如社会问题一样，首先是一个道德问题。”① “伦理”作为人伦之则和言行之理，反映的是一种道德关系，回答的是“应怎样”和“为什么要这样”的问题，即思想、行为的正义性问题。执政伦理就是要回答执政的道德基础是什么以及整个执政过程的合理性、正义性问题。公正作为人类一种永恒的价值观念，是执政伦理的基础价值观念。

一、公正：作为执政伦理核心理念的内涵

公正作为人类追求的崇高道德理想，渗透于人们生活的各个领域，体现了人与人之间、人与社会之间的平等要求，体现了人们的共同利益需求，体现了政府权能的正义，并因此成为执政伦理的核心理念。古希腊智者普罗泰格拉明确提出公正是一种“政治德行”。柏拉图认为理想的国家就是正义的国家，其“城邦正义”的目的是维持城邦的秩序和各个阶层的和睦，并且他从城邦正义出发类比个人心灵，论证了个人正义，由此他做出结论：公正包含了人类全部最基本的美德。亚里士多德把公正作为调节社会政治生活、缓和社会矛盾、保持社会稳定的重要手段，认为公正就是各种德行的总称。休谟则指出：“公共的效用是正义的唯一起源。”② 公正作为执政伦理的核心理念，主要有如下几个含义：

---

① 路易斯·博洛尔著，蒋庆等译：《政治的罪恶》，北京：改革出版社，1999 年，第 1 页。

② 休谟著，曾晓平译：《道德原则研究》，北京：商务印书馆，2000 年，第 35 页。

（一）公正执政的目的——维护利益公平

罗尔斯在其1971年出版的轰动世界的《正义论》中指出，公正的实现需要有两个前提：一是社会财富的匮乏（或准确地说是中等匮乏），所以才有利益冲突的发生；二是人们对自己利益需求有所限制。一个社会，没有利益冲突，也就没有对“公正”的需求，公正的出现只是为了调节社会利益之间的冲突的，即“正义否认了为了一些人分享更大利益而剥夺另一些人的自由是正当的，不承认许多人享受的较大利益能绰绰有余地补偿强加于少数人的牺牲”①。马克思也指出：“人们奋斗所争取的一切，都同他们的利益有关。”② 如果个人与他人、与社会处于经常性的利益冲突中，利益的失衡必然会导致心理的失衡和变态，会对社会正常的生存和发展秩序构成威胁和破坏，这是社会动荡不安的心理根源。因此，维护利益公平，这是公正执政的基本问题。要实现此目的，一方面，政府要处理好经济活动中的竞争公平、交换公平问题：要保证经济活动必须守法，遵守市场规律和规则；要保证资源配置的合理化、高效率，使公平与效率有机结合；要尽量使利益分配避免两极分化，铲除投机取巧、暴富心理。另一方面，政府要处理好公共利益与私人利益的关系，特别强调政府官员不能非法侵占公共利益、以权谋私，也不能让少数人或小利益集团打着集体的幌子侵占公共利益。概而言之，执政要遵纪守法，正当执政。亚里士多德就强调守法是公正的保证，他说：“守法的公正不是德性的一部分，而是德性的总体。它的相反者，即不公正，也不是恶的一部分，而是恶的总体。”③ 特别在建设和完善市场经济过程中，市场化的程度日益提高，政府更要重视在行政决策、行政干预的执政过程中依法办事，维护公正。从这个意义上说，维护利益公正是政府的重要职责。

---

① 约翰·罗尔斯著，何怀宏、何包钢、廖申白译：《正义论》，北京：中国社会科学出版社，1988年，第3－4页。

② 《马克思恩格斯全集》（第1卷），北京：人民出版社，1956年，第82页。

③ 亚里士多德著，廖申白译注：《尼各马可伦理学》，北京：商务印书馆，2003年，第131页。

（二）公正执政的基本维度——义务

黑格尔说："道德之所以是道德，全在于具有知道自己履行了义务这样一种意识。"① 对于执政者来说，履行义务就是要承担与自己职务或权能相应的责任、使命，完成本己的职责范围内的事情，如依法行政、制定政策、统筹规划、信息引导、组织协调、提供服务、检查监督、政务公开……义务贯穿于执政活动的整个过程之中，从决策到行政，从执法到监督，从服务到反馈，无不是履行义务的过程。需要指出的是，作为执政伦理中的"义务"不是与"权利"相对的概念，不是因为有相应的权利，才去履行义务，"义务"是与"职责"相对的概念，是职责所在使其然，因此，它具有"非权利动机性"，正确认识到这一点，才不会把"为民办事"当作条件而要求回报。

（三）公正执政的基本行为规范——尊重公共规则

现代执政具有两个鲜明特征：一是公共行政，行政权力源于广大人民，因此执政权力属于公共权力，二是民主行政。民主是全体社会成员的权利、义务的政治表现，反映了社会共同体的共同利益和社会成员参政治理的共同愿望。公共规则体现着公共的意志，维系着社会的基本秩序，保障社会的和谐稳定。如何实现对公共规则的尊重呢？首先，公共规则应该是公正的，人民普遍认可的，否则这样的公共规则不可能导致行为的公正；其次，公正的公共规则最重要的就是对每一个社会成员要平等、尊重并维护个人的权利；再次，公正的公共规则强调与权利对等的义务，若有人享受着没有义务的权利，这本身就是最不公正的；最后，执行公共规则是一种受集体评价的行为，因此公共规则要求每一个人对其加以明确。那种独断专行、唯我唯上、以权代法、以权谋私、部门利益化、"官本位"的行为，是缺乏公共规则意识的表现。

（四）公正执政的目的——维护社会秩序

邓小平同志强调："稳定压倒一切"。对任何一个社会来说，没有稳定

---

① 黑格尔著，贺麟、王玖兴译：《精神现象学》，北京：商务印书馆，1979年，第157页。

就谈不上发展。人类社会由人剥削人的社会形态向社会主义社会的发展是一个艰难的过程，发展成果的巩固必须有稳定的社会秩序作保障，因此，维护社会的经济、政治、文化发展的秩序，是公正执政的一个重要任务。

（五）公正执政“人本”向度——尊重个体的主体性

现代文明社会是人的主体性得到弘扬的社会。马克思曾把人和社会的发展划分为三个阶段，“建立在个人全面发展和他们共同的社会能力成为他们的社会财富这一基础上的自由个性，是第三阶段”①。所谓“自由个性”，也就是行为主体具有意志自由，能够进行独立判断和自愿选择，处于主动的状态。尊重个体的主体性就是要求在执政过程中尊重人民的意愿，听取群众的呼声，关注个体的情感需求和利益满足，为实现个人的全面发展创造条件。

二、实现公正：执政伦理的实践

公正执政作为政府活动的伦理诉求，需要政府从制度、行为、素质等各方面不断实践、改进。公正的要求贯穿于行政决策、行政执行和行政结果检验的全过程之中。

（一）完善社会制度，保障执政公正

完善社会制度，也就是政府要合理安排好社会基本结构，实现社会政治、经济、文化等各个方面制度的有机统一，构筑和谐的社会秩序。罗尔斯在《正义论》中指出“正义是社会制度的首要价值”②，“社会正义原则的主要问题是社会的基本结构，是一种合作体系中的主要的社会制度安排”，也就是说，使正义公平获得一定的制度安排，唯其如此，才可能进一步建立一套具有普遍合理性和有效性的正义规范伦理。③ 完善社会制度

---

① 《马克思恩格斯全集》［第 46 卷（上册）］，北京：人民出版社，1979 年，第 104 页。

② 约翰·罗尔斯著，何怀宏、何包钢、廖申白译：《正义论》，北京：中国社会科学出版社，1988 年，第 3 页。

③ 约翰·罗尔斯著，何怀宏、何包钢、廖申白译：《正义论》，北京：中国社会科学出版社，1988 年，第 54 页。

就要改革原有社会制度的弊端，建设与社会发展相协调的新制度。完善是一项系统工程，对于中国，完善就是改革，并且不是细枝末节的修修补补，正如邓小平同志所说的："改革是社会主义制度的自我完善，在一定范围内也发生了某种程度的革命性变革。"①

（二）反对权力腐败，维护执政公正

据阿根廷《民族报》载的《全球化了的腐败》一文统计：被联合国定名的"政府腐败"每年都要使全世界损失大约6 000亿美元的资金。另据资料统计，我国仅公款吃喝、公车消费两项每年要花掉6 400亿元人民币，远远大于教育费和国防费的开支。公正的伦理价值观强调权力的公共性质，反对以权谋私，反对个人或小集团窃取公共资源和公共利益。当一个社会权力腐败大行其道，人民就会对公理失去信心，人民心中的正义信念就会被摧毁。任何一个国家，如果政府官员利用人民赋予的权力穷奢极欲，而老百姓却生活贫苦，这样的政府就会遭到人民的反感，人民对其信任度就会降低，政府形象就会被严重败坏。孟德斯鸠的警告声犹在耳："任何拥有权力的人都爱滥用权力，这是万古不变的经验"；"绝对的权力导致绝对的腐败"——它提醒我们，反对权力腐败，任重而道远。

（三）搞好经济发展，促进执政公正

公正的市场经济运行秩序，需要完整的市场经济体系和相应的法律体系作保障。在经济体制的转型过程中，政府自身的不公正和对经济运行秩序调控乏力，必然会引起机制性的不平等，加速社会的两极分化。搞好经济发展，满足人们日益增长的物质文化需求，反过来又会促进政府执政行为的改进，维护执政的良好形象。

（四）加快民主法制建设，巩固执政公正

民主对于执政公正的作用：一是有效激活了执政者个人的主体能动性和完善自我的内驱力；二是提高执政活动调控的整合力，实现各个环节的合理性和最优化。法制作为社会的强制调控手段，承担着维护社会公正的

---

① 《邓小平文选》（第3卷），北京：人民出版社，1993年，第82页。

任务，对于执政行为来说具有强制性，它不仅是执政正当性的前提，也是民主得以实现的保证。它对执政公正的作用力同样在于两个方面：其一，促使执政者、行政者树立法制观念、增强法制意识，做到依法行政；其二，确保全体社会成员培养“有法可依，有法必依，执法必严，违法必究”的意识，从而加强监督。

（五）提高执政者道德素质，加强执政公正

“要促进社会进步，靠的是直接产生于人心灵深处纯正无邪的情感和伟大崇高的思想，靠的是当政者为人们树立至善的人格榜样。”① 行政权力的实施依赖于每一个政府官员，因此，官员们的个体道德素质非常重要。官员道德人格的形成包括两个方面：其一是道德准则意识，即处世待人的原则、立场、态度；其二是道德责任意识，即义务意识，“什么应当做”“什么不应当做”。社会公正包含着个人生活，而不单纯是社会的。

三、公正的执政伦理对建设社会主义政治文明的重要意义

社会主义的本质就是“解放生产力，发展生产力，消灭剥削，消除两极分化”。因此，公正是社会主义的本质体现，对于促进社会主义政治文明意义深远。

（一）维护政党的执政合法性，保障社会稳定

马克思·韦伯曾经把“合法性”分成三种类型：传统型的，如封建帝王传承的世袭制，政权的移交是既合理又合法的；个人魅力型的，依靠个人的权威和声望来维护政权的合法地位；制度型的，也即法理型的，现代社会的政权存在多属此类型。执政的合法性是广大人民基于某些社会的共同价值、共同利益而对执政党及其活动的拥护，这需要人们普遍的政治热情，积极参与政治、关心政治。中国共产党是代表最广大人民利益的党，自产生之日起就受到广大人民的拥护，在社会主义革命、社会主义建设时

---

① 路易斯·博洛尔著，蒋庆等译：《政治的罪恶》，北京：改革出版社，1999 年，第 1 页。

期都体现了“为人民服务”的思想宗旨，因而具有广泛的群众基础，其合法性地位毋庸置疑。邓小平同志在《执政党的干部问题》《党和国家领导制度的改革》和《关于政治体制改革问题》等文中，从加强党的执政能力、建设社会主义政治文明的角度充分认识到了维护政党执政的合法性的重要意义。如果一个政党执政能力下降，腐败丛生，人民的生活水平长期没有得到稳定提高，社会道德风尚普遍下滑，社会经济生活秩序混乱，必然会引起人民的不满，从而也就使广大人民的政治热情消失，整个社会就会陷入一片动荡之中，政党执政最终就会失去其合法性。苏联的解体就是证明。因此，首先要建设政治制度，如科学化的干部用人制度、组织制度、领导干部退休制度等，从制度上着重解决党政分开、以党代政问题；其次要改革制度弊端，如废除家长制、宗法制，防止权力腐败，邓小平同志指出，“从党和国家的领导制度、干部制度方面来说，主要的弊端就是官僚主义现象，权力过分集中的现象，家长制现象，干部领导职务终身制现象和形形色色的特权现象”。“三个代表”重要思想的提出，适应了新时期党如何成为一个坚强有力、凝聚人心的政党，提升其执政公正的能力，这不仅是个伦理建设问题，也是一个政治创新的问题。

（二）加速政治民主进程，建设“阳光政府”

所谓“阳光政府”就是一种政务公开、透明、行政合法、监督有力、诚信廉洁的政府。公正的原则保证执政党执政有合理的社会基础，使社会主义人与人之间的自由、平等成为真正的可能。“民主”源于古希腊demokratia一词，原意就是“人民的权力”。体现了人民当家作主的权力。列宁曾描述了民主的三个发展阶段：第一阶段就是彻底摧毁资产阶级的国家机制，代之以无产阶级专政。第二阶段就是“所有人”都参加国家管理，整个社会成为一个“管理处”，成为劳动平等、报酬平等的“工厂”。第三阶段就是所有人“都学会了”管理，对于人类一切公共生活简单的基本规则从“必须遵守”变成了“习惯遵守”，这时，民主则同国家一起消亡了，民主发展进入第三阶段。[①] 党和政府已经充分认识到民主的重要性并正在努力建设政治民主，“没有民主就没有社会主义，就没有社会主义

---

① 列宁：《国家与革命》，北京：人民出版社，1975 年，第 89 - 91 页。

的现代化”[①]。要建设民主政治，保证人民作为权利主体的地位和利益不受侵犯，体现以人民利益为根本价值归宿的政治伦理诉求，必须加强法制建设。用邓小平同志的话说，“为了保障人民民主，必须加强法制。必须使民主制度化、法律化，使这种制度和法律不因领导人的改变而改变，不因领导人的看法和注意力的改变而改变”。

（三）提升精神风尚，建设精神文明

休谟曾言：“公正显然有助于促进公共效用和支撑文明社会。”[②] 公正执政才能合民意，顺民心，增强公众对政府的认同感，从而使全体公民焕发出主人翁的主体意识，共同维护社会生活的有序稳定。执政公正对整个社会的影响主要有如下几个方面：其一，为社会构筑起良好的伦理道德风尚，起到了“垂范”的作用。榜样的力量是无穷的，党员干部的感召力是巨大的。孔子曰：“政者，正也，子帅以正，孰敢不正？”（《论语·颜渊》）“其身正，不令而行；其身不正，虽令不从。”（《论语·子路》）其二，为维护人民享有权利提供保障。公正合理的社会标志就是人民享有平等的政治、经济、文化等权利。其三，共产主义的思想、道德、理想、情操的传播从运动形式上看是一个“从上到下”、逐渐普遍化的过程，今天社会主义精神文明的建设，也应“从上到下”加强社会主义思想道德建设，不断提高人们的社会主义道德觉悟和水平。在社会主义社会里，价值取向呈现出多元态势，但是社会主义价值导向却是一元的，因此强调个人价值取向和整体价值导向的统一，是建设社会主义精神文明的可行性道路。

（四）以公平为基础，促进社会效率的提高

实践证明，一个社会，只有公正的原则得到贯彻，才能产生良好的效率，而没有效率也就失去了满足人类对经济物质需要不断提高的可能性，人类也就不可能享有丰富的、精彩的生活，甚至可以毫不夸张地说，社会就不可能生存下去。社会主义执政伦理的公正性，确保了全体人民政治上

---

① 《邓小平文选》（第2卷），北京：人民出版社，1994年，第168页。

② 休谟著，张若衡译：《休谟政治论文选》，北京：商务印书馆，1993年，第18页。

充分发扬人民民主，真正享有通过各种形式管理国家的权利，从而调动了群众的积极性；也确保了在经济上迅速发展生产力，逐步改善人民的物质文化生活，体现了一种真正的政治能力和政治效率。特别在社会主义市场经济建设过程中，各种公正的经济法规、政策指导、资源配置、市场秩序、权益维护等将营造一种公正的社会环境，从而为效率的发展提供保障。

公正作为执政伦理的核心理念，其内涵是深邃的，其实践是长远的。我们始终坚信：“社会主义是世界历史的结局部分，是世世代代关于公正、善良、幸福的幻想的最终体现。”①

① 《列宁全集》（第32卷），北京：人民出版社，1972年，第320页。

道德他律与权力约束

康德在《实践理性批判》的结论中指出："有两种伟大的事物，我们越是经常、越是执着地思考它们，我们心中就越是充满永远新鲜、有增无已的赞叹和敬畏——我们头上的灿烂星空，我们心中的道德法则！"① 道德以其舆论引导、规范教化、精神感化的理性力量，引导人们对社会规范的服膺，消解人与人、人与社会利益的矛盾冲突，从而维系社会有序和谐地向前发展。中国正处在社会主义初级阶段，改革开放和社会主义市场经济建设过程中出现的"道德滑坡""道德危机"现象令人警醒，权力的种种腐败现象更促使人们去思考权力道德的问题。对于道德的理解我们往往强调自律而忽视他律，但是，当自律并未真正形成，道德仍不能达到充分自律的层次时，我们应重视道德他律阶段。因此，我们有必要理解道德的他律性及其在现阶段对于权力约束的重要意义。

一、道德及其他律性

道德的普遍目的，就是在社会联系中建立一种秩序，道德在人类生活中扮演一种"以矫饰人之情性而正之，以扰化人之情性而导之"的角色。道德不是自发作用于社会或个人，而是要通过一定的手段。道德观念的确立、道德规范的内化、道德品质的形成，需要一种外在的约束手段和感化力量才能得以顺利完成，这种过程就是道德他律作用的过程。

他律（heteronomy）一词最早源于古希腊文 heteros（其他的）和nomos（规律），意思就是人之外的规律。道德他律，"就是指人或道德主体赖以行动的道德标准或动机，首先受制于外力，受外在的根据支配和节制"②。

---

① 郑保华主编：《康德文集》，北京：改革出版社，1997 年，第 313 页。

② 夏伟东：《道德本质论》，北京：中国人民大学出版社，1991 年，第 112 页。

道德他律，就是社会普遍认同的道德观念和规范体系对个体行为的约束、限制和支配。道德他律性具体表现在如下几个方面：首先，从道德观念的来源看，道德具有他律性。恩格斯说："人们自觉或不自觉地，归根到底总是从他们阶级地位所依据的实际关系中——从他们进行生产和交换的经济关系中，吸取自己的道德观念。"① 道德不是与生俱来的，而是后天教育的结果。人从小就不断接受来自家庭、学校、社会的道德教化，这种教化一方面是为了维系社会秩序的正常运行，另一方面是为了把人培养成为"有道德"的人。其次，从道德规范的作用机制看，道德具有他律性。任何社会或阶级的道德规范，都是需要通过教育、宣传等外部手段向人们灌输的。道德虽不像法律一样具有国家强制性，但往往通过舆论引导、善恶评价形成一种外部压力，对人的实践活动产生一种威慑力。有些人能够讲道德并不仅仅是"良心"的作用，而是因为受到来自社会舆论的压力，迫于普遍的善恶评价。再次，从道德调节的性质看，道德具有外在性和权威性。道德活动主体对一定道德规范认同不可避免地受自己利益的制约，道德以维护社会成员的整体利益作为客观标准，从而保障不同的个体利益能正确地获得。道德一经形成，就会以自己特有的方式反作用于产生它的社会经济关系的整个过程，从而对处于其中的个体产生外在影响和同化作用。

为了更好理解道德的他律性，我们需要做如下两个辨析。

其一，道德自律与道德他律的关系。康德认为：真正的道德是超功利的纯自觉行为，人的德行不应只图回报；同时他又认为他律就是道德行为受制于理性以外的其他因素，使人成为手段和工具，这是与人的本质不相容的，因此，自律是排斥他律的。这样，康德道德的"自律"和"他律"的"二律背反"就将超功利与功利、自律与他律对立了起来。换而言之，他认为自律才是自由的道德，他律是宗教的强制。那么，我们如何理解马克思说的"道德的基础是人类精神的自律，而宗教的基础是人类精神的他律"②？其实，马克思是从人类精神而不是个体精神来谈道德自律，是把自律当作人类社会整体的内在制约来考虑。人类精神的内容就是马克思所指

---

① 《马克思恩格斯全集》（第3卷），北京：人民出版社，1995年，第209页。

② 《马克思恩格斯全集》（第1卷），北京：人民出版社，1956年，第15页。

的“全人类利益”，“既然正确理解的利益是整个道德的基础，那就必须使个别人的私人利益符合人类的利益”①。马克思主义伦理学中道德规范的他律性，就是集体利益对个人利益的正当节制与约束在道德规范上的反映，他律的目的是使那些意欲摆脱集体利益的个人，重新调整个人追求利益的价值标准，使个人利益的目标同集体利益的目标趋于一致。马克思实际上肯定了道德本质也是他律性的，道德自律是建立在道德他律基础之上的。道德自律的形成，标志着道德人格的最终形成。

其二，他律只存在于道德起始时期。有人认为，道德规范最初（主要是原始社会中）表现为禁忌、风俗、礼仪等，因此在这个时期道德是他律的，而道德一经产生，其作用机制则是自律的。实际上，道德规范形成初期，人们的遵从与其说是规范的他律性的表现，不如说是欲求某种结果或惧怕某种结果的表现，这种遵从还不能说是道德他律性作用，正如美国哲学家 W. V. 奎因所说：“一个仅仅因惧怕炼狱之火而恪守礼节、帮助邻里的基督教原教旨主义者，其所表现出来的，并不是道德的价值而只是审慎的价值。”② 道德规范可以表现为禁忌、风俗、习惯、礼仪等，但禁忌、风俗、习惯、礼仪却不一定就是道德规范，成为道德规范的是那些内化了的、具有道德价值的行为规范。因此，他律不是道德起始时期的唯一特征；至于道德产生之后，道德的约束作用和教化作用是与“他律性”如影随形的，而不仅仅是自律的结果。社会主义道德作为较高层次的道德，是否只讲自律而弃绝他律呢？答案同样是否定的。自律强调人们行为规范的内化和自觉，他律则是对道德实践活动的人们的一种节制的约束。道德必须基于一定社会的物质生活条件，我们正处在社会主义初级阶段，道德生活仍处于较低阶段，其主要特征是“在行为目的上以追求个人的正当利益为出发点”③，自律远未真正形成。

综上所述，我们可以得出结论：自律和他律总是相伴而行的，存在于

---

① 《马克思恩格斯全集》（第 2 卷），北京：人民出版社，1972 年，第 167 页。

② W. V. 奎因：《论道德价值的本质》，载 A. T. 古德曼编：《价值与道德》，1978 年英文版，第 39 页。转引自夏伟东：《道德本质论》，北京：中国人民大学出版社，1991 年，第 96 页。

③ 罗国杰：《论社会主义初级阶段的道德的四个层次》，参见 1999 年《伦理学习》人大复印资料。

道德作用的全过程。当我们强调自律时，不应否定他律的前提性，而应肯定道德价值的根据不在人本身，而在于人之外的社会和历史发展中，只有自律而无他律的道德，实际丧失了其存在的客观依据。当我们提倡他律时，也不能否定道德最终必须走向自律，不能否认道德规范只有转化为自律才能“因德明道”。只有他律而无自律的道德只是宗教教规似的道德。

二、权力道德的本质和特点

古语云：“德，国之基也。”古人十分注重“树德”，“善为官者树德，不善为吏者树怨”（刘向《说苑·君道》），“太上有立德，其次有立功，其次有立言，虽久不废，此之谓不朽”（《左传·襄公十年》），将立德放在人生三大价值的首位。中国古代儒家思想要求统治者“为政以德”，以“礼义廉耻”作为“国之四维”来约束权力者。社会主义国家的权力是人民的，但权力的具体运作过程与掌权者个体的能力、学识、修养和品格密切相关，带有明显的个体特征。为了保证权力运用的正当合理，对权力主体的约束手段一要靠健全法纪和规章制度，使权力运作达到程序化、规范化和制度化；二要不断提高官员的个人素养，树立正确的权力道德观。权力道德不仅是社会道德建设的主题，而且成为影响社会道德建设成效的关键因素，影响着老百姓对道德建设的信心。什么是权力道德呢？权力道德即“官德”，指掌握权力的官员应具备的职业道德，是行使权力时必须遵守的道德规范，其实质就是树立正确的权力观。党的十四届六中全会的决议明确规定了社会主义权力道德观是“身体力行共产主义道德，大公无私、清正廉洁，服从大局，艰苦奋斗，全心全意为人民服务”。

（一）人民观——权力道德的基石

人民群众是社会历史发展的主体和动力，权力的实施一定要以“是否符合广大人民群众利益为最高衡量标准”。毛泽东同志曾说过：“全心全意为人民服务，一刻也不脱离群众；一切从人民的利益出发，而不是从个人或小集团的利益出发；向人民负责和向党的领导机关负责的一致性；这些是我们的出发点。"[①] 邓小平同志明确提出了"人民利益标准"，即"人民拥护不拥护""人民高兴不高兴""人民赞成不赞成""人民答应不答应"。十五大报告指出："我们权力是人民赋予的，一切干部都是人民的公仆，必须受到人民和法律的监督。"党的十八大报告强调：要"让人民监督权力，让权力在阳光下运行"。树立正确的人民观，就要牢固树立一切为了人民，一切着眼于人民的思想，把是否符合人民的利益作为判断是非，决定取舍的最高标准，把"只有人民，才是我们工作价值的最高裁决者"作为权力实施的准则。党员干部只有树立了正确的人民观，才能建构良好的权力道德，才能以高尚的道德情操和人格力量去树立典范，影响群众，感召群众，增强凝聚力和感召力，才能带领群众贯彻好党的路线、方针、政策，全心全意投入社会主义现代化建设中。

（二）价值观——权力道德的核心

权力价值观是与权力责任观相统一的，是对权力来源、权力运行规程、权与利的关系、权与责的关系的认识的一种价值取向。为人民服务，最大限度地为广大人民群众谋利益，是共产党人权力价值观的核心。加强党员干部权力道德建设，最根本的是要树立并强化正确的权力价值观。权力价值观指导着权力运作的方向，决定权力道德行为。

要树立正确的权力价值观，必须要解决好两个重要问题。其一，为谁掌权、为谁用权的问题。社会主义国家权力属于人民，人民群众是权力的主体，是权力委托者，领导干部是受人民之委托而行使权力，是受托者。因此，准确把握群众意愿，真心实意为群众办实事办好事，是每个党员干部应该牢记的，这是为官之前提，如果不能清醒认识这一问题，是难以杜绝以权谋私的腐败行为的。马克思主义权力观可以概括为：权力是人民赋予的，人民权力必须体现人民的意志和意愿。其二，利益观的问题。马克思指出："人们奋斗所争取的一切，都同他们的利益有关。"[②] 义利之辩，古而有之。儒家认为道义、道德高于物质利益，主张"义以为上"和"义本利末"（《礼记·大学》），"君子喻于义，小人喻于利"（《论语·里

---

① 《毛泽东选集》（第3卷），北京：人民出版社，1991年，第1095页。

② 《马克思恩格斯全集》（第1卷），北京：人民出版社，1956年，第82页。

仁》)，“见利思义，义然后取”（《论语·宪问》)。墨家主张义利结合，“兼爱交利”“利国利民”(《墨子·经上》)，用互利、公利价值观去调节利益冲突。法家承认和肯定人的利益追求和个人私利，并主张用法律调节利益的关系，“明于公私之分”，“去私曲就公法”。我国古代的义利观的主张各异，确有各自值得继承之处。马克思认为，利益是社会经济关系的集中表现，“每一既定社会的经济关系首先表现为利益”①。利益也是人们政治关系及制度的基础。当前，中国人民“最根本利益”主要体现在物质需要和精神需要的满足、社会繁荣进步、国家安全稳定、政治上当家作主等各方面，它包括个人利益和集体利益、整体利益和局部利益、目前利益和长远利益。始终代表最广大人民根本利益是“三个代表”思想的核心，是党的理论、路线、纲领、方针、政策和各项工作的出发点和归宿，它包括人民群众在经济、政治、文化三方面的利益。

权力道德有何特点呢？概而言之，权力道德的重心应在其强制性和约束性上，即“他律性”。其一，权威性。权力道德是一种特殊的职业道德，其权威性就是指道德在权力运作过程中的至上性和效力性。其二，强制性。权力道德对于权力运作具有约束性，强化掌权者必须遵守道德规范。这是权力道德的一个重要标志。其三，规范性。权力道德是道德的一个种类，是道德在新时期、新领域的拓展，与日常道德规范相比有其特殊性，因此权力道德的存在应该是规则化、条文化的。其四，普适性。权力道德的对象是领导干部和国家公务员，是普遍适用的。人民群众可以把它当作工具或尺度，去衡量和判断所有权力实施者。权力道德的水平对整个社会具有影响力，这种影响也是普遍的，可以带动整个社会的道德建设。其五，义务性。道德约束在社会主义社会中不可缺少，是每个人必须遵循的；权力道德对于领导干部来说是一种义务，尤其具有应当性。古希腊哲学家德谟克利特提出道德约束应建立在义务的观念上，他说：“应该不是由于惧怕，而是由于义务，不做有罪的事。”黑格尔也认为对自由的追求必须通过实现义务才能达到：“在义务中，个人得到解放而达到了实体性的自由。”

---

① 《马克思恩格斯全集》(第3卷)，北京：人民出版社，1995年，第209页。

三、强化道德他律性是新时期权力约束的迫切需要

拉贝莱有句名言："学问无良知就是灵魂的毁灭，政治无道德就是社会的毁灭。"权力道德影响着整个社会的道德建设，倡导权力道德是引导整个社会价值取向、道德风尚的迫切需要。中国传统历来重视"德"在"政"中的作用。孔子云："导之以政，齐之以刑，民免而无耻；导之以德，齐之以礼，有耻且格。"（《论语·为政》）在他看来，政令与刑法虽使人不敢犯罪，但却不可能使人知道犯罪的可耻，而"德化"和礼仪才能使人知耻而不去犯罪。

1. 强化道德他律，是抑制市场经济对权力行使所造成的负面影响的需要

市场经济的负效应，使干部权力道德建设面临严峻的考验。在商品经济大潮的冲击下，多元经济成分造成拜金主义、利己主义、损人利己、损公肥私现象滋生，有些党员干部淡化了为人民服务的意识，无视党纪国法，把个人利益置于党、国家、人民利益之上，以权谋私、贪污腐化、权钱交易，甚至腐化堕落成人民的罪人。由于领导干部的社会地位和作用，使得其本身的道德取向和道德表现具有了社会导向作用，广大人民群众从其道德言论中感悟社会所倡导的道德要求，从其道德行为中判断善恶是非。当一个社会陷入普遍的道德失范时，这个社会就不可能前进了。纽约《美洲华侨日报》一篇文章指出："对中华民族和十亿多人口的国家来说，更深的忧患，恐非物价上涨，而是世风衰败，物价纳入正轨并不需要太久的岁月，而世风衰败后再欲恢复康健，也许一代的时间都不够。"法国著名思想家孟德斯鸠曾说过："当公众腐败时，出现的邪恶没有一个人能够克治，除非根除腐败，重新恢复道德原则。其他任何补救办法都是徒劳的，或许又会成为一种新的邪恶。"① 因此，强化道德他律性，加强干部队伍权力道德建设，树立良好的道德风范，这是应对新旧道德历史嬗变过程中道德失范的重要举措。

---

① 路易斯·博洛尔著，蒋庆等译：《政治的罪恶》，北京：改革出版社，1999 年。

2. 强化道德他律，是推进改革开放的需要

实践经验证明：越是实行经济改革和对外开放的政策，就越需要增强各级党员领导干部的权力道德观念。党的路线方针政策，不仅需要依靠广大党员干部来组织和领导群众贯彻实施，而且需要各级领导干部以高尚的道德情操率先垂范，用人格的力量影响和感召群众。同时，改革开放过程中某些传统道德面临严重危机和挑战，我们用以维护道德秩序的管理机制发生了严重困难，人们迫切感到建构新的道德规范的重要性，不加以新的道德他律，将不能适应社会的发展。因此，强化道德他律，提高领导干部的道德素质是改革开放时期精神文明建设的一项重要任务。

3. 强化道德他律，是实践“三个代表”重要思想的需要

“三个代表”重要思想的提出，不仅是党员干部执政行政的行动纲领，也是权力道德的基本准则。党的执政地位能否巩固，能否实现社会的长治久安，取决于权力运行的好坏。“三个代表”是共产主义道德规范的具体体现和新时期党员干部的道德标准：代表先进生产力，这是共产主义道德的历史尺度和现实基础；代表先进文化，为生产力的发展提供了文化驱动的理论基础；代表广大人民的根本利益，直接关系到共产主义道德的价值取向，是我们进行道德建设的最终目的。因此，“以德养廉”是新时期道德建设的重要任务。

四、权力道德的培养途径

腐败的产生是“官德”沦丧的表现，同时与官者个人的道德品质密切相关。贪婪和欲望是权力持有者最容易滋生的两种倾向，是漠视道德的突出表现。强化道德他律性的作用机制，是实施权力有效约束的基础。

1. 道德社会化

从价值目标来看，道德社会化指社会的道德规范内化为个人的内心信念的过程；从其作用力来看，是指家庭、社会和教育共同熏陶和塑造道德人格的过程，其中教育担负着主要任务，家庭和社会的影响是一种潜移默化的作用。

2. 道德制度化

邓小平同志提出：“要用共产主义道德约束共产党员和先进分子的言行。”① 这种约束要靠制度加以保障，“制度好可以使坏人无法任意横行，制度不好可以使好人无法做好事，甚至走向反面”②。良好的制度规范有助于弘扬道德正气，惩治腐败行为。党员干部是否按道德和正义原则行事，直接影响着社会道德和社会风气。道德制度化，首先是指通过各种制度安排，营造一种向善、致福的社会氛围，从制度上确保人们通过讲道德、守道德获取自身利益、效用的可能性；其次，通过各种制度设置，构建起赏罚严明的道德机制，对“遵纪守法”“恪守道德”的人从制度和道义上加以支持，对“道德败坏”的人以物质的惩处和精神舆论的谴责，在全社会切实树立“德行美好且有用”的理念；再次，从制度上保障德行成本与收益的平衡，对弘扬道德风尚的人给予物质和精神的奖励或补偿，使正义的道德原则、仁爱的伦理关系、积极的人文精神得以彰扬。法国思想家摩莱里曾说过：“你如果希望幸福，那就行善吧。首先不要为幸福决定于谁这个问题而操心，要知道的是，如果不行善你就不能享受幸福。”

3. 道德政策化

社会主义道德规范，如社会公德、职业道德、家庭美德等的实施，需要社会和政府从政策上加以导向、明确和规范，使人们通过比照和认知得以明晰哪些是道德规范禁止的行为，哪些是道德规范鼓励、奖励的行为，从而使这些道德规范真正成为社会公众的普遍行为方式。

4. 道德法规化

邓小平同志认为，进行道德建设，形成良好的社会秩序，仅靠说服教育不行，还必须与法律相适应，要以法律作保障。首先，道德立法是我国现阶段的客观要求。将道德规范用地方立法的形式硬性规定下来，实行严格的管理和监督，效果良好。如上海市施行的“七不”规范，有些城市施行的《城市管理条例》，“非典”过后许多城市的“卫生行为规范”等。其次，道德立法有丰富的经验基础。中国历史上“唐律”“三纲五常”都

① 《邓小平文选》（第2卷），北京：人民出版社，1994年，第36页。
② 《邓小平文选》（第2卷），北京：人民出版社，1994年，第333页。

是把道德条文化。西方国家，如美国有《政府道德法》，国会有“道德立法委员会”，巴黎有《荣誉法典》，新加坡、中国香港有卫生方面的道德法规和公务员的道德立法。再次，道德立法符合道德建设的规律。道德意识的形成是一个从他律走向自律的过程，在道德无序、道德混乱的状态下，单靠自律，难以满足道德建设的需要。美国哈佛大学法理学教授朗·富勒认为道德和法律具有不可分割性，法律程序本身存在着一种内在的道德，一项法律若缺少内在道德，不能算是法律。因此，道德规范法规化是形成自觉行为、自律道德的实践步骤。社会道德水平的提升，道德立法是一项极为重要的基础性工作。

提倡权力道德，就要加强各级领导干部思想教育，端正权力观，在干部队伍中健全道德赏罚机制，加强权力道德制度化和法规化建设，真正做到“克己”——用制度化、法规化的道德约束自己，勤政廉政，从而切实达到“奉公”——树立为人民服务的意识，为政公开、公平、公正。“为政以德，譬如北辰，居其所，而众星拱之”（《论语·为政》），这一古老的道德箴言，在新的历史时期对加强权力道德建设仍有其崭新的内涵。“德”是无产阶级政党最突出和最有力的政治优势，也是保持廉洁的第一推动力。在“官德日下”的今天，我们呼唤“为公为民”的权力道德的完善化。以德养廉，搞好廉政建设，进行公仆观念、责权观念、监督观念的教育，提高权力实施者的自觉性和自制力，这是强化道德他律对权力约束的根本目的。当然，我们在强化道德他律的时候，不能否定法律在反腐倡廉中的主导作用，加强法制建设永远是一个国家治国强国之本。我们应该正确处理道德与法的关系，最终把道德建设纳入“依法治国”的逻辑之中。当政治领域的道德自律并未真正形成，道德仍不能达到充分的自律层次时，我们应理直气壮地强化道德他律。正如一位哲人所言：“人们有资格享有文明社会的自由，其资格正与他们愿意用道德锁链约束他们的欲望的程度成比例。”

科学发展观的伦理之维

什么是科学的发展观呢？科学的发展观就是尊重科学的发展观和以人为本、全面协调的可持续发展观。它强调科技、人口、资源、环境的协调一致，强调经济增长、科技进步、生活改善、人文提升的系统发展，这种发展观是符合科学精神、尊重自然规律、关切人类幸福的思维方式。科学自产生之日起就以革命性的力量推动人类及其本性的发展；而科学作为人类活动及其成果的一部分，其发展是一个受人类伦理道德力量不断影响的过程。科学在发展的漫长过程中，没有也不可能脱离人类的伦理视域，今天，在我们提倡科学发展观的时候，有必要辨析科学发展观的伦理维度，以指导突飞猛进、日新月异的科学发展。

一、在科学与道德之间

20 世纪中期，科学技术革命形成了一股世界性的时代潮流，冲击着劳动方式、社会结构、生活方式、道德、心理等社会各方面，从而推动社会的全面变革，促进社会经济、政治、思想文化的协调发展。道德观念是以一定生产力为基础的，随着现代科技广泛运用于生产过程，不仅对社会个体的道德责任提出了新的要求，而且科技发展中产生的新的社会、伦理问题也迫切需要道德加以关注、调适和解决。

（一）科学与道德相互统一

从科学方面看，科学发展的根本目的是促进社会财富的增加，以不断满足人们的需求。爱因斯坦曾经说过：“科学直接地，并且很大程度上间接地生产出完全改变了人类生活的工具。”① 从这一点上说，科学发展是“以人为目的”的。从功利原则的角度看，这种促进“最大多数人的最大幸福”的方式是符合人类发展需要的，就是“善”的，因此科学技术从本质上说是体现价值评价而不是价值中立的。另外，科学技术的运用及其社会效果不仅反映了“真”与否的问题，也反映了“善”与否的问题，比如网络技术、基因技术、克隆技术，这实际上也是一个道德判断的问题，所以科学问题离不开伦理道德的视域。从道德方面看，道德是一个不断发展、完善的过程，其价值指向也是“以人为目的”，而在其中，科学的发展为道德的完善开辟了新的广阔的道路、提供了动力因子。传统的道德规范相对来说是稳定的，科技创新却需要打破陈规，这为道德设置了一个又一个新的难题，这个难题的解决过程也就是道德发展的过程。所以科学与道德不是分离的，而是契合的。

（二）科学与道德相互影响

科学对道德的影响分积极和消极两方面。从积极方面看，科学的发展对于解放人的思想、满足人类物质需要的提升具有重大促进作用。科学使人类从蒙昧、野蛮、迷信中解脱出来，使人的主体性在自然界面前得到确立和弘扬；并且使人类生产活动从刀耕火种、食不果腹的状态中解放出来，进入了动力机器的使用、电气化和现代新技术运用的时代，使人类生活质量有了极大提高。科学具有认识功能和实践功能，它的最终目的是以科学知识去指导人们能动改造世界，“使人类在对自然界的关系中和在社会关系中获得自由”。由此，科学为道德的发展提供了现实的基础和利益的佐证，促进道德领域的不断拓展。从消极方面看，科学和道德发展的不同步性使科学领域的道德问题尖锐化，造成人们思想的混乱和无所适从，如安乐死、基因技术、克隆等科学发展急需新的道德规范的调适。与此同时，科学技术的滥用也威胁着人类的利益，比如核技术带来的破坏和恐慌，使得“技术悲观”主义对具有“双面性”的科学采取拒斥态度，这就造成了科技与道德的对立，降低了人们对道德的信服力，使道德的作用

---

① 许良英等编译：《爱因斯坦文集》（第3卷），北京：商务印书馆，1979年，第149页。

“边缘化”而处于一种“对该言说者不能言说”的失语状态。道德对科学的影响也有积极和消极之分。首先从积极方面看，道德为科学进步提供了正确的价值导向和强大的精神动力，为科学的发展指明了“善”的发展方向，特别是现在人们更加关注科技对人类的作用和伦理意义，使得“科学就其意义讲从来没有像现在这样具有道德性质，因为科学发现的成果，任何时候也没有像现在这样影响人类的命运”①。其次，从消极方面看，旧的道德规范的相对稳定和滞后，未及解决新的科学领域中的道德问题，从而对科技的发展带来阻力甚至束缚，如中世纪，科学成为神学的婢女，价值判断的权力被教皇和神父所垄断，因此才会出现教会宣布数学为一种“魔鬼的艺术”，出现女数学家希帕蒂娅惨遭教徒们杀害等悲剧。

科学和道德是紧密联系同时又是相互促进、相互影响的，科学知识、科学方法、科学活动的规范会渗透到道德观念中，使道德发生新的变化，焕发出时代气息；道德规范和要求作为一种精神力量，通过科学活动的实施者——科学家和科学工作者渗透到科学技术的发明、发展中，使科学的发展不至于偏离“人间正道”。

二、科学发展观的伦理视域

“坚持以人为本，树立全面、协调、可持续发展的发展观，促进经济、社会和人的全面发展”，这是中国根据国情提出的科学发展观。显然，发展观的问题不是一个地域性而是一个世界性的话题，作为发展观的科学性，其内涵有着特定的伦理视域。

（一）科学发展观不能忽视的对象：利益主体间的关系

“利益在世界上是一个强有力的巫师，它在一切的眼前改变了一切事物的形式。”② 现代科技发展的复杂性很大程度上是由于利益个体、利益集

---

① 转引自雷鸣：《论科学与伦理道德的相互沟通》，《自然辩证法研究》1998 年第 12 期。

② 甘绍平：《应用伦理学前沿问题研究》，南昌：江西人民出版社，2002 年，第 457 页。

团的复杂性，因为不同的利益主体出于自身的考虑会有不同的价值观念，从而影响科技发展的方向、速度和使用效果。根据主体范围的不同，主要有个人主体、集团主体、集体主体、“类”主体之分，与之相对应就有了不同主体的利益之别和不同主体的道德要求。毋庸讳言，个人利益是最基础的，没有个人利益就没有社会利益，社会“就是组成社会之所有单个成员的利益之总和”，“不了解个人利益是什么，而奢谈社会利益是无益的”[①]。那么科技的发展首先要观照人类个体，而不能损害人的利益。利奥塔指出：人沦为技术的附庸，科技发展没有给人类带来福音，将使科技丧失其“合法性”。比如，当代人们不能否认，最大的伦理挑战来自基因技术与生物技术。基因技术伦理的核心问题也就是关涉个体利益的问题：作为实施行为的主体是我们，而风险与后果的承担者是未来的他人，我们未经当事人同意的情况下制造出了“他人”，这是否就是对他人的一种侵害？当人作为被设计出来的产品，他也就首先丧失了自决权和平等权——在设计者与被设计者之间还存在公平可言吗？德国著名哲学家、美学教授斯罗特戴克于1999年提出问题：是否可以通过基因技术来设计人类的特征，从而实现人种培育及人种“选择”，从而彻底扭转和根除人类的野蛮状态？这被称作“德国地震”[②]，其中所涉及的也就是个体间及人类的利益问题。解决此类问题、判断是非的标准就是：是否损害了个体、人类的利益。因为，任何个人都是生活在与他人的关系之中，生活在社会之中的，“如果我们生活在一个孤岛上，孑然一身，我的生活中就没有什么罪恶和道德了。我在那里既不能表现道德也不能表现罪恶”[③]。另外，我们还必须注意的一个事实是：现代科技发展与产业化密切相连，这时科技活动也成为集团活动，集团是高于个人但又带有自私性的小团体，不同利益集团之间有可能因为利益的分化和冲突影响科技发展。因此，协调集团间的利益将为科技发展提供良性的环境。集团利益是一种新型的利益形式，这要求集体

① 北京大学哲学系外国哲学史教研室编译：《十八世纪法国哲学》，北京：商务印书馆，1979年，第230页。

② 甘绍平：《应用伦理学前沿问题研究》，南昌：江西人民出版社，2002年，第32－33页。

③ 普列汉诺夫著，王太庆译：《唯物论史论丛》，北京：人民出版社，1953年，第67页。

要有一种公共意识和普遍认同的伦理支撑科技的发展，既要考虑个人，又要考虑社会资源的配置和共同责任的承担。由于集体伦理强调普遍共识基础之上的共同行动，为“类”伦理的培育打下了基础。类伦理就是基于整个人类的考虑、代表人类的共同利益的价值评价体系，它将为解决世界范围的科技难题和推动人类科技共同进步提供价值导向。

（二）科学发展观不能脱离的环境：人、自然、社会

海德格尔在《关于人道主义的书信》中说：“无家可归状态成了世界的命运”，他认为现代科技对自然的严重干涉使地球遭受破坏与毁灭，使人失去了家园。海德格尔的忧虑不是没有理由的，科技沙文主义、控制主义已经使人类陷入了自然生态危机和全球性的生态恶化。恩格斯早就警告过我们：“我们不要过分陶醉于我们人类对自然界的胜利。对于每一次这样的胜利，自然界都对我们进行报复。每一次胜利，在第一线都确实取得了我们预期的结果，但是在第二线和第三线都有了完全不同的、出乎预料的影响，它常常把第一个结果重新消除。”① 科学技术从诞生之日起就成了人类征服自然的有力武器，但是一旦人类的行为破坏了自己赖以生存的环境，自身的利益也被损害了。人类作为整体的、自然的存在物，面对伤痕累累的自然，唯一的选择就成为一个哈姆雷特式的问题——生存或毁灭（to be or not to be）。后现代主义者倡导重建人与自然的关系，十分推崇“生态主义”和“绿色运动”。F. 费雷说：“世界的形象既不是一个有待挖掘的资源库，也不是一个避之不及的荒原，而是一个有待照料、关心、收获和爱护的大花园。”② 因此，科学的发展观应该是一种尊重生态规律、保持人与环境动态平衡的发展观，“地球是我家，我们共坐一条船”。

另外，科学发展观不是一个孤立的目标，它的实现必须受经济、政治、社会等因素的影响，也就是说这是一个系统性的发展过程。以资源稀缺问题为例，展望未来，人类将永远面临资源稀缺的问题，要解决此困难，必须把科学的发展观置于制度性的保障之中——这种制度性不是某一

---

① 恩格斯著，于光远等译编：《自然辩证法》，北京：人民出版社，1984 年，第 304－305 页。

② F. 费雷：《宗教世界的形成与后现代科学》，载大卫·格里芬编：《后现代科学》，北京：中央编译出版社，1995 年，第 121 页。

个国家的，而应该是共同体的乃至全人类的。人们依靠科技发展克服资源稀缺性固然是一个办法，但是却离不开其他手段的调节，如经济，即用市场价格来引导科技发展的方向，因为用价格来标志资源的相对稀缺性是永远必要的，从这个角度来说“价格万岁”是有道理的。但是市场价格要充分、自动实现资源的最优配置，却离不开制度性的保障。因此，科学发展观所关涉的环境因素既有自然的，又有社会的。总之，科学发展观只是系统中的一个动力因子，它的发展要受制于其他一些因素，它的发展又推动整个系统快速进步。

（三）科学发展观不能超越的背景：文化差异

东西文化差异是明显的，20 世纪的人类思想演进的一个突出标志就是普遍的文化反思和批判：如东方传统文化的理论资源的挖掘，西方工具理性与价值理性的分析，科学危机的文化反思，从文化形态史观的角度对西方文化危机的批判等。首先，从西方文化主流对科技的反思上看，其主要特点：一是对科学危机的忧虑。如现象学创始人胡塞尔在关于欧洲科学危机的文化分析中认为，随着现代科技的发展，人们过于注重物质追求而忽视精神的需要，造成人的价值意义的丧失，“在 19 世纪后半叶，现代人让自己的整个世界观受实证主义科学支配，并迷惑于实证科学所造就的‘繁荣’。这种独特现象意味着，现代人漫不经心地抹去了那些对于真正的人来说至关重要的问题。只见事实的科学造成了只见事实的人”①。二是对技术奴役的批判。马尔库塞认为资本主义进步的原则实际上就是：技术进步＝社会财富的增长＝奴役的扩展，他在《单向度的人》中说：“技术进步持续不断的动态变得为政治内容所充满，技术逻各斯被转变为持续下来的奴役的逻各斯，技术的解放力量——事物的工具化——成为解放的桎梏；这就是人的工具化。”②

从东方传统文化（尤其是中国）来看，既有整体主义视角的天人合一，强调人与自然和谐统一的人文精神；又有经验和实用性的工具主义的

① 胡塞尔著，张庆熊译：《欧洲科学危机和超验现象学》，上海：上海译文出版社，1988 年，第 5－6 页。

② 马尔库塞著，张峰译：《单向度的人》，重庆：重庆出版社，1988 年，第 136 页。

特征。中国古代科学技术的辉煌成就是举世公认的，如数学有《九章算术》，力学理论、技术有《天工开物》，农业有《齐民要术》，及被马克思称为“预告资本主义社会到来”的三大技术发明——火药、指南针和印刷术，但是，中国古代科技始终未能走上理论性的研究道路，而只专注于实际的应用和经验的留存，作为“人类文化的早熟”的中国文化，在以后的科技发展中未能提供一种理性的支持，梁漱溟先生指出：“假使西方文化不同我们接触，中国是完全闭关与外间不通风的，就是再走三百年、五百年、一千年，亦断不会有这些轮船、火车、飞行艇，科学的方法和德谟克拉西产生出来……”① 考察历史，辨析现实，我们既要看到中国科技发展的不足之处，也不能邯郸学步，照捡西方“异化”了的科学技术，而应多一些理性思考，发扬中国传统文化中的宝贵资源，剔除西方文化的糟粕，借以建构有深厚文化底蕴的科学的发展观。这就涉及一个文化际的协调问题，即现代与传统文化的协调，发达国家与落后国家文化的协调。正确的态度应该是：我们不应抛弃传统、一味媚外，而应去伪存真，兼收并蓄；既不拒斥西方先进文化，又不屈服于“文化霸权”，而应是去粗取精，力求突破与创新。哈贝马斯的“交谈伦理”（discoursing ethics）将是一种积极可行的方式。

（四）科学发展观不能回避的问题：科技工作者的责任

马克斯·韦伯于1919年就已经提出了“责任伦理”（verantwortuns-ethik）的概念。科学工作者的目的当然是探求真理，但不能违背普遍的道德约束，也不能无人道地对待被研究的客体（如实验动物、“安乐死”者、基因、胚胎等）这就是说，“科技良心”应该成为一切科学工作者的基本素质，因为科学工作者的科技成果会直接而有力地影响社会的进程。那种认为技术中立、科技无对错的态度是错误的，因为科技的创造者和施用者是人，产生的效果也直接作用于人，必然会产生价值判断、伦理效应。马克思曾经说过：“科学是在历史上起推动作用的、最高意义上的革命力量。”② 如果再加上科学工作者强烈的“责任感”，马克思的这一句话将会

---

① 梁漱溟：《中国文化要义》，上海：学林出版社，1987年，第41页。
② 《马克思恩格斯全集》（第19卷），北京：人民出版社，1963年，第372页。

更富有时代感。正如爱因斯坦所强调的："在我们这个时代，科学家和工程师担负着特别沉重的道义责任。"[1] 他告诫自己的学生："如果想使你们一生的工作有益于人类，那么你们只懂得科学本身是不够的，关心人本身，应当始终成为一切技术奋斗的主要目标。"[2] 科学技术不仅是真理，而且也具有伦理价值，科技工作者失去了责任，人类的发展也就失去了福祉。

三、科学发展观必须遵循的伦理维度

科学发展观之"科学"，落脚点应在对科学技术的开发、运用和发展过程中应有的价值取向上，它既要有责任意识又要有未来眼光，实际上，"技术只是一种手段，对于自己来说，既没有什么善，也没有什么恶，一切都决定于人；技术对于将如何利用它是漠不关心的"（雅斯贝尔斯）。为使科学技术的发展是"科学"的，就必须遵循一些伦理要求。

（一）人道主义维度

人道主义主张关心人、尊重人、保护个体权益以及把民主、自由等价值理念作为人类宝贵的精神财富。人道主义原则实际上就是主体性原则，为了更好地理解它，我们需要注意三点：

其一，人道主义维度强调把人的生存和未来发展作为首要目标。文艺复兴高扬人性，贬抑神性，冲破了中世纪神学对人性的禁锢，人的主体地位得以确立，但之后，人的理性和人的力量被抬高到不符合现实的程度，科学主义最终使人"再度丧失了自己"。因此我们不得不思考："过去，我们曾拥有启探智慧的科学，控制自然秩序的科学和为了发展战争的科学。今天，全人类正经受着迫切的压力，即我们应该如何迅速地、紧迫地发展

---

① 许良英等编译：《爱因斯坦文集》（第 3 卷），北京：商务印书馆，1979 年，第 287 页。

② 许良英等编译：《爱因斯坦文集》（第 3 卷），北京：商务印书馆，1979 年，第 73 页。

追求生存的科学。”[1] 马克思早就把科学“看成是历史的有力杠杆”和“最高意义上的革命力量”，科学技术把人的生存和发展作为首要目标不仅表现在科学技术推动了生产力的发展从而成为社会发展和变革的第一推动力，还表现在科学技术引发了经济增长方式、生产方式、社会经济形态、社会关系、文化教育、道德水平等各方面的进步。

其二，人道主义维度强调科学发展中的主体性原则与“人类中心主义”截然不同。主体性原则就是“以人类为中心”，肯定人作为主体的中心地位而不否认人与物质系统之间应该保持协调关系，坚持以人类利益为根本前提，相信人的理性。而“人类中心主义”则是把“以人类为中心”的观念绝对化的极端表现：认为人在自然界乃至世界中是至高无上的、是自然的主宰，自然界的一切为人而存在，人类的需要和利益是决定非人类自然物是否存在的价值尺度，无视自然规律和生态系统的平衡，体现的是人类“沙文主义”“统治主义”“控制主义”。

其三，对后现代反人道主义的辨析。后现代主义从反理性权威的角度看待人，试图对没有“主体性”的人的现状进行一种批判。后现代反人道主义以不同方式论述了人的“主体的消亡”，认为“人并不是存在者的主人，而是存在的看护人”（海德格尔）；个人不是社会过程的基本要素，人不是影响社会进程的主体，而只是它的“承担者”或“效应”（阿尔都塞）；人通过社会文化而“成为主体”的过程同时也就是“服从”“从属化”的过程（福柯）。需要说明的是，后现代反人道主义并不是非人道主义，而是对真正的“主体性”的人的召唤。海德格尔在《关于人道主义的书信》中认为反人道主义与人道主义的“这种对立并不意味着这种思想在反对人道并鼓吹非人道，不意味着它在吹捧非人道而贬斥人的尊严”[2]。尽管后现代主义宣称“人的死亡”（福柯）很大程度上是指资本主义制度下被理性主义所淹没的不自由的、机器般的人的死亡。但是，人道主义就其本意而言，是一种将人类从野蛮中唤回的活动，关心人、尊重人、维护个体权益、追求民主和自由仍然是现实人们努力的方向，尤其在科学技术力

---

① 钟克钊等：《人与自然的对话：彼岸观此岸》，成都：四川人民出版社，1999年，第155页。

② 凯蒂·索帕著，廖申白等译：《人道主义与反人道主义》，北京：华夏出版社，1999年，第3页。

量极大彰扬、人的主体力量相形见绌的时代，我们应该认识到：人道主义没有过时，“恰恰相反，我们现在比以往任何时候都更需要人道主义”①（霍内菲尔德）。那种夸大了“结构”“语言”“权力”等事物的决定性而否定人的主观能动性，甚至连同人本身一起否定掉的观点和做法，在科学技术发展中是绝对难以想象的。因此，科学技术的发展依然要高举人道主义的旗帜。

（二）主客统一的维度

科学的发展为马克思的预言——“人与自然之间、人与人之间的矛盾的真正解决，是存在和本质、对象化和自我确证、自由和必然、个体和类之间的斗争的真正解决”②——注入了新的理解。首先，科学活动是主客体的双向运动。主体的客体化是指主体的能力通过改造活动向客体转化（如科学技术的创造、科技产品的生产等），充分展示了人的生命活动的特点，确证了主体的能动性、选择性、主动性、创造性。科学活动中客体的主体化主要指在认识、创造活动中客体的属性、规律性被主体所掌握，从而为科技创新准备了条件。其次，主客统一的过程是主体不断提升的过程。西方的“逻辑主义”强调孤立的“先验个体”，把主体看成具有形而上学意义上的独立存在的实体，具有极端个人主义倾向；胡塞尔的先验主义强调“先验自我（个体）”，强调“自我中心主义”；哈贝马斯则以交往哲学中的“社会化主体（交往主体）”对抗胡塞尔的先验主体，人的主体性走向“主体间性”，实现了集体主体的回归；库恩则以“科学共同体”的集体活动否定了“先验个体”。而只有在主体间的交往中，在主体之间相互承认和尊重中真正的主体才可能存在。处于交往关系中的人的主体性是一种“构成主体性普遍网络的交互主体性”，只有这样，主体才可能成为一种共同主体。今天，科技发展以及运用科技解决共同面临的问题，愈来愈成为人类共同的主题，主体性的问题也将成为以全人类为主体的问题。最后，科技活动中主客统一的过程是一个不断完善的过程。无论从伦理观、文化观的层面，还是

---

① 甘绍平：《应用伦理学前沿问题研究》，南昌：江西人民出版社，2002年，第61页。

② 《马克思恩格斯全集》（第42卷），北京：人民出版社，1979年，第120页。

从价值观、世界观的层面，人的主体地位、主体利益与自然界的协调都将是一个多层次、多角度的动态过程，不可能一蹴而就。

（三）公平正义的维度

首先，科学发展观必须维护利益公平，一方面指贫穷地区和富裕地区、穷国与富国之间的利益公平；另一方面指上代和下代之间的利益公平。科技的发展应该减少贫富差距的悬殊，让贫富的两极都能公平地享受现代科技的成果，而不能以损害贫困地区、掠夺贫困地区资源为代价去支持现代科技的进步。而实际情况却是：先进国家利用科技转移中的优势地位，不仅掠夺落后国家的自然资源和科技人才，还把环境恶果转嫁给落后国家。因此在科技活动中，落后国家和地区一方面应有选择、有主见地引进先进国家的技术，另一方面应与国际社会、地区联盟密切合作，共同呼吁、创造公正的科学发展环境。另外，科技的发展不能损害下一代人、几代人的利益，这是可持续发展观中人类已达成的共识。其次，科学发展观应注重维护公平和效益的关系。实践证明，一个国家、一个社会的公正原则得到贯彻，才能产生高效率，如果没有效率，也就失去了满足人类对经济物质需要提高的可能性，人类就不可能享有崇高、精彩的生活。贯彻科学的发展观将为社会效率的提高注入新活力，反过来效率的提高又为促进公平准备了坚实的物质基础。

（四）真、善、美统一的维度

从科学实践的角度讲，科学发展观首先是求“真”的，科学活动必须以经验事实、严格论证、客观判断、认识活动的真实性为前提。善以真为前提，广义地讲，一切使人快乐、给人幸福的东西都可以称为善。孟子曰：“可欲之谓善”（《孟子·尽心下》），人们所需要的应该就是善的。科学的发展也是为了满足人们日益增长的物质文化生活需要和主体性提高的目的，因此科技进步体现的正是一种善的向往。科学发展除了满足人们物质生活需要之外，也创造了许许多多的文化产品、娱乐产品，为人们的精神享受提供了保障。科技发展的过程，从其最终目的来说就是一种创造美的过程，“人按照美的规律来创造”（马克思），人类的科技活动是一种有意识的生命活动，是主客统一的、自由的活动，美的尺度就是人的尺度，美的规律就是人的规律，同时美的尺度和规律就是科学发展的尺度和规律。这样，人们对科学理论的尊崇、向往，将会为科学的发展开辟更加广阔的天地。

马克思曾说过："在科学的入口处，正像在地狱的入口处一样，必须提出这样的要求：'这里必须根绝一切犹豫；这里任何怯懦都无济于事'。"① 毫无疑问，我们有理由相信：只要我们坚持理性的科学发展观，科学技术的发展就是人类社会进步的福祉。

---

① 《马克思恩格斯全集》（第13卷），北京：人民出版社，1962年，第11页。

科学发展观之价值需求与科学规律的统一：从休谟难题说起

能否从“是”中推出“应该”，这就是休谟难题。休谟难题涉及事实与价值的问题，倘若以价值需求凌驾于科学规律之上，就会导致浮躁、急功近利的心态和思维习惯，违背科学发展观。

一

对休谟难题的理解大致有两个视角：价值论和认识论。

一是从价值论角度而言。最初，休谟“是”与“应该”的难题是针对道德判断的论争而提出的。休谟在《人性论》中指出：事实判断和道德判断是两类完全不同的判断，前者的系词为“是”与“不是”，后者的系词为“应该”与“不应该”。休谟难题真正的、原本的含义是探究理性能否充当道德根源的问题，在他看来，道德的根据不在于理性而在于道德感，“理性是完全不活动的，永不能成为像良心或道德感那样，一个活动原则的源泉”①，“道德宁可以说是被人感觉到的，而不是被人判断出来的”。②后来，休谟伦理难题经历了一个由原本意义到扩充意义的发展过程，进而被引申为一般意义的事实与价值的关系问题。因此，从价值论角度理解，休谟问题就可以解读为两个相互关联、层层递进的问题，即事实判断和价值判断的关系以及价值科学何以可能的问题。

二是从认识论角度而言。在哲学史上，许多哲学家将休谟问题界定为归纳推理的有效性问题，即普遍必然的科学知识是否可能及何以可能的问题。现代知识论认为，所谓知识就是发现事物的原因和本原，科学知识的

---

① 休谟著，关文运译：《人性论》，北京：商务印书馆，1980年，第498－499页。
② 休谟著，关文运译：《人性论》，北京：商务印书馆，1980年，第510页。

一切前提就是因果关系的普遍性。但是，我们有什么理由去根据过去发生的事情推断其在未来一定都会发生呢？我们又有什么理由根据某个事件的发生推断所有这类事件都会那样发生呢？用休谟的话说，我们有什么理由说“每一个事物都必然有一个原因”[①]？这涉及归纳推理的合理性问题。休谟难题击中了归纳法的要害，也击中了科学知识体系的“软肋”，掏空了科学知识大厦的根基，因为一切科学发现、科学知识就是给出因果关系的普遍性和必然性证明，用的都是归纳法。

休谟对归纳法的诘难是十分有力而切中要害的，他留给后人种种思考。从“是”中能否推出“应该”？这不是一个轻易被证伪或否定的问题，也不是一个必然被肯定的问题。因为，所谓的“是”（事实）其实应该二分为“科学事实”和“价值事实”；所谓的“应该”其实应该二分为“科学认识的应该”和“价值认识的应该”。那么，休谟问题就应该可以分解为以下六个命题：

命题表述	举　例	能否由“是”推出“应该”	“应该”是否与价值相关
①从科学事实的“是”到科学认识的“应该”	水加热到100度就会冒气；这杯水加热到了100度，应该会冒气了	能	否
②从科学事实的“是”到价值认识的“是”	任何生命都离不开水；多喝水有益人的健康	不能	否
③从科学事实的“是”到价值认识的“应该”	（患肺炎的病人如果不治疗将危及生命）他是个患肺炎的十足的恶人，不应给他采取治疗措施	不能	是

① 休谟著，关文运译：《人性论》，北京：商务印书馆，1980年，第510页。

（续上表）

命题表述	举　例	能否由“是”推出“应该”	“应该”是否与价值相关
④从价值事实的“是”到价值认识的“应该”	（患肺炎的病人如果不治疗将危及生命）人的生命是宝贵的，因此，确诊患肺炎的病人应该得到治疗	能	是
⑤从价值事实的“是”到科学事实的“是”	有德就应该有福；恶人不应享福（现实却是许多恶人却得到了福）	不能	否
⑥从价值事实的“是”到科学认识的“应该”	白求恩是救死扶伤的英雄，他不应该死（但他最终牺牲了）	不能	否

以上分析表明，单纯的“是”与“应该”，并不一定对应于“事实”和“价值”：“是”中未必没有价值，“应该”表述也未必都关涉价值。我们的结论是：①从科学事实的“是”中，推不出价值规范的“应该”来；②从价值事实的“是”中，推不出科学规律的“应该”来；③从科学事实中，可以推出科学规律“应该”来；④从既定价值事实中，可以推出既定价值规范“应该”来。

二

从价值的“是”中，推不出科学的“应该”来；或从价值的“是”中，推不出科学的“是”来。违背了此原则，在实践活动我们就会犯违背客观规律、激进冒进的“大跃进式”的错误。对此，我们应从如下三个方面理解科学发展观：

其一，科学揭示的事实或科学规律是不以人的意志为转移的。科学是由实验观察材料、实证性定律、定理和假说、学说、理论等知识单元组成的系统，科学知识是否成立只能从真或假、深刻或肤浅、全面或片面去衡量。科学遵循的是真理性原则，要求人们的思想和行动符合客观对象的内容和客观规律，即按照客体的尺度来规定主体的活动。科学规律的客观性决定了科学发展观的必要性和正确性。所谓科学的发展观就是尊重科学的发展观和以人为本、全面协调的可持续发展观。它强调科技、人口、资源、环境的协调一致，强调经济增长、科技进步、生活改善、人文提升的系统发展，这种发展观是符合科学精神、尊重自然规律、关切人类幸福的思维方式。

其二，人的活动以价值性原则为先导，凸显的是人的价值主体性。所谓价值性原则就是人类总是按照自己的尺度和需要去认识和改造世界，使世界适合人的生存和发展。价值性尺度是人的活动中的目的性原则，也是人活动的动机和动力原则。马克思曾说："人却懂得按照任何一个种的尺度来进行生产，并且懂得怎样处处都把内在的尺度运用到对象上去。"① 这里的"内在尺度"就是主体尺度，即人自己的本性和规律。"内在尺度"是价值主体性表现，而价值主体性通过价值主体的多元化表现出来，不同的主体有不同的价值关系和价值原则，因此在活动中我们不能忽略一个事实：价值依存特定主体的本质，对同一科学事实，站在不同价值主体立场上，可能得出完全不同性质的价值结论来。而这种价值主体、价值立场是科学认识无法确定、科学事实无法概括的，科学认识主体当然不能推出价值主体的"应该"。

其三，价值需求不能凌驾于科学事实之上。科学揭示的事实或规律不以人的主观态度和意志为转移，人类可以依靠科学手段实现价值目的，却不能让科学臣服于人的价值目的、受人的价值需求所左右。在人类历史上，许多不合人道的反科学事件都是以价值需求凌驾于科学真理。例如，因为数学妨碍信仰，希腊女数学家希帕蒂娅惨遭罗马统治者杀害；西班牙生理学家、医学家塞尔维特因为反对加尔文教的"三位一体"学说，而被处以火刑；意大利科学家伽利略因为支持哥白尼学说而被罗马天主教判终身监禁；同样因为坚信"日心说"的布鲁诺被教皇烧死在罗马的鲜花广场。在人类实践活动中，当价值需求强暴科学事实，违背客观规律时，就会导致许多错误的事情发生。

---

① 《马克思恩格斯全集》（第42卷），北京：人民出版社，1972年，第97页。

三

科学发展观是价值需求与科学规律的统一。与之相反，在实践活动中忽视客观规律、忽视社会发展的系统性特征和综合性变化，追求过高指标和过快效果的思维习惯常常被称为“大跃进式”思维。如社会主义建设初期，在经济建设中提出的“大干快上”“多快好省”“跑步进入共产主义”等；科学研究中的“多出成果，快出成果”；人才培养中的“多出人才，快出人才”；教育发展中的“高学位普及”；工程建设中的“献礼工程就是一项政治任务”……这些都是让科学的“应该”服从于价值的“是”，以价值需求压制科学事实，忽视科学本质和客观规律的表现。

其一，以价值需求压制科学规律会导致心态浮躁和急功近利的行为。在市场经济中，浮躁造就短期经济的畸形儿，假冒伪劣充斥市场；在教育界，浮躁批量生产出学非所用的所谓“人才”，大学扩招、高校合并是教育浮躁的直接表现；在文化领域，畸形的快餐文化充斥社会，畅销、排行、投资、理财、网络文化等是其主要标志，却缺少净化心灵、引领精神的文化读物；在娱乐圈，作态、作戏、作秀、一脱成名、一骂成名、绯闻不断、浮躁有瘾、娱乐至死；在领导圈，“形象工程”、“政绩工程”、“花架子”、假大空，这些问题日益严重。拥有骄躁情绪和心态的人失去自知之明，不能给自己工作、学习和生活以正确定位，常用自私狭隘的心态去看待和追求金钱、地位、权力、名利。客观上，改革开放和市场经济为浮躁的产生和蔓延提供了条件，发展加快、速度求高；深化改革，措施求新，却又不能务实求真、脚踏实地，使得社会性的浮躁之火越燃越旺。主观上，浮躁就是对物质名利的欲望过于强烈的一种心理体现，是价值观倒错的一种表现。浮躁者缺乏社会归属感和道德责任感，浮躁者不仅自我价值扭曲，而且往往不尊重、甚至忽略别人和群体的价值实现。

心态浮躁往往会导致心理和行为实践的急功近利。所谓急功近利就是急于求成、贪图眼前的成效和利益的意思，其特征往往是浮夸、虚假、华而不实、贪大求功。急功近利者往往打着改革、创新的旗号，用惨重代价换来的暂时的利益和成绩吹嘘自己、炫耀成效，把自己打扮成有闯劲、有能耐、开拓进取、锐意改革的形象，即使事情最终办砸了，顶多落个“好心办坏事”的“善名”，无担责之忧，无内疚之感。急功近利者不是求真务实、脚踏实地，而是满脑尽想歪门邪道、沽名钓誉之事，不顾事实，甚至捏造事实，往往不择手段置他人安危、社会秩序、伦理道德于不顾。

其二，以价值需求压制科学规律会造就主客分裂的思维方式。科学的思维应该是遵循主客统一原则的。马克思指出：“人们自己创造自己的历史，但是他们并不是随心所欲地创造，并不是在他们自己选定的条件下创造，而是在直接碰到的、既定的、从过去继承下来的条件下创造。”① 一方面，主客统一是通过主客的双向运动而实现的。主体对客体具有认识和改造的关系；同时，客体对主体具有制约作用。主体的客体化和客体的主体化的“桥梁”就是实践活动。另一方面，主客统一的过程也是主体不断提升的过程。这一过程即：群体主体—个人主体—集体主体的回归。真正的主体只有在主体间的交往中，在主体之间相互承认和尊重中才可能存在。集体主体是否定之否定的结果，在其中，人与人之间是平等自由的，个性得到充分的张扬。非科学发展观从根本上否定了主客统一的原则，在强调主体性原则时忽略了客体性原则，在实践活动中对客观规律造成了肆意的凌辱。

其三，以价值需求压制科学规律会导致科学之真与价值之善的对立。从科学实践的角度讲，科学发展首先是求“真”的，科学之真表明主体在思想和行为上充分接近和适合于客体的必然性，没有这种状态，人的活动不可能获得成功。善以主体尺度为尺度，是最典型的价值形态，具有强烈的主体性。价值之善以真为前提，达到主客必然性的相互一致，使主客体之间的矛盾得到解决。孟子曰：“可欲之谓善”（《孟子·尽心下》），科学的发展以满足人们日益增长的物质文化生活需要和提高主体性为目的，因此科技进步体现的正是一种善的向往。人们对科学之真的尊崇，将会为科学的发展开辟更加广阔的天地；人类对价值之善的向往，将会为科学的发展指明正确的方向。

以上从价值的“是”与科学的“应该”的关系分析表明，从价值的“是”推不出科学的“应该”，或从价值的“应该”中推不出科学的“是”。对此问题的混淆，不仅必然会造成决策的失误，还会造成实践活动中反规律、反人性的种种弊端。当我们在经济社会现代化建设的实践展开

① 《马克思恩格斯全集》（第1卷），北京：人民出版社，1995年，第58页。

中从科学的“是”过渡到价值的“应该”时，一定要谨慎而公正，因为任何经验主义、主观主义都会带来甚至比教条主义危害更大的危害。对休谟难题的争论也许没有统一的解答，但对此难题的可能性求解给我们理解科学发展观带来的启示却是十分积极的。

新时期增强社会凝聚力的利益认同研究

改革开放近40年来，中国社会物质财富极大增加、综合国力极大增强、人民的物质生活水平极大提高，我国已经成为世界第二大经济体。但是，改革也集聚着种种矛盾和问题。我国正面临着经济风险、社会风险、信任风险、政治风险等巨大压力，“改革与危机同在”“改革与危机赛跑”并不是危言耸听。当前影响社会稳定的最突出问题就是利益分化带来的利益矛盾和冲突。十八届三中全会报告《中共中央关于全面深化改革若干重大问题的决定》不仅提到当前社会存在的利益分化问题的严重性，更以前所未有的推进改革的信心和勇气做出了“共享公平正义”的重要部署。新时期，实现利益认同、化解利益矛盾冲突、调适社会心态、增强社会凝聚力，成为维系社会稳定和社会和谐的关键。

一、利益认同的内涵及其实现基础

利益是历史唯物主义的核心范畴。恩格斯指出：“每一既定的经济关系首先表现为利益。”① 利益主要是指物质利益或称经济利益，即社会的主体为了满足自己的物质生活和精神生活的需要而占有一定数量和质量的物质产品，其中主要是生产资料和生活资料。利益具有客观性、现实性特征。“利益不是仅仅作为一种‘普遍的东西’存在于观念之中，而且首先是作为彼此分工的个人之间的相互依存关系存在于现实之中。”② 因此，今天我们在讨论“社会主义制度的优越性”“全面深化改革的价值共识是公平正义”“改革成果人民共享”等话题时，决不能忽略利益的客观现实性，利益常常表现为看得见、摸得着、感受得到的实惠。

---

① 《马克思恩格斯文集》（第3卷），北京：人民出版社，2009年，第320页。

② 《马克思恩格斯文集》（第1卷），北京：人民出版社，2009年，第536页。

利益是社会凝聚力的物质前提，利益认同是社会凝聚力的根基。所谓利益认同，从动态维度而言，指的是人们对利益（主要是物质利益）实现、利益分配、利益调节、利益增进、利益享受等方面实现了解和认知的过程；从静态维度而言，指的是人们对现有利益存在、利益格局、利益政策、利益分配制度、利益实现程度等方面达成的认可、接受、甚至满意的心理态度。

利益认同的实现需要物质基础和心理基础的双维度支撑。所谓利益认同的物质基础，就是人们物质利益需求的满足能够得到有效保障以及物质利益分配的基本公平。一方面，人们物质利益需求的满足逐渐提升并能够得到有效保障。改革开放以来，中国经济体制改革取得巨大成功，社会获得巨大进步，人民获得前所未有的利益实惠。另一方面，利益分配要努力追求基本公平。公平不是平均，而是一种差距合理的状态。社会主义按劳分配的原则为基本公平提供了必要条件而非充分条件，因此必须通过国家政策、政治手段、经济手段和法制手段等调控以消除利益分化悬殊、保障利益分配基本公平。所谓利益认同的心理基础就是人们对当前利益满足和利益分化状况所表现出来的一种社会心态。社会心态是社会心理的一种表现形式，但与社会心理存在一定的差异性。社会心理是人们在日常生活和相互交往中自发形成的、不定型的较低层次社会意识，它表现在人们的感情、情绪、风俗、习惯、传统和社会风气中。而社会心态则是反映特定环境中人们的某种利益或要求，并对社会生活有广泛影响的思想趋势或倾向，是对社会变化动态的、具有强烈情感情绪色彩的心理活动状态。有学者将社会心态界定为“与特定的社会运行状况或重大的社会变迁过程相联系的、在一定时期内广泛存在于各类社会群体内的情绪、情感、社会认知以及价值取向的总和”①。这种界定重视社会心态的动态特征，具有合理性。良好的社会心态并非必然建立在高水平的物质享受基础上，也并非必然建立在平均物质满足基础上。在社会主义建设初期，物质享受相对贫乏，但利益分化差距不大，社会心态和谐，所以利益认同度高；当计划经济严重束缚生产力发展时，民众积极拥护改革，并对“一部分人先富起来”的利益差距持认同态度，社会生产活力得到极大激发；改革开放近40

① 马广海：《社会心态的概念辨析》，《光明日报》（理论周刊），2014年4月2日。

年，物质财富极大增长，人们物质利益满足的水平极大提高，但腐败和不当得利等现象增多、利益矛盾加剧，利益认同危机愈显严峻。因此，利益认同实际上主要表现为对利益满足和利益分化认可的良性社会心态。

当前，我国社会利益认同存在的主要问题有：

其一，从政治生活层面而言，民众的政治民主参与度、对反腐败和公权力约束等问题的满意度有待提高。一方面，政治民主权利影响着广大民众的“主人公”意识，影响民众的社会“我群感”。另一方面，权力寻租、财富和资源分配向权力倾斜、体制机制性腐败，并由此造成既得利益集团，“权力部门化、部门利益化、利益个人化、个人利益被法定化”等，这些问题对利益认同最具杀伤力，严重影响社会凝聚力。

其二，从经济生活层面而言，利益分配的满意度和利益交往的信任度在降低。一方面，民众对利益分化悬殊、利益结构固化现象不满意，如“仇富”“仇官”“仇腐”等现象较为严重，或者对“一夜暴富”“投机暴富”“非法暴富”充满嫉羡。另一方面，利益交往的信任度下降，“钻制度空子”、坑蒙拐骗、假货泛滥等现象严重影响利益交往。

其三，从社会心态层面而言，利益认同的心理失衡呈现为种种社会心态问题。据中国社会科学院社会学研究所、社会科学文献出版社联合发布的社会心态蓝皮书《中国社会心态研究报告（2012—2013）》指出，当前影响社会凝聚力的社会心态问题主要有：一是民众需求层次进一步扩展，标准大幅提高；二是社会不信任扩大、阶层固化，群际冲突、社会矛盾增加；三是阶层意识强烈影响社会心态和社会行为；四是社会群体更加分化，群体行动、群体冲突增加；五是社会转型中社会矛盾和冲突不断凸显，社会情绪总体基调是积极的，但负向情绪的引爆点低；六是民众权利意识增强，社会共享价值缺乏，难以形成社会共识。这些问题既有观念意识方面的，又有关系调适方面的，但归根结底，无外乎是利益分化所引起的。

物质利益是人类一切活动的根本动因，是社会发展的根本动力。马克思说：“人们奋斗所争取的一切都同他们的利益有关。”[①] 但是，改革中出现的利益分化悬殊、利益结构固化、利益心理失衡等矛盾问题不容忽视，

---

① 《马克思恩格斯全集》（第1卷），北京：人民出版社，1956年，第82页。

因为这些问题有可能成为社会凝聚力的直接破坏力量。改革是利益调整和利益驱动的重构。改革开放的动力源自利益，而问题也源自利益。如何全面深化改革，破除危机，需要实现基本利益认同、营造良好的社会心态、形成强大的社会凝聚力。

二、利益认同是社会凝聚力的根基

社会凝聚力是社会共同体及其成员在观念、行动方面显示出来的一致性和协同性，是维系社会生存、稳定和发展的最基本的动力。社会凝聚力的形成因素是复杂多样的，既有群体血缘纽带作用、民族发展的心理传统，也有文化价值一致性和阶级地位的相似性，还有共同的利益目标和现实利益的共同性等。在这些因素中，基于现实利益共同性的社会心态是影响社会凝聚力的重要因素。因此，应该“切实关注社会心态，警惕那些影响社会凝聚力的因素，通过改革凝聚社会力量，促进社会团结，推动社会发展和进步”①。利益认同何以可能增强社会凝聚力？

（一）心理基础：利益认同营造社会凝聚力的良好社会心态

影响社会心态的因素是复杂多样的，但是最为基本或具有根源性的因素是利益认同。社会心态的形成、变化首先是基于物质生活条件的前提并受物质利益变化的持续影响。质而言之，良好社会心态是利益认同的果实。鉴于此，社会心态是社会利益的晴雨表和社会改革的风向标。从利益因素分析，社会凝聚力可以分为认同性凝聚力和互补性凝聚力，利益认同则从这两个方面优化了社会心态，从而增强社会凝聚力。

一方面，利益认同激发集体利益心理，促进社会群己和谐。中国传统的整体主义在群己问题上向来重视整体而忽略个体，强调个体对于群体的义务和责任，个体利益淹没于群体利益之中，个体消融于群体之中。与此不同，社会主义集体主义不仅将集体利益看成是个体利益的来源与保证，在集体利益的基础上，产生了个人对整个集体及其巨大力量的崇拜、认同

① 《社会心态研究视角下的社会凝聚力》，《光明日报》（理论周刊），2014 年 4 月 2 日。

和依赖；而且社会主义为有效实现集体利益成为个体利益的来源提供了政策和制度保障。社会主义提供的不是“虚假集体”条件而是“真实集体”条件，这种条件就是个体的充分发展只有在集体中才能实现，而集体的生存和发展也是通过每一个个体而存在和发展的。“在真实的集体的条件下，各个个人在自己的联合中并通过这种联合获得自由。”[①] 在社会主义条件下，集体主义原则是促进社会公正的精神动因，是实现人的价值的道义保证，是促进人的自由全面发展的现实途径，也是人民当家作主、享有广泛民主的可靠政治保障。只有基于集体利益认同而产生良好的集体利益心理，协调好社会整体利益与个人利益的关系，才能营造良好的社会氛围、和谐相处的人际环境、“和而不同”的社会秩序，激发整个社会的活力。

另一方面，利益认同激发互补利益心理，优化交往实践。互补性凝聚力是社会成员或组织之间由于相互提供所需条件而形成的相互吸引力。互补性凝聚力产生于交往实践。马克思早就揭示了世界历史时代交往实践的重要性，尤其我们正处于大工业生产和社会主义市场经济建设的时代，社会成员之间、社会组织之间的相互交往日益频繁，社会生活得以活跃，社会经济得以繁荣，互补性凝聚力在增加。随着封闭的自然经济单位之间的隔绝状态被打破，社会群体形成一个相互依赖的整体。因此，消除人与人之间、阶层与阶层之间的矛盾冲突，实现费孝通先生所倡导的“各美其美，美人之美，美美与共，天下大同”的包容性发展，实现互惠互利，这是营造互补利益心理的目的所在。

（二）道德支撑：利益认同优化社会凝聚力的社会道德环境

利益认同是调适人的社会关系的动力杠杆。利益认同优化了维系社会凝聚力的社会道德规范和社会关系，营造良好的社会道德生态，从而有效激发社会正能量，促进社会凝聚力增强。

利益是道德产生的基础，道德产生于人们利益关系调适的需要。马克思指出：“正确理解的个人利益，是整个道德的基础。”[②] 道德是社会经济关系的产物，道德的根源存在于人类社会的物质生活条件中。恩格斯说：

---

① 《马克思恩格斯全集》（第1卷），北京：人民出版社，1995年，第119页。
② 《马克思恩格斯全集》（第2卷），北京：人民出版社，1956年，第167页。

“人们自觉地或不自觉地，归根到底总是从他们阶级地位所依据的实际关系中——从他们进行生产和交换的经济关系中，获得自己的伦理观念。”① 人们在长期的社会实践中，由于生产、交往和分配的关系，必然产生个人利益与他人利益、个人利益与集体利益之间的矛盾。人之所以需要道德，乃是在于利益的冲突，也就是个人利益与他人、社会利益关系之间调适的需要。“人类道德的第一动因便是调节和协调各种人际、群际，以及个体与整体之间的利益关系，减弱和消解各种利益矛盾和价值冲突，这是道德作为人类现实生活实践之普遍行为规范的主要依据之所在。”② 因此，道德的基本职能就是调整个人利益与他人利益、个人利益与集体利益的矛盾关系；道德的基本发展就是限制“自利”以避免个人的自利影响他人的自利，其次是达到“互利”，然后实现有效“利他”，社会道德关系才会良性运行。从这个意义上说，利益认同为社会凝聚力的产生和增强提供道德支撑。

（三）价值基础：利益认同作为社会主义核心价值认同的前提为社会凝聚力提供价值共识

党的十六届六中全会明确提出要建设社会主义核心价值体系的科学命题。党的十八大报告从三个层面概括了社会主义核心价值观，国家层面是“富强、民主、文明、和谐”；社会层面是“自由、平等、公正、法治”；公民层面是“爱国、敬业、诚信、友善”。社会主义核心价值认同强调思想上的认同，但价值认同却离不开作为内容的利益认同。

思想、意识的产生离不开物质利益，这是唯物主义的基本原理。“意识一开始就是社会的产物，而且只要人们存在着，它就仍然是这种产物。”③ 社会存在决定社会意识，意识、思想的产生基于不同时代的物质实践条件。中国古代就有“制民之产”（《孟子·梁惠王上》）和“得民心者得天下”之说。社会主义核心价值体系和核心价值观，作为社会主义改革开放的时代精神的概括，正是以社会主义生产、生活的物质实践条件为基础。如此，我们才能够理解马克思所言：“‘思想’一旦离开‘利益’，就

① 《马克思恩格斯文集》（第9卷），北京：人民出版社，2009年，第99页。
② 万俊人：《人为什么要有道德?》（上），《现代哲学》2003年第1期。
③ 《马克思恩格斯文集》（第1卷），北京：人民出版社，2009年，第533页。

一定会使自己出丑。"①

思想认同是价值认同的形式，利益认同是价值认同的实质内容。价值认同并非作为一种主观需要自然地或先在地成为人的一种必然性，价值认同是主体选择的结果。价值是客体满足主体需要的关系或属性。一方面，客体能否满足主体需要，决定了价值能否产生，因此客体的有用性和效用性是前提；另一方面，主体对客体属性不是被动接受，而是通过认识、判断和选择才可能产生价值认同。因此，从实质内容而言，"利益支配着我们的一切价值判断。利益是价值选择、价值判断和价值认同的基础"②。

中国特色社会主义的共同理想是社会主义核心价值体系的主题，共同理想蕴含着提高人民生活水平、提高综合国力的利益内容，只有在此基础上才能更好地增强民众的民族自尊心和自豪感，激发爱国热情、凝聚团结的力量。新时期新阶段，社会主义核心价值认同要更深入人心，就必须在生活实践中实现价值认同形式与内容的有机结合，而内容具有决定性作用。

(四) 动力源泉：基于利益认同的全面深化改革为社会凝聚力提供持续动力

十八届三中全会报告提出了全面深化改革的时代任务。要全面深化改革，就必须形成改革共识，凝聚广大民众的力量，增强推进改革的信心和勇气，其中最为关键的是如何在更多、更公平地享受利益的基础上形成更广泛的利益认同。

利益认同基础上形成的改革共识是全面深化改革的精神动力。习近平总书记指出："35 年来，我们党靠什么来振奋民心、统一思想、凝聚力量？靠什么来激发全体人民的创造精神和创造活力？靠什么来实现我国经济社会快速发展、在与资本主义竞争中赢得比较优势？靠的就是改革开放。"③改革开放带来中国经济社会的长足发展、给全国人民带来巨大社会财富和

---

① 《马克思恩格斯文集》(第 1 卷)，北京：人民出版社，2009 年，第 286 页。

② 谭培文：《利益认同机制研究——基于社会主义核心价值体系认同的视角》，北京：中国社会科学出版社，2014 年，第 201 页。

③ 习近平：《关于〈中共中央关于全面深化改革若干重大问题的决定〉的说明》，新华网，http：//news. xinhuanet. com/politics/2013 - 11/15/c_118164294. htm。

更多元化的发展空间，同时，也积聚着种种矛盾和压力。新时期，我们应该达成一种共识：要破解发展面临的各种难题，化解来自各方面的风险和挑战，更好地发挥中国特色社会主义制度优势，推动经济社会持续健康发展，除了深化改革开放，别无他途。不深化改革，发展无法转型！不深化改革，利益无法调整！不深化改革，危机无法化解！

实现利益公平和获得更多改革红利是全面深化改革的直接动力。当前，改革面临的利益矛盾十分突出，能否在调整利益关系、解决利益失衡、分享更多改革成果上取得重要进展，将直接影响广大民众的改革信心和改革动力，直接影响社会发展稳定的大局。中国行政体制改革研究会副会长汪玉凯指出：现阶段我们正面临着四大风险：一是经济下行风险；二是利益格局被扭曲导致矛盾尖锐的社会风险；三是公众对政府信任的风险；四是约束公权力有效遏制腐败的政治风险。① 面对新形势、新任务、新要求，习近平总书记指出："全面深化改革关键是要进一步形成公平竞争的发展环境，进一步增强经济社会发展活力，进一步提高政府效率和效能，进一步实现社会公平正义，进一步促进社会和谐稳定，进一步提高党的领导水平和执政能力。"② 因此，实现更大程度、更大范围的利益认同，才能增强社会和谐和社会凝聚力，为全面深化改革提供持续动力。

三、实现利益认同以增强社会凝聚力

利益认同包括两个不可分割的方面：一是社会利益公平正义的制度规范确立及其确认；二是个体对社会利益结构、利益合理分配的心理认可及对适度利益差别的心理同意。因此，实现利益认同以增强社会凝聚力一方面要保障现有利益分配的公平正义，另一方面要保障更多利益需要的实现。

（一）进一步优化利益格局，缩小利益差距，实现最大限度的公平正义

利益认同建立在合理利益安排基础之上。当前社会利益矛盾冲突和由

① 汪玉凯：《三中全会将是"第二次改革"》，《广州日报》，2013 年 10 月 29 日。

② 习近平：《关于〈中共中央关于全面深化改革若干重大问题的决定〉的说明》，新华网，http：//news. xinhuanet. com/politics/2013 －11/15/c_ 118164294. htm。

此导致的社会问题增多现象不容忽视。

1. 建立和完善社会制度规范，调整利益结构，优化利益格局

“正义是社会制度的首要价值。”① 当前触及利益的正义制度建设有两个关键：其一，转变政府职能是根本。在坚持和完善公有制为主体、多种所有制经济共同发展的基本经济制度基础上，关键是要处理好政府与市场、政府与社会的关系。经济体制改革的核心问题是处理好政府与市场的关系，关键是在经济生活领域坚持市场主导下有效发挥政府的作用，而不是政府主导下有限发挥市场的作用。社会体制改革的核心问题是处理好政府与社会的关系，要改变“大政府、小社会”局面，逐步走向社会公共治理，实现“小政府，大社会”。只有处理好了这两个方面的问题，才能从体制机制方面有效调整利益结构。其二，破解既得利益集团、改革公权力，惩治腐败是关键。十八届三中全会公报指出：“坚持用制度管权管事管人，让人民监督权力，让权力在阳光下运行，是把权力关进制度笼子的根本之策。”打造制度笼子，有效惩治腐败，推进国家治理现代化，是民众最为敏感最为关切的焦点问题，也是当前优化利益格局的主要任务。

2. 促进社会公平正义，缩小利益差距

当前，影响我国社会和谐的公平正义问题主要是权利公平、机会公平和规则公平。权利公平是生存权意义上的公平，主要是指公民的自由、生命、财产不受侵害，这是社会公平正义的前提。机会公平是发展权意义上的公平，主要就是程序公平，这是社会公平正义的基本机制。当前，“富二代”“官二代”“贫二代”反映了利益固化、阶层固化，贫富差距、代际传承的特点比较突出，穷人或弱势群体上升的难度加大，这是机会不公平的表现，直接影响了社会凝聚力的增强。规则公平是制度公平，是社会公平正义的重要保障，而不公平的规则将使趋利避害的人们涌向规则的偏袒方，引起社会失衡。以公平正义为核心价值的改革共识，可以直面现有体制的主要弊端，凝聚民众变革的要求，汇集积极向上的凝聚力。

3. 优化社会利益心理，营造和谐社会心态

马克思指出：“共产主义者既不拿利己主义来反对自我牺牲，也不拿

---

① 罗尔斯著，何怀宏、何包钢、廖申白译：《正义论》，北京：中国社会科学出版社，2003 年，第 3 页。

自我牺牲来反对利己主义，理论上既不是从那情感的形式，也不是从那夸张的思想形式去领会这个对立，而是在于揭示这个对立的物质根源，随着物质根源的消失，这种对立自然而然也就消灭。……无论利己主义还是自我牺牲，都是一定条件下个人自我实现的一种必要形式。”[①] 满足人们日益增长的物质利益需求是现阶段社会发展的必然，因此必须肯定利益追求的合理性。现阶段，政府和管理者一方面要充分重视民众的利益诉求，肯定和保护合法合理的利益追求，让每个人对自己的“所得”越来越满意，获得心理满足；另一方面要遏制和打击不合法、不合理的利益攫取，让每一个人对他人的“所得”从心理上认可，获得心理平衡。党的十八大报告对社会心态问题给予了前所未有的重视，提出要“培育自尊自信、理性平和、积极向上的社会心态”。在全面深化改革的新时期，化解危机、深化改革已经迫在眉睫。一个有着广泛利益认同和良好社会心态，并实现了社会凝聚力不断增强的国家，将成为真正的强国。

4. 创新社会管理，完善利益机制

尽快形成常态化的利益表达机制、利益诉求机制、利益协调机制、利益共享机制。利益机制是社会发展的动力杠杆，没有个人利益的实现就不可能有社会的发展。西方功利主义的代表边沁对此的认识是极其深刻的，他认为没有个人利益就没有社会利益，社会利益“就是组成社会之所有单个成员的利益之总和”，“不了解个人利益是什么，而奢谈社会利益，是无益的”。[②] 因此，创新社会管理，完善利益机制，引导广大民众积极参与改革，使每一个公民成为改革的参与者、推动者、分享者，才能凝聚改革力量。

5. 促进公民意识和社会组织的发育

利益认同必须通过利益关系中的主体来实现。“利益究竟是如何成为社会经济、政治、道德价值发展的驱动力，都必须通过一定制度设置中主

① 《马克思恩格斯全集》（第3卷），北京：人民出版社，1960年，第275页。

② 北京大学哲学系外国哲学史教研室编译：《十八世纪法国哲学》，北京：商务印书馆，1979年，第230页。

体的活动来实现。”① 主体动力的激发，主要就是提升公民意识和健全社会组织。公民意识主要包括参与意识和责任意识。前者主要指在参与改革和社会治理中，公民践行自己的权利和义务，并逐渐形成理性自觉；后者指公民履行与自己的公民身份相适应的责任，尤其在遇到有关国家政治和社会利益的问题时，自觉维护公共利益。社会组织是基于一定的利益需要、为实现特定目标而建立的共同活动的群体。社会组织具有整合、协调、维护利益，实现目标等功能。有效发挥社会组织在深化改革和社会发展中的作用，调动社会力量，是实现社会公共治理的重要途径。

（二）让广大民众共享改革成果，分享更多的改革红利

党的十八大报告指出：“提高人民物质文化生活水平，是改革开放和社会主义现代化建设的根本目的。”要增进利益认同，全面深化改革，必须让广大民众共享更多的改革成果，获得更多的利益实惠。所谓“改革红利”是指国家通过体制变革和机制创新给人类社会发展进步带来的全部有益成果的总和。在中国特色社会主义的建设过程中，农业联产承包责任制的实行和社会主义市场经济体制的建立，是广大民众分享改革红利的最大体现。当前，如何通过分享改革红利，实现更大范围的利益认同，关系着改革的成败。

1. 释放改革红利，需要加大政府改革

李克强总理指出，行政审批制度改革是转变政府职能的突破口，是释放改革红利、打造中国经济升级版的重要一招。他在十二届全国人大一次会议举行的记者会上表示，现在国务院各部门行政审批事项还有 1 700 多项，本届政府下决心要再削减 1/3 以上。转变政府职能，这是不花钱能办事、少花钱多办事的“良方”。通过政府职能转变，一方面推动政府向市场、社会、地方放权，激发市场主体的发展活力和创造力，让更多的人得利。另一方面，可以有效破除“权力部门化、部门利益化、利益个人化、个人利益被法定化”的状况，促进利益公平。怎样才是改革成功？就是让最大多数人得益，改革也因此得到最大多数人的拥护和支持。

---

① 谭培文：《利益认同机制研究——基于社会主义核心价值体系认同的视角》，北京：中国社会科学出版社，2014 年，第 21 页。

2. 缩小城乡差距，促进城乡共同富裕

党的十八届三中全会的《决定》明确指出：要规范收入分配秩序，增加低收入者收入，扩大中等收入者比重，努力缩小城乡、区域、行业收入分配差距，逐步形成橄榄型分配格局。城乡二元结构是制约城乡发展一体化的主要障碍，如何推进城乡要素平等交换和公共资源均衡配置，完善城镇化健康发展体制，这是实施以民富优先为导向、以扩大中等收入群体为战略的重点工程。

3. 进一步完善福利保障制度，适度有序提高福利保障水平

改革开放35年来，广大民众享受到了前所未有的福利保障，民生得到极大改善，如取消农业税、建立全世界最大的基本医疗保险网和城乡社会养老保险网。民众对福利保障的需求不断增加，但是我国在完善福利保障制度、提高福利保障水平时一定要做到适度有序，避免出现西方国家的“高福利依赖”。事实证明，欧洲尤其是北欧国家，刚开始实施了“高福利”社会保障制度时很得民心，但到20世纪80年代后期，一些国家出现了难以承受、社会效率下降等问题，引起了民众不满，造成危机四伏、社会动荡的局面。因此，中国在完善福利保障制度时一定要立足国情，循序渐进，既注意激活积极性，又避免背负制度包袱，从而实现利益增进的更大认同。

一个充满凝聚力的社会才是和谐的社会。从这个意义上说，和谐社会是基于公平正义利益格局，广大民众实现基本利益认同，营造了普遍良好的社会心态，呈现出强大社会凝聚力的社会。中国特色社会主义的伟大成就正透露着和谐社会的朝晖。全面深化改革，有效实现利益认同并迸发出强大社会凝聚力的当代中国，不仅为理论自信、制度自信、道路自信注入春天般的生机，更向世界展现“中国道路”的魅力。

中国特色社会主义理想信念的历史性和现实性

习近平同志在十八届中共中央政治局第一次集体学习时讲话指出："理想信念是共产党人精神上的'钙'；没有理想信念，理想信念不坚定，精神上就会'缺钙'，就会得'软骨病'。"理想信念作为人所特有的一种精神追求，集中体现了人正确的世界观、人生观和价值观，制约并优化人的价值选择和行为实践。对理想信念的历史性和现实性分析，这不仅是理想信念理论研究的需要，也是在新时期有效开展理想信念教育的需要。

一、理想信念的历史性

所谓历史性，不仅指对过去历史的一种洞见，更重要的是指一种立足于时代的历史意识。对理想信念的历史性把握，旨在从历史唯物主义的角度认识理想信念的发展特征和变化规律，避免空谈理想信念。

（一）社会生活物质条件：理想信念历史性的根源

理想信念的历史性是指其产生根源于社会生活物质条件，只有从"社会生活的物质方面"才能真正地找到社会主体理想信念的历史根据。

在生产力落后、物质生活贫乏的条件下，人类无法拯救自己，于是希望依靠神的力量获得心灵解脱。西方基督教神学提供的虚妄的"终极关怀"成为民众普遍的理想信仰，就是试图从万恶的"原罪"中被拯救出来，进入理想天国。

直至近代社会，欧洲通过对"人的重新发现"，在经过"文艺复兴"和"宗教改革"对"神性"的消解而进入"启蒙运动"时期后，才从客观上提出了以人文、理性的视角对人类历史进行自觉反思的要求，于是，"人在近代的解放进程中自己承担起自己的命运。救世主的地位现在就由自我拯救、自我解放的人所取代：人，而不是上帝，成了历史的主体”①。

马克思将视野转向了现实生活中从事实践活动的人。辩证唯物主义历史观不同于唯心主义历史观之处是，它始终在现实历史的物质基础上考察人的实践活动，而不是从历史观念出发去理解人及其生活。对物质利益、市民社会的研究是马克思构建社会理想的认识起点，基于此，马克思通过对“异化”“解放”“人的本质”“自由王国”“共产主义”等概念的批判或分析，确立了“以每个人全面而自由的发展为基本原则”的个人理想和“一个人以各个人自由发展为一切人自由发展的条件的联合体”② 的社会理想，并实现二者有机融合。从物质生活条件出发，以“实践”为红线，把人类社会生活和历史的最一般规律概括出来，不仅人的本质由此获得了完全现实的理解，人的理想追求也获得了科学的、准确的规定。

（二）表现差异：理想信念历史性的发展变化

理想信念的历史性还指，其在社会生活历史过程中是发展变化的，不同时期、不同阶级、不同族群的理想信念的基本内涵、主要类型、目标要求和主体特征等具差异性。

1. 表现在基本内涵上，理想信念是一个“理想”“信念”合二为一的有机融合过程

在中国古代，“志”就是“理想”，“志于道”“志在千里”“志当存高远”“鸿鹄之志”等都是“理想”的表述。王阳明曰：“志不立，天下无可成之事……如无舵之舟，无衔之马，漂荡奔逸，终亦何所底乎？”（王阳明：《教条示龙场诸生·立志》）在今天，理想表现为对未来的“新自我”“新生活”的向往和憧憬。信念则是人内心笃信而坚守某种观念并欲身体力行的精神状态。“理想”和“信念”作为一个合成词并作为一个统一体使用，源于中国近现代的社会变革和革命胜利的事实。“理想信念”的有机统一，避免了“片面强调对未来的理想追求和理想实现，而某种程度上忽视了在当下生活中人所应秉持的信念支撑和信念引导”③。新中国成立之

---

① 刘小枫主编，杨德友等译：《20 世纪西方宗教哲学文选》，上海：上海三联书店，1991 年。

② 《马克思恩格斯全集》（第 4 卷），北京：人民出版社，1958 年，第 491 页。

③ 刘建军：《关于理想信念教育的几点理论思考》，《教学与研究》2004 年第 11 期。

后，“建设好社会主义新中国”的理想信念成为人们的精神动力之源。在改革开放新时期，为适应理想、信念教育的现实需要，“理想信念”概念再一次获得了整体性理解。2000 年，江泽民在中央思想政治工作会议上强调：“人民群众的理想信念、精神状态和人心所向，最终决定建设有中国特色社会主义事业的成败。”① 2004 年，《中共中央国务院关于进一步加强和改进大学生思想政治教育的意见》中明确提出：“以理想信念为核心，深入进行树立正确的世界观、人生观和价值观教育。”2009 年党的十七届四中全会通过的《决定》明确提出：“把理想信念教育作为全党学习践行社会主义核心价值体系的重中之重。”新时期，中央指出：“实现中华民族伟大复兴，就是中华民族近代以来最伟大的梦想。这个梦想，凝聚了几代中国人的夙愿，体现了中国民族和中国人民的整体利益，是每一个中华儿女的共同期盼。”②

2. 表现主体类型上，可以划分为社会性理想信念和个人性的理想信念

所谓社会性理想信念即社会全体成员的共同理想，它是社会中占主导地位的共同奋斗目标，是社会的主导机制。所谓个人性理想信念是个人对未来目标的一种自我设定。社会性理想信念和个人性的理想信念是对立统一的。

其一，二者具有差异性。一则是内涵的差异。“在由各种形态的理想构成的理想整体中，社会理想居于最高地位，它是理想的最高形式，制约影响着其他理想的形成及其实现。”③ 社会理想的主体是社会全体成员，是基于价值认同的共同目标追求；个人理想的主体是个人，是个人基于一定的价值判断而做出的目标追求。二则是历史的差异性。社会理想和个人理想在不同时期各自不同。就社会理想而言，中国古代《礼记·礼运》有“大同社会”，中国近代有洪秀全的“天国理想”、康有为的“大同社会蓝图”、孙中山的“民生主义”理想等社会理想形态，当代中国以建设“中国特色社会主义”为共同的社会理想。三则是实现过程的差异。社会理想

---

① 《江泽民文选》（第 3 卷），北京：人民出版社，2006 年，第 74 页。

② 习近平：《在参观〈复兴之路〉展览时的讲话》，《人民日报》，2012 年 11 月 30 日。

③ 吴潜涛：《正确理解理想信念的科学含义》，《教学与研究》2011 年第 4 期。

一般是长远的、整体性的，个人理想相比较而言是短暂的、个性的，二者在实现过程中并不总是相统一的。当社会理想与个人理想有机统一，社会理想就成为个人理想的价值目标和精神动力——革命战争年代无数革命志士不计个人得失、不惧个人安危，抛头颅、洒热血而无怨无悔，那是因为他们把实现共产主义的社会理想转化成了个人理想，社会理想和个人理想融合成一种坚定的信念，激励和推动着他们勇往直前；当社会理想与个人理想出现不吻合的状况，社会理想的吸引力就会褪减。当前，由于历史的影响和现实经济社会条件的变化，人们对社会崇高理想的热情和向往淡化了而更愿意追逐物质利益，于是造成许多人的理想信念危机。在新时期，如何使社会理想重新焕发魅力，如何调动个人理想的积极性力量，是开展理想信念教育必须解决的一个关键性问题。

另一方面，二者具有统一性。就二者关系而言，社会理想是个人理想的导向，为个人理想指引方向，只有树立了科学的、崇高的社会理想，个人理想才能获得深厚的社会基础和持久的生命力；个人理想是社会理想实现的基础，只有在社会个体中倡导对国家、集体的责任感和奉献精神，社会理想才能获得实现保障和现实途径。

3. 表现在目标要求上，理想信念的目标指向具有差异性

基督教神学的“幸福天堂”是信众的理想境界，虔信上帝、潜心修行成为信众的信念。但是，“天堂”的虚妄性只不过反映了一个不争的事实，“宗教是被压迫生灵的叹息，是无情世界的感情，正像它是没有精神的状态的精神一样”[①]。佛教的“永生净土”“极乐世界”是信众的理想境界，苦行修禅、诵经念佛、行善积德、祈祷福荫成为他们的信念。佛教的积极之处在于其理想是要人类彻底摆脱苦难的世界，根除人生的烦恼，到达涅槃境界，它不仅包含着对现世及命运的忧患，甚至也包含一种对众生、对国家的希望。马克思基于社会历史发展规律建构了共产主义理想，其目标指向是“每个人的自由发展是一切人自由发展的条件”。马克思的社会理想向我们揭示了：一方面，应当关注人，应当把人的生存、发展、完善作为一切思考的出发点和最高主旨；另一方面，应当面向现实生活，以现实生活为基础发现、思考、解决新问题，由此，共产主义理想信念具有前所

---

① 《马克思恩格斯全集》（第1卷），北京：人民出版社，1956年，第452－453页。

未有的科学性。

4. 表现在主体特征上，理想信念随着人们自身观念的变化而不断发展变化

在人类社会发展过程中人们关于自身的观念也在不断变化着。古希腊人认为“我不属于我自己，我是属于‘城邦’的”。无论是“幸福岛”的构想还是柏拉图的“理想国”，都旨在说明符合秩序的生活就是理想的状态。亚里士多德更是提出“人类自然是趋向于城邦生活的动物”的著名命题，他认为追求城邦生活符合人的本性，只有通过城邦生活，人的本性才能够实现。中世纪的观念是“我们不属于自己，属于上帝”，为上帝而生、为上帝而死、追寻神性的“终极关怀”的理想信念禁锢了人性。到了近代，“我属于自己，不属于任何人，也不属于天使和上帝”则成了基本的自我观念，它抬升人的理性、追求人的幸福，成为普遍的理想信念。

（三）发展阶段性与生活总体性统一：理想信念历史性的基本特征

理想信念的历史性还表现在其发展阶段性与社会生活过程的总体性相交织、相统一。

1. 理想信念具有发展阶段性

理想信念因社会历史发展阶段不同而不同。在中国历史上，理想信念随着阶级社会发展而具有不同的阶级性和不同的层次性。直到新民主主义革命和社会主义革命取得胜利，社会主义和共产主义的理想信念才成为广大民众共同的理想追求。改革开放之后，“建设有中国特色社会主义，把中国建设成为高度文明、高度民主的社会主义现代化国家”成为中国各族人民现阶段的共同理想。

2. 理想信念的发展阶段性与社会生活过程总体性相统一

尽管理想信念的发展具有阶段性，但它总是贯穿于社会生活发展的全过程，与社会生活过程的总体性相交织，并作为精神的力量引导和推动其向前发展。

在历史唯物主义视域中，“人的解放”的重大主题和价值诉求只能在生活进程中得以实现，由此生活过程体现出一种上升性、前进性趋势。马克思正是通过对宗教关系、政治关系、金钱和人的关系的分析，将“人的

解放”的理想信念贯注于对宗教异化、政治异化和经济异化的批判过程中。马克思主义的理想信念适应了社会生活的发展趋势，并在社会生活的连续性和上升性中得到逐渐实现。

同时，马克思主义理想信念实现了对个体生活、群体生活和公共生活的整体性观照和引导。一方面，只有建立在个人与他人和谐的关系基础上，“人的全面发展”的理想信念才有现实的可靠依据。另一方面，人是社会人，离开社会，人的本质和特征也就无法把握；缺乏社会性理想信念，个人性的理想信念也无从实现。“只有在共同体中，个人才能获得全面发展其才能的手段”，而且“在真正的共同体的条件下，各个人在自己的联合中并通过这种联合获得自己的自由”①。理想信念的历史性思考，不仅可以为当今理想信念教育提供认识论指导，还可以为如何开展理想信念教育提供方法论借鉴。

二、理想信念的现实性

马克思主义认为：“现实性在其展开的过程中表明为必然性。”② 对理想信念的现实性把握，就是要运用辩证唯物主义的观点去分析其存在和发展的必然性、具体性和规律性。

（一）理想信念的现实性是指其作为人类社会精神现象具有存在和发展的必然性

1. 理想信念受现实生活所决定又指向社会生活的未来

一方面，作为意识的一种高级形态，理想信念是社会生活的产物。理想信念归根到底要受社会生活影响并随着社会生活的发展不断变化，因为“意识在任何时候都只能是被意识到了的存在，而人们的存在就是他们的实际生活过程”③。“不是意识决定生活，而是生活决定意识。”④ 另一方

① 《马克思恩格斯全集》（第1卷），北京：人民出版社，1995年，第119页。
② 《马克思恩格斯选集》（第21卷），北京：人民出版社，1965年，第211页。
③ 《马克思恩格斯全集》（第1卷），北京：人民出版社，1995年，第72页。
④ 《马克思恩格斯全集》（第1卷），北京：人民出版社，1995年，第73页。

面，要重视社会意识的能动作用，充分发挥理想信念的动力作用。辩证唯物主义认为，先进的、革命的、科学的社会意识对社会存在的发展产生巨大的促进作用，落后的、反动的、非科学的社会意识对社会存在的发展起阻碍作用。先进的理想信念不仅为物质生产活动提供智力支持和精神动力，而且还为社会关系变革和进步提供必要的价值指导。理想信念作为人类社会特有的精神现象，在现实的社会生活中展开，又指向社会生活的未来。

2. 理想信念体现了社会发展的时代要求

理想信念反映着现实发展的趋势和规律。随着时代主题的转换，理想信念的目标指向也具有不同的时代特征。

当前，理想信念的时代要求主要表现为：坚定马克思主义的政治信仰、坚定对中国特色社会主义的政治信念、坚定对改革开放和社会主义现代化的政治信心。中国共产党人正是准确地把握着理想信念的时代要求，才焕发出了推进社会不断发展的积极活力。正如邓小平同志曾指出：“有了共同的理想，也就有了铁的纪律。无论过去、现在和将来，这都是我们真正的优势。”① 我们只有洞悉理想信念的时代要求，才能自觉地把社会性的理想信念具体化为个人性的理想信念，在精神力量的指引下积极投身于社会实践，实现改造个人的目的，只有以社会性的理想信念为要求，才能校正个人性的理想信念，推动社会和个人的发展。

（二）理想信念的现实性是指其为社会发展和个人发展提供了价值导向

1. 理想信念为社会发展和个人发展确立了价值目标

马克思从理论和实践论证了人的全面自由发展是社会发展的最高价值目标。马克思明确指出：“历史并不是把人当作达到自己目的的工具来利用的某种特殊的人格。历史不过是追求着自己目的的人的活动而已。”② 在《共产党宣言》中，马克思、恩格斯指出：“代替那存在着阶级和阶级对立的资产阶级旧社会的，将是这样一个联合体，在那里，每个人的自由发展

① 《邓小平文选》（第3卷），北京：人民出版社，1993年，第111－112页。

② 《马克思恩格斯全集》（第2卷），北京：人民出版社，1957年，第118－119页。

是一切人的自由发展的条件。"[①] 人的全面发展的理想信念不是"书斋式"的空想，而是落实在对人的异化、资本主义社会异化的批判实践中，只有通过无产阶级的革命斗争，"全世界无产者联合起来"，通过对资本主义社会的扬弃，才能实现社会发展的最高价值目标。

马克思主义的理想信念，就是确立了人的自由全面发展作为社会发展的最终目标和最高价值追求，从而为社会发展提供了根本的价值目标。马克思主义理想信念具体化为中国特色社会主义理想信念，成为全国人民共同追求的价值目标。

2. 理想信念为社会发展和个人的全面发展提供了价值选择方法

理想信念作为一种精神动力，为社会发展和个人的全面发展提供了价值选择方法。

(1) 生活与理想的统一。

生活是理想的前提和基础。只有在生活中，我们才能够寻找到理想存在的根基；也只有在不断发展的生活实践中，我们才能够体会理想信念存在的重要意义。

理想是生活的精神动力。人的解放和自由发展是马克思主义理想信念的旨归，在人类历史现代发展中，它也成了现代社会的价值导向和精神动力。马克思主义理想信念的确立，并没有停留在从理论上进行逻辑论证，而从"现实的人及其历史发展"出发，深入到人的现实生活世界，引导和鼓动着人的活动、社会关系及其物质生活条件实现不断优化。

(2) 事实与价值的统一。

理想信念立足于事实。理想信念作为一般价值追求，其确立既要尊重社会历史发展规律，避免空想和妄想，又要尊重现实生活发展规律，按照世界和生活的本来面目去认识世界。只有既尊重自身利益和需要的事实，又尊重客观事实，才能避免无事实根据的价值判断和价值选择。

理想信念追求价值完善。价值的本质特性是客体主体化，因此社会生活的事实都应以价值之善为标准实现向主体的趋近。当前社会生活的事实主要表现为人的现代困境，即人与自然、人与社会、人与自身发展的矛盾

---

① 《马克思恩格斯全集》(第4卷)，北京：人民出版社，1995年，第730－731页。

日益尖锐化。在人的“以物的依赖性为基础的独立性”[①] 阶段，理想信念的作用就是引导人们消除人的异化和社会的异化现象，强化人的自为性，激发人的主动性和创造性。如何在社会事实和人的异化事实当中确立现代社会发展积极向上的、善的理想信念，是现代生活的基本的价值选择路向。

（三）理想信念的现实性还指其实现是一个具体化过程

其一，社会性的理想信念实现是一个阶段化过程。马克思主义理想信念不仅是科学的预见，而且“是用实际手段来追求实际目的的最实际的运动”。马克思、恩格斯指出：“共产主义对我们来说不是应当确立的状况，不是现实应当与之相适应的理想。我们所称为共产主义的是那种消灭现存状况的现实的运动。”[②] 在《哥达纲领批判》中，马克思完整而科学地制定了未来共产主义社会发展阶段的学说，实现了马克思主义关于共产主义理想信念的学说一次质的飞跃。新民主主义革命时期，以毛泽东同志为首的中央领导集体把共产主义理想信念与中国革命实践结合起来，开辟了共产主义理想信念具体化的道路。社会主义革命时期，消灭私有制、建立公有制社会制度成为共同的社会理想。改革开放之后，以邓小平为首的中央领导集体将马克思主义理想信念的时代要求具体化为“建设富强、文明、民主的社会主义现代化国家”。江泽民同志在中央思想政治工作会议上强调指出：“面对改革开放和现代化建设这场深刻而伟大的历史变革，全党同志必须在改造客观世界的同时努力改造主观世界，坚定社会主义、共产主义理想信念。”党的十八大报告中强调：要坚定理想信念，坚守共产党人精神追求。对马克思主义的信仰，对社会主义和共产主义的信念，是共产党人的政治灵魂，是共产党人经受住任何考验的精神支柱。

其二，个人性的理想信念遵循“志—学—思—行”的发展规律。“志”就是确立目标。孟子曰：“夫志，气之帅也。”（《孟子》）墨子曰：“志不强者智不达。”（《墨子·修身》）一个人首先要有对未来的奋斗目标，还

---

① 《马克思恩格斯全集》［第46卷（上册）］，北京：人民出版社，1979年，第104页。

② 《马克思恩格斯全集》（第1卷），北京：人民出版社，1995年，第87页。

要有实现目标的坚强意志和不懈努力。“学”就是提升知识修养，加强认知。人怎样进行价值思维判断，怎样确定和选择价值目标，以及怎样实现价值，都受其知识结构的影响和支配。“思”是对自我的认识或反省。个人性的理想信念的确立和实现离不开理性思考和主体自觉，只有对价值目标有所认识、理解、体验、领悟，才有可能自觉地为目标实现而努力。“思”的过程是辨善恶、明事理、获真知的过程。人只有发展到高度理性自觉的时候，才能在世界观和人生观的意义上认识和把握外部世界普遍的价值关系。“行”是理想信念内化为人的精神动力之后在行为实践中的体现。“行”是在明白了理想信念“是什么”“为什么”之后，体现在行为实践中“怎样做”的环节。

三、历史性与现实性的统一：理想信念教育之实现

理想信念教育要取得实效性，必须把握理想信念的历史性和现实性的双重维度，实现二者的有机融合。

（一）时代性：理想信念教育必须切近现实生活

理想信念根源于现实生活，随着社会生活过程而发展变化，呈现出与时俱进的特征，因此理想信念教育必须切近现实生活，体现时代性。

1. 避免理想信念教育的“概念化”或“绝对化”

今天，当回答“你的理想信念是什么”的时候，多数人会对“为了共产主义而奋斗”的答案不以为然。这是一个值得深思的问题。在革命时期，共产主义理想信念具体化为“实现自身和广大民众翻身解放”“实现没有剥削和压迫的幸福生活”等具体目标，于是激发了无数仁人志士奉献和牺牲的动力。新中国的建立无疑给中国人民有了“站起来了”的尊严和骄傲，精神的动力源于“建设好社会主义新中国”的理想信念。但是，在社会主义建设初期受“左”的错误思想的影响，人们的理想信念遭到毁灭性打击。尤其在“文化大革命”期间，政治上的假、大、空使得人们的政治信仰普遍陷入混乱之中；在经济上，一方面人们把对个人合法合理的利益追求斥为“走资本主义道路”，把发展经济与搞资本主义等同，另一方

面违背经济发展的客观规律，激进冒进，结果是社会生活并没有出现期望的理想状态，理想信念的魅力逐渐消散，在现实面前变得苍白无力。改革开放后，尤其是在社会主义市场经济建立不完善时期，层出不穷的腐败现象进一步加重了民众的理想信念危机。

理想信念只有逐渐展露向现实转化的曙光，才能避免堕入空想、避免“概念化”或“绝对化”。正如恩格斯指出：“共产主义不是学说，而是运动。它不是从原则出发，而是从事实出发。”① 既无实践意义又无科学意义的理想信念对社会的负面影响是深远的和长久的。在建设中国特色社会主义的新时期，如何使广大民众对被扭曲的“社会主义”“共产主义”理想信念实现重新科学认识、还原“本真”，是当前理想信念教育的首要任务。

2. 避免“误读”理想信念的崇高性

理想信念的崇高性表现在其引导人们追问意义并努力实现自我价值。但是崇高性从来就不能脱离现实根基，崇高性与现实性是辩证统一的。

马克思主义认为物质决定精神，因此理想信念的精神力量必须与现实物质利益有机结合起来。在《德意志意识形态》中马克思、恩格斯正是通过对物质利益与精神利益、私人利益与共同利益、经济利益与政治利益的关系分析，提出了共产主义的理想目标。物质利益的追求不仅是社会发展的动力，也是个人生存和发展的动力，它决定了意识、思想、精神的产生和发展。马克思指出：“‘思想’一旦离开‘利益’，就一定会使自己出丑。”② 马克思不仅明晰了理想信念和物质利益的关系，也为树立理想信念提供了正确的导向，那就是关注人民群众的利益、关注个人的物质利益需要，从而夯实理想信念的根基、增强理想信念的可信度。

我们要纠正那种把理想信念崇高性“神化”或“虚幻化”的错误做法，尤其避免使理想信念教育变成一种乏力的理想信念“说教”或“欺骗”。

3. 理想信念教育要切近中国特色社会主义现实发展

改革开放近40年，中国特色社会主义波澜壮阔的实践发展证明了中国道路的正确性。作为共产主义理想的阶段性的实践过程，中国特色社会主

① 《马克思恩格斯全集》（第4卷），北京：人民出版社，1958年，第311页。
② 《马克思恩格斯全集》（第2卷），北京：人民出版社，1957年，第103页。

义的伟大成就不仅为广大民众实现道路自信、理论自信和制度自信提供了坚实的保障，也为实现中国特色社会主义共同理想注入了强大的现实动力。

当前，理想信念教育主要的时代性要求是强化中国特色社会主义共同理想。一方面，要用中国特色社会主义共同理想凝聚人心，在全国人民中形成奋发向上、团结一心的精神力量，攻坚克难、全面深化改革，实现中华民族伟大复兴。另一方面，要充分认识中国特色社会主义的世界性意义。中国特色社会主义的世界意义就在于把握好中国社会发展和全球化时代世界发展的历史与现实特点，不仅破解了自身的发展难题，也正在致力于破解世界的世纪性发展难题。中国特色社会主义道路正在影响世界、改变世界，正在为破解世界性难题提供启示和力量；更为重要的是，中国道路致力于打造和平发展进步的“人类命运共同体”，拓展了世界历史发展，展现了对整个人类发展的关切。“在21世纪的文献中，中国崛起已成为一个公理性观点。”①

（二）科学性：实现社会性理想信念和个人性理想信念的有机融合

当前，“躲避崇高”“拒绝美德”“渴望堕落”的精神危机状况表明民众对于自身存在的价值意义和社会理想目标等产生了严重的、普遍的怀疑。理想信念危机不仅导致了人们对自身生存意义的茫然失措，而且也导致了现实生活的无所适从。理想信念危机一方面是由于社会性理想信念似乎太遥远；另一方面是由于个人性理想信念迷失于社会物质的盲目追求中。当前理想信念教育应该致力于实现二者的有机融合，实现科学性。

1. 科学的理论指导是理想信念教育科学性的保障

马克思曾经说过：“理论一经掌握群众，也会变成物质力量。理论只要说服人，就能掌握群众；而理论只要彻底，就能说服人。”② 当前，要实现社会性理想信念和个人性理想信念的有机融合，就必须有科学的理论作指导。因此加强马克思主义理论教育，特别是加强中国特色社会主义理论

---

① D SCOTT. “The Chinese century?” the challenge to global order. Hampshire: Palgrave Macmillan, 2008: p. 14.

② 《马克思恩格斯全集》（第1卷），北京：人民出版社，1995年，第9页。

体系的学习和研究，不仅让民众了解社会历史的发展规律，还要让民众认清社会主义发展规律，坚信马克思主义理论和中国特色社会主义理论的正确性，从而为理想信念教育提供坚实的理论支撑。

2. 以社会性理想信念引导个人性理想信念

社会理想决定和制约个人理想，社会理想是个人理想实现的依据和支撑。社会理想应该成为每一个社会个体的价值引导，将社会理想灌注于个人理想中，使每一社会个体自觉地根据社会理想来调整个人理想，社会理想才能获得最快的实现和最真实的拥戴。

3. 个人性理想信念应该自觉切合社会性理想信念的要求

要激发精神的力量，个人理想应该以社会理想为依托，志存高远，自觉地将社会理想作为个人理想设立的标杆，个人理想才能获得最大的实现价值。历史发展的事实证明，任何违背社会理想的个人理想是难以实现的，个人理想只有同国家和民族的前途命运相结合、同社会的需要和人民的利益相一致才可能实现。

4. 社会性理想信念和个人性理想信念在实践中实现互动融合

理想信念教育不可能一蹴而就，也不可能一劳永逸。共产主义理想信念不仅是科学的预见，而且是“用实际手段来追求实际目的的最实际的运动”。理想信念在社会生活中确立，并随着社会生活的变化而发展、而升华。社会性理想信念与个人性理想信念总是在生动的现实生活中发生实际的相互作用，理想信念教育的科学性就体现在对二者相互运动规律的把握上。理想信念教育要取得切实效果，就应当引导人们积极投身改革开放的生动实践中，在实践中真正理解共产主义理想和社会主义信念的科学性，从而更加坚定理想信念。

（三）针对性：强化理想信念教育效果

理想信念教育要达到切实效果，必须有针对性，做到对象明确、目标清晰、环境优化。

1. 从教育对象而言主要是强化党员领导干部和青年大学生两大群体的理想信念

中国共产党在近现代历史实践中发挥了巨大的作用，取得了举世瞩目的辉煌业绩，对世界产生了重大影响。其中一个重要的动力就是因为我党历来重视对广大党员领导干部的理想信念教育。毛泽东经常教育广大党员领导干部要坚定共产主义理想信念，因为只有坚定了作为人类历史上最科学的共产主义理想信念，才能形成革命合力，克服艰难险阻，实现革命胜利。毛泽东同志曾指出："我们共产党人从来不隐瞒自己的政治主张。我们的将来纲领或最高纲领，是要将中国推进到社会主义社会和共产主义社会去的，这是确定的和毫无疑义的。我们的党的名称和我们的马克思主义的宇宙观，明确地指明了这个将来的、无限光明的、无限美妙的最高理想。"① 中国特色社会主义建设时期，在新的形势下我们党更加重视理想信念教育。江泽民也指出："理想信念教育，是党的思想政治工作的核心内容。只有在全党同志和全体人民中牢固确立正确的理想信念，才能不断增强凝聚力和战斗力，我们的事业才能不断取得成功。"② 党的十七届四中全会通过的《决定》明确号召党员领导干部"做共产主义远大理想和中国特色社会主义共同理想的坚定信仰者"。新时期，我们面临前所未有的机遇和挑战，以习近平同志为核心的党中央领导集体把握时代脉搏和发展新目标，提出了实现中华民族伟大复兴"中国梦"的理想。领导干部和广大党员的理想信念、作风能力、精神状态，会对整个社会产生示范性的影响。

青年大学生肩负着社会发展、民族振兴的重任，大学生群体理想信念的树立决定着建设中国特色社会主义事业的进步状况。在当今全球化、对外开放不断扩大、社会主义市场经济深入发展的大时代背景下，大学生理想信念教育面临一系列新问题和新挑战。当前对大学生实施理想信念教育的关键既要贴近大学生思想实际，又要适应经济社会发展的现实要求。"在社会远大理想和个体现实发展的距离中找到连接线，是大学生理想信念教育不容回避的课题。"③

---

① 《毛泽东选集》（第3卷），北京：人民出版社，1991年，第1059页。

② 《江泽民文选》（第3卷），北京：人民出版社，2006年，第89页。

③ 冯秀军：《新时空境遇中的当代大学生理想信念教育》，《教学与研究》2011年第4期。

2. 从教育目标而言要把社会主义理想信念作为稳定社会、凝聚人心的强大精神动力

崇高的理想信念是一种强大的精神力量，能激发人们的主动性和创造性，能够鼓舞斗志、振奋精神。但是，普通民众并不会因为理想信念的崇高远大而自觉信奉，相反会因为其不能马上实现而有一种距离感。社会主义建设初期的史实已经证明，忽略中国社会主义初级阶段的国情，忽略生产力不发达和经济文化落后的事实，盲目急切地“跑步进入共产主义”，不仅留下了深刻教训，更严重的是浇灭了民众对远大理想的激情向往。

当前的理想信念教育必须处理好远大理想与近期理想、理想与现实的关系，使远大理想与当前社会发展、日常生活贴近。当前，我们党总结了经验教训，抓住了中国具体实际，提出了“中国特色社会主义共同理想”。在全体民众中确立“中国特色社会主义共同理想”、实现“中国梦”，社会发展才有凝聚力和向心力。加强社会主义理想信念教育，理想信念就能转化为稳定社会、凝聚人心的强大精神动力。

3. 从教育环境而言要优化理想信念教育的环境氛围

优化理想信念教育环境氛围是加强理想信念教育的基本要求。

其一，加强先进文化建设。先进文化建设是社会整体性要求，但要落实在每一个公民个体身上，激发理想信念的精神动力。“在通往自我认识之路上，文化因素是第一个路标。”① 加强先进文化建设，能够使公民个体获得关于人自身和经济、政治、社会、文化等发展规律的认识，并最终内化成为自己的思维体系；加强先进文化建设，不仅能够促进公民个体道德心理结构的形成和完善，从而提高人性自觉，还能够优化公民个体的价值实现方式，促进价值结构形成；同时，能够活跃民众的精神状态、提升民众的精神追求，从而为理想信念的确立打下坚实的文化基础。

其二，提升社会道德风尚。道德风尚是社会健康发展的风向标。一个社会要稳定和发展，需要道德共识作为社会制度基础。社会风尚的文明进步与道德发展同步协调。一个道德素质普遍较高、人人向善的社会，广大民众会自觉养成社会道德责任感，自觉自愿地投入社会发展进步的实践

① 乔纳森·布朗著，陈浩莺等译：《自我》，北京：人民邮电出版社，2004 年，第 43 页。

中。理想信念因为具有道德价值的力量支撑，而焕发无穷的生机活力。

其三，加强党的建设。邓小平说：“我们共产党人的最高理想是实现共产主义，在不同历史阶段又有代表那个阶段最广大人民利益的奋斗纲领，因此我们才能够团结和动员最广大的人民群众。”[①] 没有理想、目光短浅、贪图享受的政党，不可能具有政治合法性，也不可能领导社会的发展进步。中国共产党不仅领导中国人民取得了新民主主义革命的胜利和社会主义革命的胜利，而且带领全国人民摆脱了贫穷落后的面貌；中国共产党不仅确立了社会主义理想信念的崇高目标，还带领中国人民朝着这个目标不断实践并取得了一系列成就。在新时期，只有加强党的建设，惩治腐败、提升执政能力和服务为民的能力，才能凝聚广大民众的力量，使社会主义理想信念得到具体落实。

其四，完善社会公正。只有一个公正的社会才能顺民意、合民心，才能增强公众对社会核心价值体系的高度认同感，从而使全体公民焕发出主体意识，共同维护和促进社会稳定发展。党的十八届三中全会提出全面深化改革，更强调公平正义的价值目标。完善社会公正，才能实现个人价值取向和整体价值导向的和谐统一，从而为理想信念的实现创设生动活泼的环境氛围。

理想信念是人们对未来的向往和追求，它不仅是奋斗目标，也是精神支柱和精神力量。理想信念是个人和社会发展进步的动力之源，个人有了正确的理想信念，就会执着奋斗，自强不息；国家、民族有了正确的理想信念，就能励精图治，百折不挠。正如美国诗人惠特曼说：没有信仰，就没有名副其实的品行和生命；没有信仰，就没有名副其实的国土。今天，理想信念教育面临诸多问题和挑战。中国特色社会主义理想信念教育既要避免理想信念教育缺失现实根基、远离民众实际，丧失价值引导力，也要避免理想追求因目标短浅、世俗功利而丧失崇高性。

---

① 《邓小平文选》（第3卷），北京：人民出版社，1993年，第190页。

契约伦理：公共和谐治理的伦理之道

“推进国家治理体系和治理能力现代化”是全面深化改革的总目标。在和谐社会建设背景下，创新社会治理体制、增强社会发展活力、提高社会治理水平，不仅需要法律和制度保障以解决“必须怎样”的问题，也需要在整个社会建立一种价值规范和价值精神以解决“应该怎样”和“我要怎样”的问题。完善契约伦理制度、塑造公民主体的契约伦理精神，是实现公共和谐治理的重要理路。

一、契约伦理：公共和谐治理的伦理转型

公共和谐治理以构筑良性的社会秩序为目的。良性的社会秩序包括法制秩序和伦理秩序，前者以法律为手段而实现，后者以伦理规范和道德约束为手段而实现。仅靠法律维系的社会秩序可能会是稳定的，但缺少价值动力和发展生机，因为是伦理而不是冷冰冰的法律给了社会治理以价值情感和道德智慧。公共治理如果缺失了伦理基础和伦理精神，只能是“管治”而不是“善治”。契约伦理为实现公共和谐治理提供了深层的价值动力。

（一）契约伦理及其基本原则

契约伦理思想在西方源远流长，最早可以追溯到古希腊。伊壁鸠鲁以契约解释法的起源；苏格拉底因为心中确认自己和国家之间有神圣的契约，为了服从城邦法律和城邦权威而拒绝朋友的营救慷慨赴死。中世纪神学契约伦理以“上帝之约”的形式昭告人生意义和救世之道，通过信众的“知、信、爱、望”确立了基督教契约伦理的核心价值理念。

近代以来，霍布斯、洛克等人开创了西方近代契约伦理思想之先河。尽管二人在对“自然状态”的理解上主张各异，但是都认为自然法是建立

在理性之上的普遍法则，他们的契约思想展现了对平等、自由、合意、信任、义务等伦理价值的追求。而卢梭则把古典契约伦理思想推向了一个新高度，自由成为其契约伦理的核心价值追求，他认为人是生而自由且平等的，国家只能是人民自由协议即社会契约的产物。① 康德进一步完善了近代契约伦理思想，并实现了契约伦理的道德哲学转向。他运用实践理性，以道德律令为起点，建构了“社会契约作为纯粹实践理性的先验理念”②的思想。“康德比卢梭更加坚信从自然状态过渡到社会状态的正当性，肯定正是通过社会契约才建立人在社会中的自由。”③ 康德把社会契约与“绝对命令”等同起来——因为“绝对命令”为人之行为提供最终根据，社会契约也就成为立法的最高标准，因此具有普遍必然性。

自19世纪伊始，自然法和社会契约论遭到自由主义思潮，尤其是功利主义的批判而一度沉寂。直到20世纪，美国伦理学家罗尔斯的《正义论》继承和发展了传统社会契约论思想，契约伦理在现代获得了新的价值支撑和更高的理性发展。他认为“正义是社会制度的首要价值”④，同时提出了正义的两个著名原则：一是平等自由的原则，即主张要平等地保障所有人的基本自由权利；二是主张在公平机会的前提下最关怀那些处境最差者，即公平的机会平等和差别原则。罗尔斯的“作为公平的正义”论是契约伦理的展开，此时契约是作为保障社会基本结构正义与否的方法而被选择。

契约伦理的复兴和现代转向，为我们实现公共和谐治理，建构现代社会良性秩序提供了伦理路向，其基本原则主要有：

一是公平原则。公平是制度伦理的基本精神。公平原则既强调契约双方或多方主体是平等的，对整个程序或行为的顺利进行负有共同责任；更强调利益公平或分配正义，即“正义否认了为了一些人分享更大利益而剥夺另一些人的自由是正当的，不承认许多人享受的较大利益能绰绰有余地

---

① 卢梭著，何兆武译：《社会契约论》，北京：商务印书馆，2003年，第18-19页。

② 康德著，苗力田译：《道德形而上学原理》，上海：上海人民出版社，1986年，第27页。

③ 乔治·霍兰·萨拜因著，盛葵阳、崔妙因译：《政治学说史》（下册），北京：商务印书馆，1986年，第661页。

④ 约翰·罗尔斯著，何怀宏、何包钢、廖申白译：《正义论》，北京：中国社会科学出版社，1988年，第3页。

补偿强加于少数人的牺牲”[①]。公平原则因为强调主体平等和利益公平，不仅可以满足契约主体的精神需求，也可以满足其物质需求，从而优化契约行为、实现契约目的。

二是权利与义务相统一原则。订立契约实质就是追求合作，而合作的基础就是对各自权利义务的承认和尊重。契约过程更强调义务是权利获得的基础。所谓义务，就是“一方当事人应对合理信赖其言行的对方当事人负责。如果一方当事人知或可得而知其行为将使他方产生合理的期待，则他方就须负责实现这些期待（而不是使其落空）”[②]。黑格尔曾说：“道德之所以是道德，全在于具有知道自己履行了义务这样一种意识。”[③] 总而言之，契约主体首先要有一种价值认同：我的义务保障的是你的利益，而你的义务保障的是我的利益。契约伦理为契约行为提供一种基本的价值理念：没有无义务的权利，也没有无权利的义务。

三是诚信与信赖原则。诚信是契约主体的个体要求，信赖是契约主体的相互要求。“诚”即真诚、诚实，体现的是我与自我的关系；“信”即守承诺、讲信用，体现的是我与他人的关系。《管子·枢言》曰：“诚信者，天下之结也。”诚信作为一种道德价值观和道德规范，是人类交往活动得以正常进行的基本准则。信赖是基于交往活动价值最大化的期待而对对方产生的一种信任，既包括对对方遵守承诺履行义务而实现利益最大化的信赖，也包括对对方背弃承诺和拒绝义务而遭受损失的信赖。诚信与信赖原则维系着契约各方良性互动关系。

四是自由与责任原则。契约主体首先是作为一种独立的权利主体而存在，对于订立什么契约、何时订立契约、契约的权利义务约定，都是主体各方自主自愿的事情；其次，自由的获得建立在有效的约束基础之上。因为通过契约的约束方式才能实现各方价值的最大化，通过订立具有约束力的协议，自由没有减少而是得以增加。显然，契约自由是相对自由，而这

---

① 约翰·罗尔斯著，何怀宏、何包钢、廖申白译：《正义论》，北京：中国社会科学出版社，1988 年，第 3 – 4 页。

② 迈克尔·D. 贝勒斯著，张文显等译：《法律的原则》，北京：中国大百科全书出版社，1996 年，第 168 页。

③ 黑格尔著，贺麟、王玖兴译：《精神现象学》（下卷），北京：商务印书馆，1979 年，第 157 页。

种相对性是与责任相契合的，即只有基于责任的承担，契约主体才能够获得有效支配必然性的方式。

“契约伦理为那些契约实践者提供以义求利的、合作共赢的道德思维路径，实现经验世界契约主体之间的利益平衡和契约主体与共同体之间的资源合理分封，促进契约实践者在契约境遇获得现实利益与道德修养的双丰收。”① 概而言之，对于交往活动而言，契约伦理不仅具有制度规范的伦理价值，而且能够成为个人主体价值优化的内在动力。

（二）从“身份伦理”到“契约伦理”：公共和谐治理的伦理转型

人类社会从“身份社会”向“契约社会”的转变，中西方经历了不同的演化路径；但是从社会治理的角度而言，不同的演化路径却有着共同的价值旨趣，即从“身份伦理”逐渐向“契约伦理”转变。

尽管契约伦理在西方有着悠久的发展历史，但是其真正普遍化是随着资本主义社会商品经济而发展的。马克思指出，在资本主义社会之前的三种社会形态中人与社会之间关系的特征是“人的依赖关系”②；由于生产力极其低下，社会分工、商品交换都不发达，在此经济基础上形成了人与人之间基于血缘关系或人身依附关系的依赖性，因而没有形成完全的和真正的契约制度。随着社会分工日益增加，加之私有制下生产资料和劳动产品归私人占有，私有者为了维护自身的利益，在彼此发生经济联系和相互交换产品时，要求遵循等价交换原则——商品经济体制的建立和完善，实质上蕴含着契约式的伦理要求。当契约制度成为社会经济生活的主要规范，人才真正摆脱了“人的依赖关系”，实现“身份认同”向“契约认同”的转变，交往伦理也就逐渐实现“身份伦理”向“契约伦理”的转变。但是，毋庸置疑，资本主义制度下的契约形式并没有真正实现交往主体的平等，“就道义而言，资本主义制度下的契约是新的奴役”③。契约主体真正平等是在经历社会主义迈向共产主义“自由人的联合体”的过程中才可能

① 赵一强：《契约伦理的价值理念》，《河北经贸大学学报》（综合版）2013 年第 3 期。

② 《马克思恩格斯全集》［第 46 卷（上册）］，人民出版社，1979 年，第 104 页。

③ 朱书刚：《论契约社会与契约伦理在西方的生成和在当代中国的建构》，《马克思主义与现实》2004 年第 5 期。

逐渐得到实现。

中国古代社会结构的基本特征是以血缘为纽带的宗法制，与宗法制相联系的家天下、家族制、家国同构在“礼”的维系下，形成了等级森严的专制制度，个体对于“公”“整体”及其代表的统治者唯有服从。群体本位的整体主义是依靠宗族的血亲、世系等关系来维系和巩固社会治理，是一种典型的“身份之治”。“身份社会”就社会政治控制而言，导致了专制政治；就社会生活而言，导致了个性保守、压抑，创造性受约束；就社会结构发展而言，导致了自我封闭，进而导致中国传统社会向现代转型步履维艰。如果说在漫长的封建社会自然经济阶段，个体性没有得到应有重视，那么在计划经济时代，个体作为“单位人”接受国家和集体的管理，个体性依然没有真正成长。尽管此时由于制度的安排人与人之间的关系基本是协调的，但这种调适是基于政治和国家强大权威，或是崇高革命热情的激励，实际上个人主体性依然隶属于整体性，契约主体性的真正成长还有待时日。

当中国进入市场经济时代，契约的伦理意蕴得以进一步凸显。市场经济实质上就是契约经济，市场经济的两个特点赋予了契约伦理新内涵：其一，市场经济以物的经济联系（商品、货币的交换关系）代替了人的依赖关系，它强调商品交换按照等价交换的原则进行，彰显规则意识。合法的、有效的交换行为本身就隐含着伦理价值，在实现社会经济发展目标的同时必然要体现伦理的关怀和价值的追求。其二，市场经济凸显了人的自主性和独立性，肯定人作为独立平等的个体走向市场，进行公平竞争。人是一切社会属性的总和，人们总是从自己的生产和交换关系中汲取道德观念的。因此，在社会经济活动中，契约伦理慢慢成为市场经济有序、健康发展的伦理基石。

契约伦理体现在社会公共治理上，以实现和谐治理为目标。自20世纪70年代以来，为适应社会、经济和管理的新需要，西方以“治理”为代表的新理论范式提出了多元的、民主的、协作的公共治理模式，打出了“良好治理”的旗帜。公共治理的实质是建立在市场原则、公共利益和合法性认同基础上的合作。当前，我国正处在社会转型时期，公共治理模式的转变不仅体现在法制的变革上，更重要的是体现在伦理理念的变革上，从而彰显社会主义制度的优越性。

概而言之，契约伦理从三个方面实现公共和谐治理的伦理转型：就价值理念而言，契约伦理倡导的自由、平等、诚信、责任、协作等核心理念成为公共和谐治理的基本追求；就制度保障而言，契约伦理作为制度伦理是法律与道德、法治与德治的有机统一，为公共和谐治理提供制度的价值力量；就实现目标而言，契约伦理不是限制自由而是创造自由，因为在契约的界域内，自由“意味着不受他人的束缚和强暴”①，“不受绝对的，任意的权力约束”②，从而激发公共和谐治理的内在活力。

二、契约伦理之鹄的：构筑公共和谐治理的伦理基础

契约伦理以实现契约主体间的平等互利为基本价值取向，以追求公共和谐为旨归。契约伦理何以能够实现公共和谐治理？

（一）利益和谐：构筑公共和谐治理的根基

公共治理是公共权力部门整合全社会力量，管理公共事务、解决公共问题、提供公共服务、实现公共利益的过程。③ 从公共和谐治理的内涵看，就是要在尊重私人利益的前提下，实现大多数人的利益和保障弱势群体利益优先，同时超越特殊利益和短期利益，从而调节和化解私人利益和公共利益矛盾，实现公共领域的善治。

利益是社会和谐的物质前提。契约伦理为利益和谐治理的实现提供物质基础和心理基础的双维度支撑。一方面，契约伦理通过制度的力量协调、维护和增进契约主体的利益，从而使契约各方对利益实现、利益分配、利益调节、利益增进、利益享受等方面有实质性获得。另一方面，契约伦理为调适利益提供伦理价值认同。利益交往的信任度下降是当前公共领域的一个突出问题。契约伦理通过信任或信赖的心理力量优化利益交

---

① 洛克著，叶启芳、瞿菊农译：《政府论：下篇》，北京：商务印书馆，1983 年，第 36 页。

② 洛克著，叶启芳、瞿菊农译：《政府论：下篇》，北京：商务印书馆，1983 年，第 16 页。

③ 张成福、李丹婷：《公共利益与公共治理》，《中国人民大学学报》2012 年第 2 期，第 9 页。

往，使契约各方在心理态度上积极追求合理的利益格局、利益分配制度、利益实现程度等，从而实现基本的利益认同，营造良好的社会心态，形成强大的社会凝聚力。

当前，利益分化悬殊、利益结构固化、利益失衡等现象不同程度地存在着，其突出表现就是“嫉富”“仇富”“仇官”“仇腐”等现象。任何一个社会，如果个人与他人、社会处于经常性的利益冲突中，利益失衡必然会造成心理失衡变态，就会对社会正常的发展秩序构成威胁，这是社会不和谐的物质根源和心理根源，是实现公共和谐治理需要解决的根本问题。

（二）“我—他”和谐：营建公共和谐治理的主体秩序

每一个人都是“关系中的我”，由于人们所处的社会关系不同，其社会地位和社会身份也截然不同，人与人之间的社会差别性总是客观存在的。如何着眼于当前社会发展，遵守契约伦理要求以调适这种差别性，使人们和谐相处，就成为公共和谐治理的重要问题。契约伦理不仅强调对个人主体性的尊重，还强调主体间的“合意”与合作，实现“我—他”和谐，建构公共和谐的主体秩序。

契约伦理蕴含的独立、自由、平等的价值原则就是建立在对个人主体性尊重的基础之上的。西方传统伦理重视个人主义，个人主义思想及其发展成为现代契约伦理形成的主体条件。哈耶克指出：“个人主义的基本特征，就是把个人当作人来尊重，就是在他自己的范围内承认他的看法和趣味是至高无上的。”① 同时，契约伦理对主体性的尊重表现为主体间的“合意”与合作。“合意”就是共同意志和意志之间的相互包容，主要是协商意志和包容意志。合作是契约各方利益交往中的“利益兼顾”，在强调个人利益追求的同时也强调对他人利益的满足和尊重，由此形成强调个人具有对他人和公群的义务与责任心的价值态度。

“我—他”和谐就是要建立契约主体之间的互利共生主体秩序，形成“交互主体性”，即每一个“我”和“他”之间都具有一种既相互外在、又相互内在的“外在—内在”关系。一方面，“我”和“他”在身、心、

---

① 哈耶克著，王明毅等译：《通往奴役之路》，北京：中国社会科学出版社，1997 年，第 121 页。

行为上具有相互区别和相互差异关系；另一方面，“我”和“他”因共处于同一客观物质社会环境之中而具有总体统一性，以及由此造成的彼此行为的相互关联性。契约伦理为行为主体提供义利并举、合作共赢的道德思维路径。

（三）“群—己”和谐：优化公共和谐治理的社会环境

中国传统伦理在群己问题上向来重视整体而忽略个体，强调个体对于群体的义务和责任，个体利益淹没于群体利益之中，个体消融于群体之中。西方传统伦理的功利主义思想肯定了个人主体和个人自由的合理性，而在如何实现群体利益上则缺乏实践可操作性。即使穆勒在《论自由》中提出了“群己权界”原则，但它还是旨在维护个人利益和自由。

在群己问题上契约伦理既强调道义论也强调功利论，用道义论补充和完善功利主义的缺陷，用功利主义的长处来修正道义论的缺陷，即将道义与利益、美德与幸福相结合，从而优化公共和谐治理的社会环境。

群己和谐作为社会发展的根本要求和社会伦理诉求，强调人的发展与社会发展协调一致，这是现代公共和谐治理的重要标志。契约伦理很好地调适了人的个性与社会性的关系。一方面，个性必须在社会性中才能获得和发展，人的活动愈具有社会性，人就愈具有独立性。用马克思的话说，人“不仅是一种合群的动物，而且是只有在社会中才能独立的动物”①。另一方面，社会性丰富和增长了个性。因为“在真正的共同体的条件下，各个人在自己的联合中并通过这种联合获得自己的自由”②。通过社会性的获取，每一个人才能获得“建立在个人全面发展和他们共同的社会生产能力成为他们的社会财富这一基础上的自由个性”③。

三、公共和谐治理之伦理实现

伦理秩序分为伦理规范秩序和道德心灵秩序，前者依靠伦理制度的力

---

① 《马克思恩格斯全集》（第2卷），北京：人民出版社，1995年，第2页。

② 《马克思恩格斯全集》（第1卷），北京：人民出版社，2012年，第199页。

③ 《马克思恩格斯全集》［第46卷（上册）］，北京：人民出版社，1979年，第104页。

量，其核心是“应该怎样”；后者依靠道德精神的力量，其核心是“我要怎样”。建立公共和谐治理伦理秩序，必须实现契约伦理制度和契约伦理精神的双重建构。

（一）契约伦理制度之建立

契约伦理制度的建立旨在为公共和谐治理提出普遍的伦理规范要求，维护公共的社会经济政治秩序。

其一，强化政府责任。公共治理是国家的目的，也是政府首要的职责。作为公共和谐治理最重要主体和公共管理者的政府，其责任一方面体现在是否出于公共性目的、履行公共性义务和实现公共性利益。卢梭曾指出：“政府作为全体公民权利的委托行使者，除了公共利益以外，政府在行使公共权力的过程中不会追求任何个人或团体的利益。”① 政府和广大民众的受托关系实质上就是一种契约关系，它决定了政府对公民的义务。“政府不是任何人或者一群人为了谋私利去开设或者经营的店铺，而完全是一种信托。政府本身并不拥有权利，只负有义务。”② 另一方面，体现在政府和公共管理者是否倡导和践行善的伦理价值，营建良性的社会秩序。权力属于广大民众，政府和社会公共管理者是受民众之委托行使权力，政治权力的运行实质上就是契约之治。政体和谐需要政府或管理者要遵循契约伦理的价值引导，做符合契约伦理要求的行为。正如法国政治家、哲学家路易斯·博洛尔所言：“由当政者树立的良好榜样会促进社会的廉洁诚实和正直公道。一个公道的政府会激发人们的正义感。一个玩弄虚假欺诈的政府必然会使社会流行阳奉阴违的两面派伪善习气。”③ 契约伦理制度之建立，必须强化政府以最大限度地实现公共效用和公共利益为责任，努力实现广大人民群众的政治权利和经济权利不受侵犯。

其二，建立以政府、企业、社会组织、公民为多元主体的合作模式。公共和谐治理实质是多元、协作的治理，首先要求多元合作主体实现伦理角色的转变。公共治理遵照先市场后社会再政府的选择标准，全面开放公

---

① 卢梭著，何兆武译：《社会契约论》，北京：商务印书馆，1980年，第82－83页。

② 潘恩著，马清槐等译：《潘恩选集》，北京：商务印书馆，1981年，第254页。

③ 路易斯·博洛尔著，蒋庆等译：《政治的罪恶·序》，北京：改革出版社，1999年，第283－284页。

共事务的治理合作。政府以对话、商谈、合作的方式，建立与非政府组织和公民的合作关系；公民则从被动、排斥到以真诚、正确、合理的态度主动参与公共治理。

其三，建立具有公共性和正义的契约伦理制度。罗尔斯指出："如果说个人负有支持正义制度的义务，那么制度必须首先是正义或接近正义的。离开制度来谈个人的道德修养和完善，甚至对个人提出各种严格的道德要求，那只是充当一个牧师的角色。"[①] "公共性"的伦理制度——一要回应公众对公共事务的需要，二要表达公共意志，三要追求公共利益的最大化。正义的伦理制度，要求契约主体秉承公平合理、利益协调原则，共同致力于公共和谐治理。

其四，完善对契约违规者的约束机制。针对那些契约责任的违规者、逃避者、破坏者给予道义谴责、行为约束和有效惩处，通过抑恶的调控机制，使个体不能也不敢逾契约之"矩"。

其五，完善对契约遵守者的褒扬机制。从物质和精神对契约守规者进行褒扬，倡导向先进模范学习，通过感化和激励，灌输和弘扬伦理规范，使人愿意、乐于遵守契约规范。

契约伦理制度的扬善抑恶体现了制度的正当性并给予公共治理以制度性的伦理关怀，从而为培养公民道德意识和道德主体性提供制度保障，也为创设道德环境、救助道德个体、协调社会发展提供制度力量支撑。

（二）契约伦理精神之塑造

契约伦理精神就是在契约理性的指导下，在契约实践活动中秉承的价值理念和节操精神，它既是一种价值观念，又是一种德性精神；既是一种外在的伦理诉求，又是一种内在的道德操守。培育契约伦理精神是有效实现公共和谐善治的需要，其要求就是在多元化价值共存的社会中，在尊重共同生活的共享价值基础上，确保每个人具有公平自由的权利，减少因个人的道德价值观的分歧所带来的公共生活的分裂，并在此基础上形成信任、真诚的社会合作。

---

① 约翰·罗尔斯著，何怀宏、何包钢、廖申白译：《正义论》，北京：中国社会科学出版社，1988 年，第 22 页。

其一，倡导公共理性。公共理性是契约伦理精神的核心。公共理性是公民在处理社会政治经济生活、决定他们基本的社会合作形式过程中所达成的最基本的共识和价值系统。罗尔斯曾言："公共理性是一个民主国家的基础。它是公民的理性，是那些共享平等公民身份的人的理性，他们的理性目标是公共善，此乃政治正义观念对社会基本制度结构的要求所在，也是这些制度服务的目标和目的所在。"① 公共理性作为处理公共生活的一种可通约的方式，其目的是在多元价值并存的社会实现"多元宽容"。在契约活动中倡导公共理性，其目的是消解公共意志的强制性，让每一个公民的意见、见解、权利受到政府和其他公共管理部门的尊重，从而为实现公共和谐治理注入实践伦理精神。

其二，培育公共规则意识。公共规则意识是契约伦理精神的实质内容，它体现着公共的意志，维系着公域的基本秩序、保障社会的和谐稳定。首先，契约各方应该达成对公共规则的认同。公共规则不是对自由的限制而是保障自由的必要存在，"真正意义上的自由只有一个，那就是用自己的方式寻求自己的利益。而且，并不因此而剥夺他人的利益，或阻碍他人谋求利益的努力"②。其次，养成对公共规则的尊重心理。公共规则首先应该是公正的，大众普遍认可的，如果一个社会不显示应有的规则公正，契约伦理精神就不可能彰显。再次，贯彻执行公共规则的意识。执行公共规则是一种受集体评价的行为，要求每一个人对其明确和遵守。那种独断专行、唯我唯上、以权代法、以权谋私、部门利益化、"官本位"的行为，都是对公共规则的蔑视。公共规则通过规范民众行为、整合民德民心、营造道德风尚，实现公共领域的和谐秩序。

其三，激发伦理主体性。实践主体性是契约伦理精神的主体支撑，是在实践活动中形成的人的自觉能动性和创造性。契约主体的实践主体性就是在契约活动中表现出来的执行契约意志、追求契约价值理想的道德主体性。公共和谐治理落实在主体践行并建构道德心灵秩序。心灵秩序的建立就是一种主体的认同、向往和信仰。契约伦理精神的塑造归根到底就是要

---

① 约翰·罗尔斯著，万俊人译：《政治自由主义》，南京：译林出版社，2000 年，第 224－225 页。

② 约翰·密尔著，程崇华译：《论自由》，北京：商务印书馆，1959 年，第 13 页。

弘扬契约主体的至善禀赋和道德自觉性，达到一种对契约制度的自觉服膺，并借此实现基于契约的道德与自由。

契约伦理制度的建立和契约伦理精神的塑造，将为公共和谐善治提供伦理规范和道德精神的动力。尽管现实社会生活中特权思想、身份标签、阶层固化、利益群体等现象沉疴深重，但以契约为基础的社会关系在今天的经济领域已经基本成型，并逐渐在政治和社会治理领域扩展。契约伦理蕴含的自由平等、反对特权的价值理念逐渐深入人心，契约伦理制度的完善和契约精神的高扬将为全面深化改革提供强大的价值精神动力。

伦理现实问题研究

伦理与道德之辨析

一、道德与伦理之区分

伦理与道德的区分表现在词源学意义、发生机制、质性、作用机制四个方面。

（一）词源学上的考察

“伦理”一词中的“伦”原为辈、类、比、序等义；“理”原为治玉，意为纹理、规律、规则。在《礼记·乐记》中曰：“乐者，通伦理也。”在《孟子》中，“伦”即“序”，“识人事之序”，“从人从仑”，意即秩序、序次。孟子提出“五伦”，即父子、君臣、夫妇、兄弟、朋友，着重从人与人之关系加以理解，并赋予“五伦”相应之“理”：“父子有亲，君臣有义，夫妇有别，长幼有序，朋友有信。”（《孟子·离娄上》）“人伦”即辈序，遵循辈序之理，是为伦理。自此，伦理便被赋予了规范和准则的内涵。现代《辞海》中，“伦理”一是指事物的条理；二是指处理人们相互关系所应遵循的道理和准则。而在日常使用中，第二个意思逐渐凸显，甚至掩蔽了“伦理”本意，“伦理”即被定义为如何处理人与人之间关系的道理、原则和规范。

“道德”一词由“道”与“德”组合而成，原是一个复合词。“道”，从行从首，许慎在《说文解字》说：“道，所行道也。”道的原意指道路，后来引申为人性化之路。“道”在《道德经》中具有提纲挈领的地位和作用。“道”是“万物之宗”，“道生一，一生二，二生三，三生万物”（第四十二章），没有“道”就没有万物；“道”是自然法则，是指支配物质世界或现实事物运动变化的普遍规律，它主宰着万物，是万物不可抗拒的力量；“道”是实在的一种终极本质，它永远存在，在时空上是无限的、绝对的。“道”是不可名状、视之不见、感而不得的，“道”是物质世界中不可破灭的必然性。“德”在古代通“得”，《说文解字》注“德者，得也”，德即得，心得，心得体会，“得事宜也”，“内得于己”。朱熹在《四书章句集注·〈论语〉注》曰：德乃“得其道于心而不失之谓也”。关于道与德的关系，老子在《道德经》中论“道”74处，论“德”44处，“道”是本，“德”是用，“德”是“道”的体现和作用的结果，二者的关系体现在“道生之而德畜之”（第五十一章）。“德”在老子意为用道、知物、乘势、成业，因此明其道（学道、合道、成道）、立其德，便成为道学后来者的基本定向和期望。孔子提出“志于道，据于德”（《论语·述而》），其“道”即为人之道，意即“仁”“智”统一的君子之道；“德”指立身根据和行为准则。韩非认为“德者道之功”，认为德是道的功用。荀子《劝学篇》将“道德”合意为：“学止乎礼而止矣，夫是之为道德之极。”“道”与“德”在中国伦理思想发展史上是两个相互关联的概念，二者合成一个单义词是一个逐渐演化的过程。但道德之特性逐渐明晰：道德是个人按照一定的规矩和规范长期身体力行后在自己内心有所得、有所收获的东西。

在西方伦理思想中，道德为morality，伦理为ethics，二者不仅拼写不同，含义也是不同的。“moral是指个体品性，是个人的主观修养与探索，是主观法；ethics是指客观的伦理关系，是客观法。”① 概而言之，伦理是从社会的角度提出的应该如何处理人与人之间的规范，伦理的根源产生于社会利益冲突；道德是从个体的角度身体力行社会伦理规范而后有所得，道德的根源在于人心，“发明本心”“致其良知”就是道德。

（二）二者发生机制不同

伦理产生于社会交往。张岱年先生说：“人己关系是伦理思想所研究的中心问题。”② 交往是人类特有的存在方式和活动方式，是人与人之间发生社会关系的一种中介，在交往中便形成了人与人之间处于不断冲突利益

---

① 黑格尔著，范扬、张企泰译：《法哲学原理》，北京：商务印书馆，1982年，第42页。

② 张岱年：《中国伦理思想的基本倾向》，《社会科学战线》1989年第1期。

的关系，如何平衡、协调利己与利他关系并解决交往中的利益冲突，形成了中国古代伦理思想史上的“义利之辨”。“义，所以制断事宜也”（《国语·周语下》），“义”即行为适宜于“礼”，“礼义”便是规范，便是伦理之要求。伦理作为人类社会交往结构及制度安排，一经形成，即具有自己相对独立的存在特性，伦理的整体性、普遍性、规范性也相应形成了。西方社会学交换理论代表者乔治·霍曼斯认为，所有生活于这个社会中的人，其行为都趋向于社会肯定方面，随着互动次数的增多就会形成共同遵守的行为规范。伦理规范为实现人与人之间协调相处、避免冲突提供了外在保障。

道德产生于心理认同。“德之不好，人之所以异于禽兽者几希?”道德是人们对行为应当遵循的各种原则规范的认同，“得”即内心的一种肯定，是心灵和精神之得，“得其道”，并“化于心”，就有了“德”。因此，道德的形成与伦理的形成截然不同，伦理是反映共同需要的规范经社会认可后的具体化；道德是行为主体对伦理的认同和修养。孔子道德修养的过程是“志—学—思—行”，最终使主观完全符合“道”，然后至于“从心所欲不逾矩”。中国古代伦理思想中“反身内省”“内讼”“慎独”等方式，正是在心理认同的基础上从心内求、反求诸己以修养道德。

（三）二者质性不同

由于忽略伦理与道德的质性，在过去的道德建设中我们过多地执着于规则、规范的确立，“道德立法”的口号就是这种极端思想的表现。后现代伦理学的“后现代透视”一针见血：“现代社会已经在追求一种类似法律的、具有普遍约束力的伦理规范法典之路上跋涉了很长的时间，在这条路的尽头站立的是被相互冲突的道德要求、选择和渴望质询着的现代个体，行为的重任落到了他们的双肩上。”①

1. 伦理的外在义务与道德的内在责任

作为普遍规则的伦理之目的是试图将义务合法化，而这一合法化的过程倾向于使个人遵循统一规则而趋于相似，即个体变得普遍化。“我们所

---

① 齐格蒙特·鲍曼著，张成岗译：《后现代伦理学》，南京：江苏人民出版社，2003 年，第 35 – 36 页。

有人的善的标准”就是伦理义务的清晰注解，伦理义务之主体是共同体的“我们”。道德责任是个体化的自我意识，存在于对个体的质询中，“义务倾向于使个体变得相似，责任则使人类成为个体”①，“我自己的善的标准”就是道德责任的本性和基本内涵。康德在《道德形而上学原理》用三个命题强调道德的根本特性就在于责任，并以此作为其道德形而上学原理建构的基础，“只有处于责任的行为才具有道德价值，一个出于责任的行为，其道德价值不取决于它所要实现的意图，而取决于它所被规定的准则”②。在康德那里，“法则”和“准则”是异质的两个概念，“法则”是客观的原则，即先天形式的规律且无须证明，“准则”是主观的、偶然的，只有当“准则”符合“法则”的要求，达到一种可普遍化，“准则”才具有道德性，此时的行为才是道德行为。“第三个命题：责任就是由尊重规律而产生的行为的必然性。”③“尊重规律”就是主体对“法则”的自觉服膺，只有这种内心的认识、尊重和服膺，主体才会产生行为的必然性，依靠这种崇高的必然性的引导，道德主体才会一步步迈向道德自由。因此，道德最重要的不在于主体外部的规范表现，而在于主体纯洁的动机和自律，“自己为自己立法”，并且自觉“守法”。概而言之，伦理义务具有一种外在的约束，它以他治的方式发生作用；道德责任具有一种内在的要求，它以我治的方式产生效果。伦理呼吁社会普遍化，在普遍化中规范大众；道德呼吁个人主体化，在个体化中调整和完善自身。

2. 伦理的规则性和道德的不规则性

伦理的善的保证是通过规则而达到的，规则明确告诉我们什么是善和什么可以做，因此伦理的任务就是通过概念、标准和规则确立善恶之分界，并借此约束人们的行为，伦理常被用作一种社会统治和规范的工具。道德是个体对规则的内化和确认，道德责任是自我决定的行为，因此道德具有不规则性。需要强调的是，这种不规则性旨在说明道德没有标准的规

---

① 齐格蒙特·鲍曼著，张成岗译：《后现代伦理学》，南京：江苏人民出版社，2003 年，第 63 页。

② 康德著，苗力田译：《道德形而上学原理》，上海：上海人民出版社，2002 年，第 15 页。

③ 康德著，苗力田译：《道德形而上学原理》，上海：上海人民出版社，2002 年，第 16 页。

范，却不能以此否认道德“趋善”的共性，所以我们仍可以通过道德的不确定性来认识道德自我。伦理有“法”，因此伦理立法有助于建构共同的社会价值观以适应现代生活和社会发展的需要，并且有助于解决在社会发展中遇到的新的伦理问题（如“安乐死”“克隆”“网络伦理”“生态伦理”等）；道德本无“法”，“道德立法”便是妄说，道德之精义在于提升人的主体意识、主体能力，道德既是一种与主体需要相关联并用主体内在尺度来衡量的价值活动，又是一种以完善主体自身并完善群体、社会关系的自由性活动。

（四）二者作用机制不同

如果说伦理是通过“恶的戒罚”和“善的彰扬”的准则规范确立，规约社会和人类行为；那么道德则是通过“我心向往”的内心慎省和价值需求引导，为主体人指向善和自由之境界。

1. 伦理的他律和道德的自律

伦理矢量指向“他者”，是一种自外而内的规约，因此他律是其发生作用的主要机制。伦理的普遍目的就是在社会联系中建立一种秩序，用社会普遍认同的观念和规范体系对个体行为产生约束、限制和支配。伦理必须通过规范体系这一工具发生作用。道德的矢量指向“自我”，是一种由外而内的内心约束，“道德的基础是人类精神的自律”[①]，因此自律是其发生作用的主要机制。自律如何形成呢？其环节可以概括为：对伦理规范的认知—道德实践活动—道德主体性（道德意识、道德信念、道德自觉性）的形成。黑格尔对道德形成过程曾作过精辟论述：“伦理一旦化为个人的自觉行为，变为一个人的内在操守，即为道德，道德以伦理为内容。”[②] 道德的作用机理是自律，自律的关键是培育人的道德主体性，人是道德的主体，主体性是道德活动的内在依据，“主体性是一切道德活动的原动力”[③]。

---

① 《马克思恩格斯全集》（第1卷），北京：人民出版社，1956年，第15页。

② 黑格尔著，范扬、张企泰译：《法哲学原理》，北京：商务印书馆，1982年，第43页。

③ 肖雪慧：《人的主体性是一切道德活动的原动力》，《光明日报》，1986年2月3日。

所谓道德主体性，就是指人在一定的道德情境中道德认知和道德实践的自主性、能动性、积极性和创造性。

2. 伦理权威和道德权威

伦理和道德要发生社会和个人的影响作用，必须要树立权威。伦理权威的形成依靠制度力量，遵循的是“强制性逻辑”，即“必须（must）”。伦理权威是制度化（规范条文化以及建立赏罚机制）的结果；有时也借助政治权力的强力作用，而这种极端的权威力量往往以治人为目的，从而消解了道德主体性，甚至将人奴化成为政治利益的工具，伦理的“越位”或“僭妄”会使社会陷入伦理混乱和最终的道德迷失。在中国传统伦理思想发展过程中，经帝王专制化后的儒家伦理，已经背离了孔孟德性伦理的初衷，伦理约束性逐渐走向条目化、规范化、律法化，成为一副强有力的“应当”枷锁，禁锢着人们的道德意识的发展。这尤其体现在汉代董仲舒创立的以“三纲五常”为核心的神学伦理思想体系，在宋明理学的“存天理、灭人欲”更是发展到极致。

道德权威是“内心法”式权威，其形成依靠心性力量，遵循的是“价值性逻辑”，即“应当（should）”。“‘应当’作为一种通过主体对客体的关系而表现的主体与主体自身的关系，作为一种‘客观的’精神力量和人的意识的对象……是一种有用的普遍规定，因而它乃是一种人类社会所特有的精神价值。”[①]“应当”是道德主体对“理”的体认和自觉，从而形成道德价值。道德权威要发生作用、体现道德价值，必须通过主体对道德客体（包括原则、规范、实践、现象等）的评价、认可和自觉接纳才有意义。道德权威依靠道德主体对道德“法则”出于内心的认识、尊重和服膺，人的意志为自己确立、践履道德法则，并且“意志并不是简单服从规律或法律，他之所以服从，由于他自身也是个立法者，正由于这规律、法律是他自己制定的，所以他才必须服从”[②]。道德成为康德式“心中的法”，道德权威就产生了。难怪康德在《实践理性批判》的结论部分感叹：“有两种伟大的事物，我们越是经常、越是执着地思考它们，我们心中就越是

---

① 唐凯麟：《伦理学》，北京：高等教育出版社，2001 年，第 37 页。

② 康德著，苗力田译：《道德形而上学原理》，上海：上海人民出版社，2002 年，第 4 页。

充满永远新鲜、有增无已的赞叹和敬畏——我们头上的灿烂星空，我们心中的道德法则!”①

二、“伦理”与“道德”区分之意义

伦理和道德各有其目的旨归，这种区分使我们明晰了各自的问题域、学科归属和建设发展方向。

(一）明确二者各自的问题域

伦理重“理”，是义理之学，其核心问题是确立为实现社会人际的良性互动而提供保障的制度规范。伦理制度规范对于构建道德权威的作用主要有：其一，有效的伦理制度是人们培养社会道德意识、养成道德习惯的前提。制度规范对于社会道德习惯形成的作用一是主要针对那些伦理的违规者、逃避者、破坏者给予良心和道义上的谴责及行为上的约束，通过抑恶的调控机制，使个体明白什么是可以做的，什么是不可以做的，并最终形成道德自觉；二是对于社会上的善行进行褒扬和激励，从而灌输和弘扬伦理规范，使人愿意为善、乐于为善。其二，有效的伦理制度能够提供制度保障，培育救助性的道德力量，为消除冷漠的人际关系起到积极作用，并使这种稀缺资源彰显道德关怀。其三，有效的伦理制度展示的制度性的伦理力量具有除旧布新、承前启后的积极作用，并且一定程度上会避免伦理道德在国家或社会生活转型期间出现“真空状态”，避免道德紊乱，从而尽快实现社会的顺利发展。道德重“德”，是心性之学，如何培植人们的品性美德并在社会上形成良好的德性氛围是其问题的关键。当前，道德权威的失落正是由于人们品性道德（即德性）的内在缺失。德性是用来使个性达到善（幸福和至福的状态）的性质，拥有它们就能实现这一目的，缺少了它们就会妨碍人向这一目的运动，因而德性是内在于人类活动本身的。麦金太尔继承并发展了亚里士多德的德性论，他认为，德性是一种“维持实践的进行，使我们能实现内在于实践的各种善”的品质倾向，没有德性，内在于实践中的善就不会实现，这种思维正是用“实践—精神”

---

① 康德著，郑保华主编：《康德文集》，北京：改革出版社，1997 年，第 313 页。

的方法把握世界的体现。麦金太尔指出，我们生活在一个德性之后的充满无法解决的争论和无法摆脱的困境的时期，这种道德危机源于从外在的规则范式去要求人的行为，而没有从德性与实践的内在善、德性与个人生活统一性、德性与社会传统生命力的内在品性和内在关系出发。因此，他坚信：走出伦理困境必须把德性带回人间，还诸实践，追寻美德（after virtue），重振德性雄威，而"人有了美德才有道德价值；没有美德，人就毫无道德价值"①。

（二）二者有相应的学科归属（这种划分不是截然的，有时有交叉的）

伦理是从社会的角度观照人，处理和调适人与人之间的关系，伦理学应归属于社会学。伦理学和社会学的研究目的是实现社会的良性运行，许多社会规范可以上升为伦理规范，因此"伦理社会学""社会伦理学"是二者紧密关系的称谓，"伦理是社会的意蕴"是一种精当的抽象。道德是从个体的角度观照人，是个体内心之体验和确证，道德应归属于心理学。道德要落到实处，就必须寻找心理的基点，使道德成为主体结构深层的心理因素，我们就必须探究主体情感在实现道德中的作用。在道德发展过程中，尽管理性使人摆脱了蒙昧，从而使人的活动自觉和自为，但合乎理性并不等于合乎德性。道德情感判断从"仁爱"出发，触动人心、洗刷精神，对于弘扬道德主体性、增强道德责任感意义十分重大。中国传统伦理思想史上十分重视心性的修养。儒家强调心性，"性者，人之所得于天之理也"（《孟子集注·告子上》），陆九渊继承孟子思想，认为"四端"乃人心所固有，本心皆善，若能发明本心，则仁即能合乎道德。及至程朱时期，心性更受到理学家的重视，"性者，人物之所以禀受乎天地也。……自其理而言，则天以是理命乎任务谓之命，而任务受是于天谓之性"（《答郑子上》，《朱文公文集》卷五十六）。道教中的全真道强调从心与性，性与命的角度出发，以心为本体，以性作为心的灵能，主张明心见性；再以性为神，以命为气，主张性命双修。人类文明的发展史已经证实：文明不仅包括理性文明，还应包括心性文明。心性文明关注心灵秩序的建立；关

① A. 麦金太尔著，宋继杰译：《追寻美德》，南京：译林出版社，2003年，第213页。

注道德情感的生成，以避免道德与人性的割裂；关注道德行为的发生动机和主体的内心体验，以求得内心的平和、愉悦。从这个意义上说，社会伦理秩序的建立不能局限于伦理制度的规范秩序，而更应该注重人的心灵秩序的建构。

（三）有利于推动伦理、道德建设

伦理建设着重解决伦理失范和伦理混乱问题。伦理是对人们行为规范的确立，伦理建设的任务就在于“立法”，为各个领域确立人伦关系的具体准则，如职业伦理、家庭伦理、生态伦理、网络伦理等，以适应社会生活和人类实践的不断发展。伦理建设应包括“伦理制度化”和“制度伦理化”两个任务，一方面是各种伦理规范的制度化、条文化、外显化；另一方面是从伦理的角度出发，为社会各领域的制度建设和政策颁布提供伦理支持和伦理论证，为人们采取行动确立伦理根据，解决社会生活中出现的新问题。随着科学技术的飞速发展、全球化的普遍展开和人们交往互动的日益密切、社会生活内容和方式的剧烈变化，各种问题层出不穷，这就为伦理建设提供了广阔的实践空间，伦理建设的任务也将愈加繁重。道德建设主要解决如何培养道德意识，树立道德自觉、培育道德主体性问题；如何走出道德困境，寻找牵引主体走出“人类反而把人类掩蔽着了”（席勒）的境况，这是道德建设的核心任务。一方面要“回到现实生活中去”（胡塞尔）。道德的实现必须通过一种“实践—精神”的方式掌握世界，从而增强人的主体意识和选择能力，激励人们自觉地扬善抑恶，提高道德境界。弗莱彻的《境遇伦理学》之“境遇”一词就表达了道德不可能脱离我们特定的、具体的存在。从中我们可以获得启示：从人的存在出发，从人及其境遇中寻找道德判断的依据，关注人及其问题，为主体提供一种切近的一种道德关怀。[①] 另一方面要确立道德信仰。一是树立“恶有恶报，善有善报”的个人信仰，当“德福相依”成为每一个个体的普遍信仰，道德风尚必然会随之改善；二是树立全社会趋善向上的道德信仰。一个社会的道德状况的改善，没有一个统摄人心、催人向上的信仰理念是不可以想象。为着人际和谐、生活幸福的共同目标，在道德生活中营造求真、向善

---

① 肖祥：《道德关怀——现代道德建设的重要理路》，《东岳论丛》2005 年第 1 期。

的大众氛围，是众心所归。因此，主体性原则应该成为时下道德建设的首要原则，从人的存在出发，通过对人与人、人与群体、人与社会关系的考察，从人的问题及其境遇中寻找道德判断的依据，实现从道德的层面对人的生存、人的尊严、人的幸福以及符合人性的生活条件的肯定，从而使主体自觉内化伦理规范达到精神自由，使心性和谐达到心灵秩序的安顿，实现对道德主体的弘扬。

伦理建设和道德建设是相辅相成的，伦理建设不能忽略要以道德为旨归。现实中我们过多偏重于伦理，“伦理学理论把目标定在到达能够适用于所有忽视或虚饰自身损害的普遍原则。它们或者结束于一组普遍熟知的但令人生厌、无关紧要、虚构的两难状况的处方；或者结束于满足哲学家逻辑上的高雅，但与社会中的实践道德和日常决断毫不相干的抽象模型”①。那种无视道德行为的自律本性、无视对人的关怀以及对社会问题的敏感关注，一味强调条文、律令的约束性和控制性的道德建设方式，将无助于人自主性和独立性的发挥，无助于社会的良性运行，也违反了道德的真实本意。换而言之，制度性伦理建设对于提升整个社会的道德风尚是有限度的。②

我们的结论是：伦理为人类文明和社会发展提供了良好秩序；是道德力量使社会持续进步和社会幸福成为可能。

---

① 齐格蒙特·鲍曼著，张成岗译：《后现代伦理学》，南京：江苏人民出版社，2003年，第35页。

② 肖祥：《论伦理秩序建设中的制度性道德关怀及其限度》，《中州学刊》2005年第1期。

道德关怀：现代道德建设的重要理路

伦理学是探究人类自身利益需求以及如何满足这种需求的价值导向系统，毫无疑问，伦理学应该为人的发展和人类生活提供价值引导和精神支持。因此，道德建设的目标不单是道德准则、规范的拓展和完善，更应该是促使人们自觉自愿地遵守道德规范，给人一种切近的关怀，使之内化道德要求，从而提高社会的道德风尚。那种无视道德行为自律的本性、无视对人的关怀以及对社会问题的敏感关注而一味强调道德条文、道德律令的约束性和控制性的道德建设方式，将无助于人的自主性和独立性的发挥，无助于社会的良性运行，也就违反了伦理学的真实本意。正因为如此，道德关怀应该成为现代道德建设的一个重要理路。

一、由道德“应当”到道德“本然”

道德是人类进化的伴生物，没有不需要道德基础的社会。道德产生之初是基于人类生存愿望而达成的一种共识，比如对一定准则和模式的共同认可，这样人类才能结成稳定的群体——“社会”。人类社会发展的长期过程中，伦理学的发展近乎是一个道德原则和道德规范不断拓展、不断完善的过程，正如福克斯所说的，“在历史上，哲学家为了指导行为和道德判断，一直试图审查和保卫道德原则”①。无论是中国以儒家伦理为核心的传统伦理思想，还是西方的基督教伦理，基本都要求人们“应当”如此，而“不应该”怎样。在儒家思想的影响下，社会道德在中国受到重视和尊崇，伦理道德的约束性逐渐超越了舆论层次，走向了条目化、规范化、律法化，成为一副强有力的“应当”枷锁，禁锢着人们的道德意识发展。西

---

① 约瑟夫·P. 德马科著，理查德·M. 福克斯编，石毓彬等译：《现代世界伦理学新趋向》，北京：中国青年出版社，1990 年。

方的基督教伦理道德就是《圣经》的教义，这是上帝给人们的一种“律令”，规范着西方人的生活，人们行事符合律令的就是道德的。在欧洲近代伦理思想史中，康德代表理性主义的高峰，其道德哲学的主题就是研究道德的“应该”，确定道德的“应然律”。他的道德哲学以人的行为为对象，研究自由的规律，找出道德的普遍必然性的先天综合判断，其判断的表达形式是命令式的，如“人应该诚实”“人不应该欺骗”等。康德把一切具有“应该”特征的判断看作“命令”，“应该”即“命令”，即道德法则，并且他坚信：确定善恶绝不能在道德法则之前，而只能在道德法则之后，只能借助道德法则来确定。实际上，纵观传统规范伦理学，我们不难发现其共同特征之一就是依据规范和原则进行道德判断，即“伦理学从一开始就促使我们遵照我们所承认的规范和标准行事”（查尔斯·L. 坎默）。

那么，何谓道德“本然”呢？首先，道德“本然”不是自然科学的“是”。道德“本然”是要阐明为什么，揭示道德的“必然之理”。道德的目的不是研究世界“是什么”，不是再现世界，而是对世界进行价值评价。“是什么”是对自然、对社会、对自身的求知过程，目的是对外部世界的存在状况及规律得到认识，也就是“知其然”。道德“本然”就是道德存在的价值性和必然性，即道德实现的合理性。对道德“本然”的探究，也就是人们价值目标确立和完善的过程。其次，道德“本然”不是道德命令的陈述，不能停留在人们行为“应当怎样”上，道德应探询、关注人的存在及其状况，从而实现对人的精神关怀。在霍布斯的“社会契约论”思想里，我们就可以体会出他道德模式的本意，他认为，在野蛮状态里的人们始终处于“全体人对全体人的战争”中，为了共同的发展，人们自愿接受约束，接受一个被称为“国家”的权威的管辖。这是最早的“公民社会”的思想，其最基本的道德模式就是尊重生命。现代社会生活纷繁芜杂，人类的生活空间极大扩展，原有的道德规范和原则难以进行确切的道德判断，单纯的、传统的道德命令难以解决现实生活的具体问题，人们在道德条文面前感受到冷漠、约束，失去了生命主体那种自主性、自由感，道德律令成为越来越多人的枷锁。因此，从主体的角度和从生命意义的层面上揭示道德的“必然之理”、探询道德关怀，这是发展的迫切需要。弗莱彻的《境遇伦理学》给了我们许多启示：从人的存在出发，从人及其境遇中寻找道德判断的依据，其对人的关注，体现了一种道德关怀。他对“境遇”一词的阐释表示，道德不可能脱离我们特定的、具体的存在。现在兴起的有关的道德应用学科，如生命伦理学、伦理社会学、医学伦理、“优死”道德等，涉及和探讨了现代人面临的具体道德难题，我们从中所体会的对生命的道德关怀，必将成为现代伦理学发展生生不息的动源。再次，道德“本然”的实现通过一种“实践—精神”的方式掌握世界，从而表达了道德关怀。道德掌握世界不应该是依靠权威，而应该是增强人的主体意识和选择能力，激励人们自觉地扬善抑恶，提高道德境界。道德是一种精神，以指导人们行为为目的，又直接指向人的行为实践，因此道德是一种实践精神，体现了道德主体需要同满足主体需要的对象之间的价值关系。人们只能在这种“实践—精神”的互动中，实现对“应该”的超越，达到对“为什么”的“必然之理”的体认，从而实现道德关怀。

二、道德关怀的内容及其实践

道德要闪耀出道义的光辉、实现人类精神文明的伟大跃进，必须通过道德关怀，“化理论为德性”，实现人类自身的统一、精神的完善。时下普遍的道德冷漠就是道德关怀缺失的表现。在日常生活中，人们怀疑道德力量、漠视道德行为、推卸道德责任等现象非常多，这也使得人们对道德关怀的企盼如同渴望“上帝的恩赐”“救苦救难的菩萨”一样，遥不可及。这种状况正显示了道德关怀的迫切性。道德关怀的主要内容涉及如下几个方面：

（一）尊重生命，关怀主体

不管是东方还是西方，尊重生命都是第一条人类道德准则，是最基本的道德模式。可以说，对主体的关怀贯穿于道德形成的全过程中。对主体关怀主要应该有两个方面：其一，对主体情感需要的关怀。需要是人类全部活动的原动力和目的，马斯洛的需要层次理论在展示需要动机的发展过程方面具有其合理性。但道德要落到实处，就必须要寻找心理的基点，使道德成为主体结构深层的心理因素，我们就必须探究主体情感在实现道德关怀中的作用。在道德发展过程中，道德理性主义源远流长，尽管理性使人摆脱了蒙昧，从而使人的活动自觉和自为，但合乎理性并不等于合乎德性。在冷酷而缺乏人情味的普遍必然性和规范中，“海因茨偷药救妻”被认为是犯法的，但从道德情感判断这是对的。道德情感判断从“仁爱”出发，触动人心、洗刷精神，对于弘扬道德主体性、增强道德责任感意义十分重大。18世纪英国道德情感论代表人沙夫茨伯利从价值论的角度确定“公众情感”为衡量道德价值的标准，批判了霍布斯的利己主义伦理思想。他认为支配世界的是一个创造性“生命原则”，伦理学就是关于宇宙生命原则在人类社会中的作用的科学，而人的内在觉悟也和宇宙的生命原则是相通的。尽管道德情感论忽视了道德存在的社会历史条件，忽视了道德行为发生的过程性和复杂性，因而带有直觉主义的特征，但它从传统道德的理性主义禁锢中开辟了一个崭新的境地，为我们充分认识情感在道德建设中的重要意义提供了帮助，为我们研究道德关怀提供了启示。其二，对主体利益实现的关怀。道德基于利益而产生，利益是道德的生长点，因此对主体利益需要的关怀应该成为道德关怀的题中之义。恩格斯曾说：“每一个社会的经济关系首先是作为利益表现出来。”[①] 社会经济关系是道德的基础，而道德则是一定的社会经济关系的反映，是一定的社会经济关系决定上层建筑、社会意识，因此道德建设是决不可以忽视人们的利益需求的。马克思曾经指出：“人们奋斗所争取的一切，都同他们的利益有关。”[②] 任何一个社会，人与他人、与社会处于经常性的利益冲突中，利益的失衡必然导致心理的失衡和变态，会对社会正常的生存和发展秩序构成威胁和破坏。这是社会不稳定的心理根源，很容易造成道德错位、道德困惑、道德冲突。因此，处理好个人利益、他人利益、社会利益间的关系，这是道德关怀的重要内容。

（二）对人的自由全面发展的关怀

道德是实现自我、完善自我的必要条件。人以实践方式把握世界，使世界成为“我”的世界，同时不断发展和完善自我的人格。马克思曾把人和社会发展的历史划分为三个阶段：“人的依赖关系，是最初的社会形态”；“以物的依赖性为基础的人的独立性，是第二形态”；“建立在个人全

---

① 《马克思恩格斯全集》（第18卷），北京：人民出版社，1965年，第307页。
② 《马克思恩格斯全集》（第1卷），北京：人民出版社，1956年，第82页。

面发展和他们的共同的社会能力成为他们的社会财富这一基础上的自由个性，是第三阶段”。[①] 所谓“自由个性”，也就是行为主体具有意志自由，能够进行独立判断和自愿选择，也就是道德自律，马克思说“道德的基础是人类精神的自律”也正是从道德主体的“自由个性”而言的。如果道德规范体系对主体的作用是一种强制性的，主体处于被动的接受状态，行为主体也就无从把握自己的命运，这种“他律”的道德无从唤起自我意识，无从给主体发展一种愉悦的催动，人类就不可能实现“自己为自己立法”，实现自我调节与自我观照，也就谈不上人的自由全面的发展。

（三）对社会整体的关怀

道德的最终目的是建立一个德性的社会，实现社会良性运行。一个社会要稳定和发展，需要作为社会制度基础的道德共识。社会是一个系统，道德关怀体现在社会系统各个方面的不断完善之中。具体说来，表现在几个方面：其一，道德对社会生活调节作用的范围不断扩大。特别是随着科学技术的不断发展和人们社会积极性的不断提高，新的道德领域不断开辟，通过道德方式对社会生活的调节将愈来愈多。其二，道德调节的方式不断完善。随着人们在道德上的主动性不断增强，道德调节不再局限于单纯要求人们履行道德义务而是丰富多样的。其三，社会风尚的文明进步与道德发展同步协调。随着个体道德意识的丰富，个人的道德责任感逐步增强，社会风尚也正发生积极的变化。

（四）对全人类的关怀

任何一个国家的伦理道德都不是孤立的，东西方的伦理资源不是割裂的。哈贝马斯最先提出了“交谈伦理”理论，他认为交谈伦理的基本诉求就是所有的实践问题与实践冲突都应通过当事人的交流、在理性的交谈中达到以共识的方式解决。由于“交谈伦理”的前提是交谈的当事人应是大致同等强大的、拥有同等权能的理性主体，可是这样的前提难以得到充分保障（如强国对弱国、统治者对被统治者），因而哈贝马斯的理论也遭到

---

① 《马克思恩格斯全集》［第46卷（上册）］，北京：人民出版社，1979年，第104页。

质疑。但这种努力仍然体现了对主体公平的考量，为我们提供了一种解决问题的思路。在全球化进程中，人类主体通过交流、对话和协调，正在探寻一种具有全球共同性的价值观念体系——普世伦理。普世伦理就是一种对全人类的道德关怀。由于它的提出源于人类共同对付面临的全球问题的责任，因而具有共同的责任感；由于本着努力建立公正合理的国际新秩序，反对霸权主义，维护世界和平，推动人类共同发展的目标，因而具有强烈平等精神；由于它关注人与自然、人与社会、人与人的进步和自由全面发展，因而具有和谐的、关爱的情怀。建构人们普遍认同的价值观和伦理观，这不仅是全球化大趋势，也是人类发展的共同需要。

道德关怀是一个连续、动态的发展过程，其展开和实现有如下几个基本环节。

第一，道德认知。个体道德不是脱离社会的抽象的个人“本己之德”，而是社会道德在个体的内化。个体道德的形成必须通过认知过程，实现对道德规范的内化，这个过程是由感性到理性的过程。道德认知是灌输与渗透的双向运动，这种互动实现了对个体身、心的双重影响（即规范的约束性和主体自觉意识的产生）。

第二，道德感染。如果说道德认知阶段道德主体仍处于被动、仿效的阶段，那么在道德感染阶段，对规范的服膺则是出自于对道德的情感体验、主观的积极态度和道德信念的生成。道德感染是道德对个体心灵的一种撞击，是个体道德境界升华的前奏，是个体道德生命力的强大动力。

第三，道德融合。也就是内化的过程。道德内化就是通过对社会道德的学习、选择和认同，将其转化为自身内在的行为准则和价值目标，实现一种主体内的融合，从而形成个体道德素质。道德融合是社会道德向“我”的“聚拢”，从而使社会道德规范在个体中得到内化，形成有个体特色的道德品格。同时，道德融合也是个体的内在要求，个体要参与社会，获得社会的认同，内化社会道德规范是一个重要途径。当个体获得了社会的认同，就会出现一种安全感和我群感，从而产生一种积极的心理状态。

第四，道德升华。这是求真、向善、达美相统一的境界。求真，既要认识世界，也要认识自我，达到海德格尔所描述的“去蔽”状态，即一种澄明的、真实的境界。道德之真就是既符合理性的、又是顺应情感的。善以真为前提，广义地讲，一切使人快乐、给人幸福的东西都可以称为善。

道德之善，将为一个社会构筑起正义的道德原则、仁爱的伦理关系、积极的人文精神、崇高的价值理想。道德之美，是真与善的升华，马克思从人与动物的区分来规定美的意义，认为美的尺度就是人的尺度。孟子曰："可欲之谓善，有诸己之谓信，充实之谓美"，美就是一种充实和完善。美的境界是一种感召、一种向上、一种催动。

那么，如何实现道德关怀呢？

首先，伦理制度创新是基本前提。从现有的道德状况看，道德冷漠源于道德主体对社会道德形象的失望和对道德力量缺失的悲观，因此，如何把关怀性的道德资源制度化、体系化，建构一种创新的伦理制度作保障，是实现道德关怀的第一步。个体固然是道德活动的自由主体，但其本质上却是社会性的，因此社会环境、社会力量对个体道德行为的塑造的影响力是根本性的。这种伦理制度的建立，使得道德活动由不确定性、偶发性逐渐升华到确定性、普遍性，从而使个体、群体、集体形成一个有机体系，焕发出积极的道德效应。时下，制度的伦理效应及其对解决道德危机问题的意义，已经成为伦理领域内的新热点而受到许多学者的重视。

其次，从个体到集体，实现真正的集体关怀。人的全面发展是个体的全面发展和类的全面发展的辩证统一。在中国，传统中的个体作为整体的部分依附于整体，用梁漱溟先生的话说就是："在中国，没有个人观念；一个中国人似不为自己而存在。然而在西洋，则正好相反……"① 但是，人们已逐渐认识到西方个人主义的发展存在许多弊端。麦金太尔的"道德共同体"理论表达了伦理建设的一种醒悟：个人主义将被取代，当代市场经济苦于自私自利而吁求群体主义规范将是大趋势。马克思、恩格斯在《德意志意识形态》中论述了什么是"真实集体"，所谓"真实集体"就是一种"自由人联合体"或者"自由劳动者的互助合作"，在这种集体中，个人不是以阶级成员身份出现，而是以个人身份出现，这种集体不是个人发展的桎梏，而是获得自由的前提条件，"在真实集体的条件下，各个个人在自己的联合中并通过这种联合获得自由"②。道德关怀的集体是成员平等、自由的集体，这种集体是促进社会公正的精神动因，也是实现人的价

① 梁漱溟：《中国文化要义》，上海：学林出版社，1987 年，第 90 页。

② 《马克思恩格斯全集》（第 3 卷），北京：人民出版社，1960 年，第 84 页。

值的道义保障。

再次，从道德约束到道德自由——道德关怀的目标所在。罗素先生曾经给自由下过定义，即“自由是不受约束地实现自己的意愿”。俄国思想家陀思妥耶夫斯基说过：“人只有在他的意志决心为善的时候，在伦理意义上才是真正自由的。”道德规范体系的建立和完善固然重要，但单靠道德“他律”的约束和规定终究不是道德发展的本意。面对时下严重的道德危机，一些学者积极倡导道德规范的条文化和道德法律化，其出发点固然良好。但是，一旦道德“法律化”，姑且不论道德是否还有其存在的必要性，社会的沉闷、人际的冷漠、关怀的缺失将会成为不争的事实，这是一个多么难以忍受的人类共同体！道德自由在某种意义上讲就是人的道德自律，也就是人在道德实践中自主性的发挥，人能够自觉地依靠社会道德力量去行事，人在道德行为选择和在道德判断中实现自由。正如卢梭所言：“唯有道德的自由才使人类真正成为自己的主人，因为仅有嗜欲的冲动，便是奴隶状态，而唯有服从人们自己为自己所规定的法律，才是自由。”①因此，实现道德约束向道德自由的转变和提升，找回道德领域的意志自由，实现主体的自觉性，使道德建设同人类心灵的秩序和谐统一，是多么重要。

最后，拓展道德空间，摆脱人类共同的道德困境。空间是人活动的场所，道德生存空间既是道德活动涉及的领域，又是人在道德实践中自主性的域度。从某种角度说，道德危机也就是道德生存空间的危机，只有根据社会发展带来的新问题，找出正确的方法和途径，人类才能走出道德困境。而最根本的就在于使道德主体的人从僵死的道德法则中解放出来，找回道德选择和道德判断的自主性，实现道德生存空间的不断扩展。

三、道德关怀对社会主义精神文明建设的启示

现代伦理学由道德命令到道德关怀的转向，不仅是伦理原则的一次深刻体认和转变，也为社会主义精神文明建设提供诸多启示。

---

① 卢梭著，何兆武译：《社会契约论》，北京：商务印书馆，1980年，第30页。

（一）挖掘中国传统的伦理资源，实现道德的现代性关怀

中国传统伦理以儒家伦理为主流，儒家伦理在漫长的传统社会中具有独特的生存力，并逐渐内化为人们的思维方式、价值观念和评判准则。但儒家伦理政治化和法律化对于现代道德建设来说既有糟粕也有精华，其判断标准就是要根据历史进步的要求和建设中国特色社会主义的需要，那些有利于振奋民族精神，增强民族自尊心、自信心、凝聚力，有利于促进社会安定团结和社会主义事业的传统道德，都可视为精华。

（二）尊重人的主体性，重视利益关怀

黑格尔曾说过："人就是意识到这种主体性的主体。"① 尊重人的主体性，一要尊重人的活动主体性，二要尊重人的道德的主体性。利益是主体自主性活动的出发点和归宿，因此正确对待社会主义条件下的利益需求、利益分配，对于主体性的发挥是极其重要的。过去我们曾极度忽视人的利益需求，抹杀了人的活动的主体性，改革开放和市场经济建设给人的活动主体性发挥开辟了广阔的空间。但人的道德的主体性却有待提高，所谓道德主体性也就是人在一定的道德情境中对待所面临的道德客体即以社会或他人的活动为载体的道德准则、行为规范的自主性、积极性和创造性。②要说明的是，利益不是一个仅局限于物质利益的概念，它也包括精神上的利益，如社会保障的安全性、扬善抑恶的鼓励和奖励、社会救助的关怀等。

（三）完善伦理制度建设，构筑德性社会

西方经济学的制度学派在认识到制度是制约经济过程的基本力量的同时，也注意到了制度的伦理效应。在社会主义的框架下，建立起普遍关怀、扬善抑恶、扶弱济贫的制度体系，使每一个生活在社会主义社会里的人能克服生存的困境、天灾人祸的突发困难，这不仅是中国道德文化的重

---

① 黑格尔著，范杨、张企泰译：《法哲学原理》，北京：商务印书馆，1982 年，第 46 页。

② 唐凯麟：《伦理学》，北京：高等教育出版社，2001 年，第 59 页。

要理念，也是中国特色社会主义精神文明应该发扬光大的美德。但是我们必须认识到：在市场经济建设过程中，社会主义精神文明建设也遭遇了严峻的挑战。因此，国家和政府只有贯彻“为人民服务”的宗旨，真正做到为民着想，才能使这种伦理制度建设得到保障。正如毛泽东同志指出的：“共产党人的一切言论行动，必须以合乎最广大人民群众的最广大利益，为最广大人民群众所拥护为最高标准。”① 要完善伦理制度建设，必须落到实处，深入人们日常生活的各个层面，真正体现一种伦理关怀和道德力量，只有这样，一个道德主体充分自由、充满德性的社会才可能出现。

由对道德规范、道德命令的强调到对道德关怀的张扬，这是现代道德建设一次新的深刻转变，也必将成为现代伦理建设的一个新理路。我们有理由相信：一个充满道德关怀的社会将会是一个积极向上、生机蓬勃的社会。

① 《毛泽东选集》(第3卷)，北京：人民出版社，1991年，第1096页。

伦理秩序建设中的制度性道德关怀及其限度

一个社会的发展需要政治秩序、法律秩序、经济秩序和一般文化生活秩序的建立，而这些秩序的建立总是以显性的形式呈现出来的；社会生活文明进步，总是离不开伦理秩序的维护。因为伦理秩序对社会发展的调节和影响是“软手段”的，因此呈现以约束、指导、激励、监督、批评等手段起作用的隐性的内在精神秩序。一个社会伦理秩序的建立，缺少不了规范性的伦理制度建构和保障，西方制度经济学派代表诺斯认为“制度是一个社会的游戏规则”。现在，制度的伦理效应问题愈来愈受到人们的重视，有学者认为这是解决道德冷漠和道德危机的新出路。[①] 然而，通过分析我们发现：良性社会伦理秩序的建立仅仅依靠制度的建构和完善（实际上是不可能“完善”的）是不够的，也就是说，制度性的道德关怀对于构筑德性社会的作用是有限的。

一、现代道德建设的现状及制度性道德关怀

为了说明制度性道德关怀的有限性，我们有必要了解现代道德建设的现状及什么是制度性道德关怀。

道德产生之初是基于人类生存愿望而达成的一种共识，比如对一定准则和模式的共同认可，这样人类才能结成稳定的群体——“社会”。人类社会发展的长期过程中，伦理学的发展近乎是一个道德原则和道德规范不断拓展、不断完善的过程。最初，道德源于人类社会最早的禁忌、善恶的普遍社会心理，这种普遍社会心理一方面通过言论转化为社会舆论，另一

---

① 肖士英：《道德冷漠感与制度性道德关怀》，《陕西师范大学学报》（哲学社会科学版）2000 年第 1 期；李仁武：《论道德建设的制度伦理环境》，《云南社会科学》2002 年第 5 期。

方面通过行为转化为社会风尚，经过时间的积淀逐步稳定成为传统习俗，然后上升为理性形式，最后形成规范体系，道德由此产生。不可否认，没有规范体系的理性形式，就不可能形成道德文化，也就不可能有人类道德文明的继承和进步；没有一定形式的道德规范，人们日常行为也就没有约束性的指示对象，明确的道德判断也就成为不可能；没有舆论标准和判断根据，也就谈不上社会伦理制度的形成。然而，现状却是：

其一，伦理道德的约束性逐渐超越了舆论层次，走向了条目化、规范化、律法化，成为一副强有力的“应当”枷锁，禁锢着人们的道德意识发展。无论是中国以儒家伦理为核心的传统伦理思想，还是西方的基督教伦理，基本上都是要求人们“应当”如此，而“不应该”怎样。正如福克斯所说的：“在历史上，哲学家为了指导行为和道德判断，一直试图审查和保卫道德原则。”① 现代道德建设的目标似乎更关注于道德准则、规范的拓展和完善，无视道德行为自律的本性，无视对人的关怀以及对社会问题的敏感关注，而一味强调道德条文、道德律令的约束性和控制性的道德建设方式。这无助于人的自主性和独立性的发挥，无助于社会的良性运行，也就违反了伦理学的真实本意。这就造成了这样一个事实：许多人可以熟练地背出《公民道德实施纲要》的具体要求，却无法真正体会到我们怎样才能自觉地、自主地、欣然地去践履其中提出的每一条要求，而不把它当作别人或社会的“硬性”要求。其二，一方面，我们感受到了道德条文的冷漠、道德规范的约束性；另一方面，由于现代社会生活纷繁芜杂，人类的生活空间极大扩展，原有的道德规范和原则难以进行确切的道德判断，单纯的、传统的道德命令难以解决现实生活的具体问题，于是我们又期待并致力于在新领域构造新的道德规范、明确新的道德条文。失却了生命主体的自主性、自由感的人们却心甘情愿、迫不及待地希望新的约束的到来，正如“囚笼”中的人希望增加新一层的栅栏来保护自己的安全。道德要闪耀出道义的光辉，实现人类精神文明的伟大跃进，必然要通过道德关怀，“化理论为德性”，实现人类自身的统一、精神的完善。

道德关怀就是从道德的层面上对人的生存、人的尊严、人的幸福以及

---

① 约瑟夫·P. 德马科著，理查德·M. 福克斯编，石毓彬等译：《现代世界伦理学新趋向》，北京：中国青年出版社，1990 年。

符合人性的生活条件的肯定，从而使人们内化道德规范达到精神自由，使心性和谐达到心灵秩序的安顿，实现对道德主体性的弘扬。道德关怀的实现不是一蹴而就的，制度性的道德关怀是其实现的前提和保障。所谓制度性的道德关怀就是为道德建设、个体道德形成、道德主体性的彰显提供一种制度上的保障，为培养道德意识、救助道德个体、协调社会发展提供一种制度力量的支撑。

首先，制度性的道德关怀促使人们遵守道德规范，进而培养社会道德意识。制度规范对社会道德习惯形成的作用无外乎在两个方面：一是主要对那些道德的违规者、逃避者、破坏者给予良心和道义上的谴责和行为上的约束，通过抑恶的调控机制，使个体明白什么是可以做的，什么是不可以做的，并最终形成道德自觉；二是对社会上的善行进行褒扬，倡导向英雄模范以及先进个人学习，通过感化和激励，灌输和弘扬道德规范，使人愿意为善、乐于为善。制度的扬善抑恶正体现了制度的正当性。正如罗尔斯所说："如果说个人负有支持正义制度的义务，那么制度必须首先是正义或接近正义的。离开制度来谈个人的道德修养和完善，甚至对个人提出各种严格的道德要求，那只是充当一个牧师的角色……"[①] 作为保障性的道德规范的建立为处理人与人、人与群体、人与社会的关系提供了依据。换而言之，一个社会的道德发展离不开道德规范的存在和发展，并且这种道德规范与社会的政治、经济、文化等因素互相渗透，形成制度性的伦理文化体系，从而保障社会的有序发展。

其次，在社会生活中每一个个体都有可能遭遇到突如其来的"灾祸"或挫折，或者生来就处于贫困线的边缘，这时制度性的道德保障会使救助性道德力量彰显道德关怀。每个人都处于与他人的无数联系之中，特别是中国人中"由无数私人关系达成的网络。这网络的每一个结附着一种道德要素。因之，传统的道德里不另找出一个笼统性的道德观念来，所有的价值标准也不能超脱于差序的人伦而存在了"[②]。但是这种人伦关系除了在家庭中是相对固定之外，人与人的关系中的责任和义务都是不确定的，或者

① 约翰·罗尔斯著，何怀宏、何包钢、廖申白译：《正义论》，北京：中国社会科学出版社，1988 年，第 22 页。

② 费孝通：《乡土中国》，北京：生活·读书·新知三联书店，1985 年，第 34 页。

说是不受明确约定的。比如，对于落水儿童的救助，人多时每个人都感觉别人应该去施救，道德责任因人多而被分散了、弱化了，落水儿童在此时反而得不到及时的救助；而当困境中只有一人可以施救时，这个人往往认为这是自己义不容辞的责任。如何处理这种情况呢？制度性道德保障、安排对诸如此类问题做出规定，如按施救能力和社会角色安排，医生、警察应该排在首位，其次是公务员等依次推广，最后是老人、儿童等施救能力较弱的人。这种规定似乎过于呆板，却反映了社会伦理制度对于培育救助性道德力量这种稀缺资源的积极意义，为消除人际关系的冷漠起到了促进作用。

再次，对于处于社会变革或转型中的国家和社会，制度性的伦理力量具有除旧布新、承前启后的积极作用，并在一定程度上避免伦理道德在国家或社会生活转型期间出现“真空状态”，避免道德紊乱，从而尽快实现社会的顺利发展。比如市场经济建设过程中凸显的许多新问题，原有的道德规范受到激烈的挑战，新的道德规范在新领域内未能同步跟上，人们处于无所适从的无序状态。如果没有制度性的伦理作保障，社会的发展就会陷入思想混乱，社会矛盾就会激化。只有制度性的伦理结构存在，“精神阵痛”之后才不会走向混乱。在中国历史上，“五四”新文化运动的划时代意义似乎无可辩驳，但它以革命的姿态抛弃传统道德文化而呼唤“德先生”和“赛先生”，没有考虑到传统道德资源的继承，这种“割断脐带”式的做法非但没有给社会转型建构一个良好的伦理秩序，反而造成一段时期内的无所适从。至于革命年代和社会主义建设初期，依靠领导权威建立起来的道德秩序确实在特定的时期起到了非常辉煌的作用，但是“文化大革命”之后一切都灰飞烟灭，以至二十世纪八九十年代的人们依然深切怀念“路不拾遗”“夜不闭户”的“道德乐园”，而人们苦苦思索不得其解的是：为什么现在多是“拾金而昧”，为什么“夜闭户、锁栅栏”仍担心财物被破门之贼盗窃，甚至担心连“自己也被盗贼抱走”？显然，没有伦理制度的保证，伦理之存在如同肥皂泡的光彩，破灭了就不再有了，曾经的“梦”只能存在于深深的怀念中。

制度性的道德关怀之作用是显而易见的，一种制度化、体系化的伦理制度促进了社会环境、社会力量对个体道德行为的影响。一定程度上，道德活动的不确定性、偶发性逐渐上升到确定性、普遍性，个体、群体、集体形成一个有机体系，焕发出积极的道德效应。但是，道德作为人的一种本质的、高级的需要，它的存在仅仅是一种外在的东西吗？当伦理学专注于从形式方面探讨道德陈述及命令的语义和逻辑关系时，伦理学成了道德的逻辑学和认识论，难道我们需要的是这种“冷冰冰的伦理学”吗？消除现代社会的道德危机仅仅是对秩序、规则失范的纠偏吗？道德条文化、法律化就能提升社会道德风尚吗？——在面临诸如此类的种种问题时，制度性的道德秩序提供给人的道德关怀显然是有限的。

二、制度性道德关怀对伦理秩序建立的有限性表现

可以说，传统规范伦理学最大的局限性或失误就在于其忽略了道德主体的主体性发挥，忽略了人的道德意志抉择和道德自由的产生。制度性道德建设的局限性正在于此，它对一个社会建立良性伦理秩序的作用是有限的。

（一）从伦理秩序的内涵上看，伦理制度的建立只是伦理秩序有限的一部分

从一般意义上讲，伦理秩序就是指社会公共的道德规范、人们日常生活准则、社会风俗习惯、家庭关系以及公民个体品德等各方面综合而成的价值文化系统或模式，并且这种伦理文化体系作用于社会，起到规范民众道德行为、整合民德民心、营造道德风尚的作用，使个体、群体、集体和谐发展，使社会确立正义的价值理念从而达到良性运行。一般地说，人类文明从形成的动力而言，可以分成理性文明和心灵文明两部分。理性文明强调理性在文明发展和形成中的作用，注重理性思维和逻辑推理，如古希腊哲学就以崇尚理性为核心，德国古典哲学也主张理性具有至高无上的地位和权威，黑格尔就认为：“理性是世界的主宰，世界历史因此是一种合理的过程。”[①] 表现在道德领域内就是道德理性主义，即认为普遍必然性的道德知识、道德命令不是也不可能来自感性经验和情感，而是从先天的“自明之理”出发，经过严密的逻辑推理得到的。从苏格拉底，到斯多葛

① 黑格尔著，王造时译：《历史哲学》，北京：商务印书馆，1963 年，第 47 页。

学派、笛卡尔、斯宾诺莎，最后到康德，都是属于道德理性主义的。心性文明则强调非逻辑的思维形式，注重非理性因素如情感、意志、想象、直觉、潜意识、信念等形式，如西方的生命—人本主义哲学、宗教上的内心体验学说、心理学意义上的无意识理论等，都属于此类。在人类文明发展史中，心性文明有极大的影响，对于推动人类社会的文明的进程起到了不可磨灭的作用。理性文明和心性文明转移到道德方面，就有了理性道德和心性道德，与之相对应就有了两种伦理秩序，即道德规范秩序和心灵秩序。可以表示为：

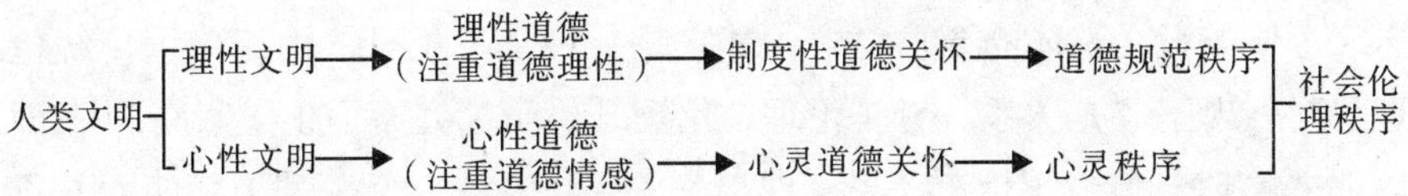

显然，伦理秩序内分为道德规范秩序和心灵秩序两部分，前者指伦理制度的建立，立足于社会经济政治秩序对人们提出普遍的道德要求，其核心问题是“应该怎样”；后者指道德信念、价值理想、道德主体性的确立，即弘扬人的至善禀赋，强调主体的自觉性，其核心问题是“我要怎样”的问题，达到一种对道德的自觉服膺和道德自由。卢梭曾言：“唯有道德的自由才使人类真正成为自己的主人。”①

真正具有渗透力的道德不可能完全是理性化的，而只能是情感或自由性的道德，因此，心灵秩序的建立就是一种主体的体认、认同、向往和信仰。宗教改革运动的先驱者马丁·路德认为，人的信仰就是人的一切，人只要有了内心信仰，无须外在的法律和戒律来约束，无须善功和赎罪，就可以得到基督的公义和永恒的生命。心灵秩序关注道德情感的生成，把道德置于人性的基础之上，使道德真正成为人的道德，避免了将道德与人性割裂而使道德规范苍白无力得偏颇；关注道德行为的发生动机乃是主体的内驱力而非外界的强制性；关注道德行为结果上的内心体验，求得内心的平和、愉悦。正是从这个意义上说，社会伦理秩序的建立不能局限于伦理制度的规范秩序，而更应该注重人的心灵秩序的建构。

---

① 卢梭著，何兆武译：《社会契约论》，北京：商务印书馆，1982 年，第 30 页。

（二）从历史发展看，伦理制度的建立没有完成良性社会伦理秩序建构的任务

首先，从中国传统礼制说起。中国传统的伦理就是忠孝伦理和政治伦理。孔子建立了以“仁爱”为核心的、反映封建等级关系的体现“爱有差等”的道德规范体系，强调重义轻利；及至汉代董仲舒，创立了一个以“三纲五常”为核心的神学伦理思想体系；到了宋明理学的“存天理、灭人欲”更是把伦理规范作为枷锁架在人们的身上。纵观儒家伦理的发展，其突出的特点就是：①它是一种整体伦理，个体无存。为了维护宗法制社会的发展和“家国同构”的血缘关系，它强调每个个体对家要孝，对国要忠。个体淹没在整体的要求之中。②它是一种义务伦理。由于中国传统伦理状况表现于“是关系，皆是伦理；伦理开始于家庭而不止于家庭”[①]，即伦理之“理”体现了情谊关系，即义务关系，“每一个人对于其四面八方的伦理关系各负有相当义务；同时四面八方与他有伦理关系之人，亦各对他负有义务”[②]。这种伦理也就缺失了权利和主体性。③它是一种政治伦理，即伦理政治化。伦理成为一种政治原则，“忠”“孝”皆有伦理与政治的双重意义，伦理成为一种政治统治手段，从而从另一角度又使政治伦理化，即把外在的规范内化为自身的情感、道德信念加以遵守。然而，孔子却未能使社会发展实现他理想中的“德治教化”，“周公之德”的乡愁梦幻没有落到实处。倒是作为当时非主流思想的道家学说，呈现出了历史上的伦理光辉。老子通过对社会、政治、人生的评论和省察，从宇宙情怀的角度关怀“域中四大”之一的人，要求人们归返大道，与天道同行。其五千余言中渗透了他对社会嬗变、人生疾苦、世事沧桑的无限感慨，流露出了“一体皆爱”的广博道德关怀，给了我们许多现代主义的启示。到了20世纪初，现代新儒家怀抱坚执的信念，显现出与传统相联系却又是崭新的姿态，从思想特征看它推崇内省的道德认知，强调以儒家的心性之学为中国学术文化之本源大流，强调以内圣驭外王，“此心性之学，乃通于人之生活之内与外及人与天之枢纽所在，亦即通贯社会之伦理礼法，内心修养，

---

① 梁漱溟：《中国文化要义》，上海：学林出版社，1987年，第79页。

② 梁漱溟：《中国文化要义》，上海：学林出版社，1987年，第80页。

宗教精神，及形而上学等而一之者”[1]。这无疑对现代道德的心灵秩序建设具有积极的启示。

其次，从西方理性主义发展看，理性主义的胜利并没有为西方社会建立良好的伦理秩序。中世纪，以对上帝的信仰为核心的宗教为人们确立了上帝高于一切的信念，上帝创造并安排了世界，不仅使人类产生了社会的秩序，也产生了心灵的秩序。当一切成了“神学的婢女”，黑暗的中世纪在安顿人们心灵的同时也禁锢人们的心灵。文艺复兴的启蒙运动高举理性主义的大旗，抬高人的本性，摧毁了宗教，同时也摧毁了人们的心灵秩序。但是，当理性主义之集大成者黑格尔宣称“理性是世界的主宰，世界历史因此是一种合理的过程”[2] 时，理性被看作无限权力和历史主宰，并由此导致了理性的崇拜。理性自立为王，却没能够使西方社会实现平等、自由、博爱。现实却是：发达国家对不发达国家的严重剥削甚至武装侵略；20 世纪两次灭绝人性的战争粉碎了人类和平自由的美梦；野蛮和暴力充斥世界的每一个角落，失望、忧伤、痛苦笼罩着整个西方社会……韦伯的“启蒙运动的玫瑰红正不可挽回的消退”的说法“表达了整整一代人的消极观念”。[3] 当尼采宣告“上帝死了”的时候，也就宣告了左右西方文明两千多年的理性主义的终结。但是“上帝死了”之后，西方社会并没有找到另一种安置心灵的方式，以至于后现代结构主义大师福柯在考察了人与社会文化的关系之后，惊世骇俗地宣告“人死了”，其引起的争论与恐慌甚至超过了尼采。他认为：在“人死了”的时代，人通过社会文化而“成为主体”的过程，同时也就是屈从于这个文化序列的过程，人不断地“服从”这个文化序列，由此丧失了自由，“主体化”也就成了“从属化”。人的主体性的问题以及如何安排心灵秩序的问题依然悬而未决。在伦理学的视域中，又何尝不是如此呢？但是这种忧虑至少向我们昭示了努力的方向：找回人类主体性，安顿人类心灵秩序。

---

① 唐凯麟、王泽应：《20 世纪中国伦理思潮问题》，长沙：湖南教育出版社，1998 年，第 183 页。

② 黑格尔著，王造时译：《历史哲学》，北京：商务印书馆，1963 年，第 47 页。

③ 王治河：《扑朔迷离的游戏——后现代哲学思潮研究》，北京：社会科学文献出版社，1998 年，第 123 页。

（三）从实践效果看，制度性的道德关怀也无法彰显道德关怀的本真意蕴

道德的发展有三个密不可分的环节，即实然（to be）—应然（ought to be）—本然（why to be）。道德的目的不是研究世界“是什么”，不是再现世界，道德应探询、关注人的存在及其状况，对世界进行价值评价，从而实现对人的精神关怀。道德对人产生激励作用，也不应停留在“ought to be”的阶段，道德的魅力应该体现在主体对道德的自觉内化上，因此，揭示道德的“必然之理”、追问“why to be”应该是道德发展的重要阶段。道德关怀要追问的是道德的“必然之理”即道德“本然”，也就是道德存在的价值性、必然性及实现的合理性。对道德“本然”的探究，也就是人们价值目标确立和完善的过程。现代社会生活纷繁芜杂，人类的生活空间极大扩展，仅凭原有的道德规范和原则难以进行确切的道德判断，单纯的、传统的道德命令难以解决现实生活的具体问题，人们在道德条文面前感受到冷漠和约束，失却了生命主体的自主性、自由感，道德律令有可能成为越来越多人的枷锁。因此，从主体的角度和从生命意义的层面上揭示道德的“必然之理”、探询道德关怀，是发展的迫切需要。弗莱彻的《境遇伦理学》给了我们许多启示：从人的存在出发，从人及其境遇中寻找道德判断的依据，其对人的关注，体现了一种道德关怀。道德掌握世界不应该是依靠权威，而应该是增强人的主体意识和选择能力，激励人们自觉地扬善抑恶，提高道德境界。人们只能在这种“实践—精神”的互动中，实现对“应该”的超越，达到对“为什么”的“必然之理”的体认，从而实现道德关怀。

制度关怀表面上以人为主体、以人为对象，但它只是一种通过约束而建立起来的程序性、外在性、规范性、保障性的设置，而不是一种积极性、激发性、内驱性的关怀，所以往往是被动的而非主动的。这就造成了现实生活中的两种突出的表现：其一，人际关系的协调多数情况下仍是迫于道德义务而非主体的自觉自愿，如人际交往要诚信，每个人要遵守社会公德等。如同父母与子女之间的关心，无论是法律还是道德都建立了父母要关心、抚养子女和子女要孝顺、赡养父母的制度规范，本意是好的，确保了子女、父母的权利和义务，但是这种一厢情愿的方式是否能真正产生亲情互动和幸福感，却是令人质疑的，因为现实中抛妻弃子、虐待老人和

子女的现象依然层出不穷。当父母对子女说“你必须孝顺我、赡养我”和子女对父母说“你必须关心我、抚育我”时，在双方听来，只不过是一种冷冰冰的“责任”而已。其二，现代人缺乏对真善美的自觉追求，在现实生活中愈来愈变得享乐庸俗化、处世唯我化、生活感觉化而缺乏心灵的抚慰和激励，以自我为中心作为判断善恶、优劣的出发点，感觉“爽”的就是好的，这不正反映了主体性的迟钝和弱化吗？作为人自由发展重要尺度的主体性原则在道德规范面前萎缩了，现在，该是找回它的时候了！

主体性原则应该成为时下道德建设的首要原则，“历史，并不是把人当作达到自己目的的工具来利用的某种特殊人格，历史不过是追求着自己的目的的人的活动而已”①。伦理道德的发展也应该是“追求着自己的目的的人的活动”。因为，人“是由于有表现本身的真正个性的积极力量才得到自由”②。现代新儒学牟宗三先生以中国儒家的人性论作为价值基础，将“陆王心学”与康德的“道德形而上学”结合，重开主体之门，试图建构一个以“道德心”“仁心”“良知”为中心的主体，以“良知坎陷”的表达凸显了知性主体和道德主体，这应该是一种有价值的启迪。

伦理制度作为建构德性社会的基础性保障是必需的；制度性道德关怀对于伦理秩序的建立作用却是有限的，一个社会伦理秩序的建设应该是全方位的，因此依然任重而道远。在此，问题的提出并不等于问题的解决，遭遇“娜拉出走”之后的难题将是我们找到问题解决的契机。

---

① 《马克思恩格斯全集》（第2卷），北京：人民出版社，1956年，第118－119页。
② 《马克思恩格斯全集》（第2卷），北京：人民出版社，1995年，第167页。

消费主体性及其伦理建构

工业化大生产不断创造出巨大的物质财富，促使消费社会的形成，消费主义得以一路狂欢。如何引领社会主义大众健康和谐地消费？在诸如此类的追问下，消费主体性的伦理建构成了现实迫切的问题。

一、消费异化与消费主体性迷失

马克思在《1857—1858年经济学手稿》和《〈政治经济学批判〉导言》中都表示：生产和消费是社会发展中不可分割、互为动力的两个方面，“生产生产着消费”，“消费创造着生产”，生产决定着消费的对象、方式并引发新的需要。但是现代社会不再是以生产而是以消费为主导。在消费社会中，消费的目的不是为了实际需要的满足，而是在不断追求被制造出来、被刺激起来的欲望的满足。“消费”业已成为一种社会普遍性的价值观念、文化态度或生活方式。

当消费偏离了满足人之生存需要的基本功用，其目的不再是人生理、生存的物质欲求和精神欲求，而主要成为社会地位的显示和社会心理畸形渴求的满足，此时占有和攫取成为生存和生活的目标。这就是消费的异化即“对象化表现为对象的丧失和被对象奴役”①。消费异化表明消费主体的自我能力正在丧失。消费成了人们躲避现实痛苦和不幸的有效方式，“娱乐的消费就是为了消除他的不幸意识”②，“幸福就是消费更新和更好的商品，饮下音乐、电影、娱乐、性欲、酒和香烟”③。消费由此成为对物的占

---

① 《马克思恩格斯全集》(第42卷)，北京：人民出版社，1979年，第91页。

② 埃利希·弗洛姆著，欧阳廉译：《健全的社会》，北京：中国文联出版公司，1988年，第167页。

③ 埃利希·弗洛姆著，欧阳廉译：《健全的社会》，北京：中国文联出版公司，1988年，第330页。

有和索取，成了一种病态行为。

消费主体异化具有如下特征：

一是符号—虚假性。消费不再是消费品的使用价值，而在于其符号与象征的意义价值。“消费系统并非建立在对需求和享受的迫切要求之上，而是建立在某种符号（物品/符号）和区分的编码制上。”[①] 消费成为“一种操纵符号的系统性行为”。现代社会中，许多人以“房奴”“车奴”为代价购买名车、豪宅，大多并非出于实用而是把它作为“成功”“品位”的象征来追求，他们不是消费物品或服务，而是在消费符号。消费的符号性看重物品的符号价值，却忽视了使用价值，常常容易导致消费的虚假性。所谓消费的虚假性，就是消费满足的是人的欲求而不是真正需要。对主体需要的最大误解，莫过于把主体需要混同于主体欲求。没有价值的需要就是假需要，而真需要是能够促进主体发展和自我完善的需要，它是主体本质力量的确证。

二是炫耀—奢侈性。当消费成为显示身份、地位高贵与否的象征时，消费遂成为满足虚荣心理的炫耀性行为。炫耀性消费指向的显然不是物本身，而是物所承载的地位、身份、品位等符号价值，消费过程也成为向周围人显示自己地位、财富、权力的过程，消费即是“证明”。炫耀性消费由于攀比心理和盲目性，最后会导致消费的挥霍和奢侈，如社会上出现的“黄金宴”“女体宴”“人奶宴”“万元宴”等消费。在当代社会，奢侈性消费愈演愈烈，一方面是由于消费者个人虚荣心理作祟，把消费畸变为成功、地位、名利、权力甚至人生价值的实现；另一方面，社会对盲目消费想方设法地刺激加速和恶化了消费的奢侈性。以上双重因素的诱导，造就了大众扭曲的消费文化心态。

三是强迫—无奈性。一方面，当今的消费在很大程度上是受控制和被操纵的。表面上看，花自己的钱买自己所想要的东西，这是自由的消费，但实际上我们是按厂商、广告商的旨意去消费的，人们不可能按自己的消费意志取得消费自由。马尔库塞将这种消费行为称为“强迫性消费”或“受操纵的消费”。另一方面，炫耀性消费者们引领着消费的潮流，造成了

---

① 让·波德里亚著，刘成富、全志钢译：《消费社会》，南京：南京大学出版社，2001 年，第 70 – 71 页。

整个社会的盲目跟风和超限消费行为，“不求最好但求最贵”“今天用明天的钱”等观念和口号已经是见怪不怪。在非理性的社会消费心理的感召下，那种循规蹈矩、存钱养家的观念反而成为“守旧”“落伍”的代名词而备受嘲讽。消费本是以人生活更好为目的，而现实却是：在“酒神的狂欢”之中，我们被强迫地卷入，在消费的同时，消费主体已被撕扯成为没有思想的零件。

消费异化不可避免地导致了主体性的迷失，这种迷失主要表现如下：

其一，自我认同模糊。所谓自我认同就是个人在心理上对自我的身份或承担的角色的理性肯认。现代社会中的每个人都必须在社会中通过认同确立自我。认同是一个由外而内的过程，它首先必须在人际互动、社会交往中获得肯定从而集合角色诸元素，然后通过自我心理的过滤、存留，获得对自我的认识。在消费主义大潮中，“人——成了商品的奴隶，消费的机器”，人们“过的是占有（to have），而不是存在（to be）的生活方式”①。人们总是处于焦躁和不安中，认为自我真实的生活是残缺的，应该将之抛弃，现代人正“忙着生，忙着死”。对自我认同的模糊造就了病态的人格，病态的人格将会造就出病态的社会。

其二，盲目享乐。与消费主义共生的是享乐主义。一旦享乐替代了需要，占有欲、虚假的消费欲必然导致人行为的放纵，物质享乐只能使人变得空洞，使灵魂的土壤变得贫瘠。在人的精神本质物化中，“道德的形而上的价值基础抽空了，现代人的伦理只有落到身体感觉的基础上；品质的道德不复存在，而只有编织日常的享乐感觉的丰富性道德演变成了在获取实在享乐的物质资料中互不侵犯的生存原则，伦理道德成为个体性的身体欲望的满足服务的有用性价值”②。

其三，自我放纵。放纵是对享乐行为的极端化。放纵比自我宽容更邪恶，“自我放纵是最能削弱和毁灭人的气质和意识的东西”③。当人把精神沉湎于对物质商品的消费和物化生活的享乐中，在形形色色、忙忙碌碌的

---

① 赫伯特·马尔库塞著，刘继译：《单向度的人——发达工业社会意识形态研究》，上海：上海译文出版社，1989 年，第 6 页。

② 金生鈜：《德性与教化》，长沙：湖南大学出版社，2003 年，第 12－13 页。

③ 达里奥·萨拉斯·松梅尔著，王再励译：《21 世纪道德观》，北京：知识出版社，2006 年，第 39 页。

享乐中获得充实感，生活的意义感被流放了，于是精神日益麻木，正如艾略特所形容的："感性的世界的干燥，幻想的世界的撤空，精神的世界的无能。"① 自我放纵不是对自我的尊重和肯定，它最终导致了自我的丧失。

其四，自我丧失。消费的异化已经无孔不入，现代生活浸润在消费主义的沸水中，"金钱、声望和权力已经成了人的刺激剂和目的。人在他的行为有益于他自身利益的幻觉下做事，虽然他实际上服务于其他一些事情而非他真实的自我的利益。对他来说，每一件事都是重要的，就是他的生命和生活艺术不重要。他可以为一切，就是不为自己"②。失去了判断力和价值标准的现代人沦入"无我"的状态之中。

消费主义的主体性迷失不可避免地造成了两种社会性恶果：

一是人与人之间的疏离。每个人都是"关系中的我"（self-in-relation），只有在相互承认和尊重中才可能存在。然而，在消费社会中，"人与人之间的主体际关系被错误地理解为'物的性质'，以及人与人之间的主体际社会关系被错误地理解为'物与物之间的关系'"③。在消费关系中，人不是主体，而是关系的物化，正如马克思指出的："社会关系最终成为一种物即货币同它自身的关系"，在这里，"物的主体化、主体的物化、因果的颠倒、宗教般的概念混淆、资本的单纯形式 G－G′在这里被荒诞地、不经任何中介过程地展示和表现出来了"。④

二是社会普遍价值虚无化，精神危机加剧。非理性消费作为一种新的生活方式和价值观念主导着人们，造成了社会的一种普遍假象，即人们在对物的无限度追求中似乎能够得到满足、获得幸福，对幸福的理解就被等同于消费带来的短暂快感，人生的价值只在于消费的满足，正如让·波德里亚指出的："消费者把自己看作处于娱乐之前的人，看作一种享受和满足的事业。他认为自己处于幸福、爱情、赞颂/被赞颂、诱惑/被诱惑、参

---

① T. S. 艾略特著，裘小龙译：《四个四重奏》，桂林：漓江出版社，1985 年，第 188 页。

② 埃利希·弗洛姆著，孙依依译：《为自己的人》，北京：生活·读书·新知三联书店，1988 年，第 38 页。

③ 广松涉著，彭曦、庄倩译：《物象化论的构图》，南京：南京大学出版社，2002 年，第 71 页。

④ 《马克思恩格斯全集》（第 26 卷），北京：人民出版社，1995 年，第 548 页。

与、欣快及活力之前。”[①] 物化中所谓幸福，以享乐主义、个人主义、拜金主义和虚无主义呈现出来，消费无止境，幸福在路上，人们对自身存在的生活意义、价值目标等产生了根本的、严重的、普遍的怀疑，而价值观的迷乱进一步加剧了现代人的精神危机。

二、消费主体性：克服消费异化的伦理之维

所谓消费主体性，就是消费者在消费认知和消费实践活动中的自主性、能动性、积极性和创造性。人是消费的主体，人的主体性应该成为消费活动的内在依据。克服消费异化必须确立主体性原则，“历史，并不是把人当作达到自己目的的工具来利用的某种特殊人格，历史不过是追求着自己的目的的人的活动而已”[②]。消费的发展也应该是“追求着自己的目的的人的活动”。因为，人“是由于有表现本身的真正个性的积极力量才得到自由”[③]。克服消费异化需要确立何种消费主体性呢？

其一，自主。所谓自主就是在消费过程中按照体现自己本质及自身状态的特殊要求规划消费目的，而不是按照别人获得的生活条件作为标准，此时的消费并非只是通过外在刺激达到被动的满足，而是自我实现的一种方式。消费的自主性兼有自为性、自觉性和自由性三个特征。自为就是摆脱外在必然性的束缚，根据自身真实的需要选择和确立目标，去有生产性地生活，去充分而和谐地发展。自觉就是在消费活动中能够有效地、适时地对自己的消费动机、目的、方式进行批判和审视从而展现主动性。自由体现的是消费者在消费过程中消除了“强制性的非理性的目的”，选择决定自己的生活、自己的存在。消费的自主性就是保持“有主于中”（《淮南子》）、“不与物迁”（《庄子·德充符》）的精神状态。

其二，责任。责任首先是一种意识，其次是一种行为操守。消费责任既包含个人主体的责任，又包含社会的责任。对个人而言，理性、适度、

---

① 让·波德里亚著，刘成富、全志钢译：《消费社会》，南京：南京大学出版社，2001 年，第 72 页。

② 《马克思恩格斯全集》（第 2 卷），北京：人民出版社，1956 年，第 118 – 119 页。

③ 《马克思恩格斯全集》（第 2 卷），北京：人民出版社，1995 年，第 167 页。

不浪费、不攀比的消费观念和行为应该成为日常消费遵循的基本原则；对于社会而言，政府及相关部门、社会机构和组织有责任制定相应的政策法规引导和鼓励民众树立正确的消费价值观念，对涉及国民身心健康的消费行为进行一定程度的监管，对商品实行生态认证，使市场营销有利于维护生态平衡等。负责任的消费才是符合伦理精神的消费。

其三，互惠。消费的互惠性即人与自然、人与社会、人与自身伦理关系的良好互动。首先，体现在人与自然的关系上，就是要从人与自然共生和谐、持续发展的角度出发，实现奢侈性消费向生态消费的转变、由数量型消费向质量型消费的转变、由不公平消费向均衡性消费的转变，坚持消费的生态效用标准。其次，体现在人与社会的关系上，消费应以社会规范标准为依据，充分体现社会公平正义，形成良好的社会文化风尚，促进社会良性运行和人的全面发展。再次，体现在人与人的关系上，就是个人消费需求的满足不能损害他人的消费需求的满足，要体现代内需求和代际需求的公正公平。最后，体现在人与自身的关系上，就是使“消费为了生活，生活促进消费”成为每一个人的基本观念，按照体现着自己本质及自身状态的特殊要求规划消费目的、开展消费活动，使消费进入自我生活并参与自我本质力量的培育。

自主、责任、互惠体现了消费主体的内在能力，体现了消费主体具备了关于如何消费、使用消费对象的智慧，正因为如此，马克思指出：“消费的能力是消费的条件，因而是消费的首要手段，而这种能力是一种个人才能的发展。”①

三、伦理建构：消费主体性的澄明

如何使消费主体性的被遮蔽状态实现澄明成为现今严峻而迫切的问题。从主体的外部而言，消费主体性的伦理建构必须加强消费制度伦理建设；从主体的内部而言，必须培育消费主体的道德意识。

---

① 《马克思恩格斯全集》［第46卷（下册）］，北京：人民出版社，1980年，第225页。

（一）消费制度伦理建设

从消费主体的外部而言，消费的制度伦理建设应从制度规范的层面倡导正确的消费伦理观，反对消费异化，引导人们逐步形成健康、文明、理性、科学的消费观念和消费方式。一方面，为积极倡导合理、正当、健康的消费行为提供制度保障。可运用经济伦理、法律伦理的调节手段实现制度的保障，保护和倡导积极、合理的消费，使正确的消费方式普及。另一方面，制度伦理可有效反对非理性、盲目的消费，例如对豪华奢侈消费和公款吃喝进行惩罚性制约。制度化、体系化的消费伦理制度促进了社会环境、社会力量对个体消费行为的影响，使主体消费活动由不确定性、偶发性逐渐上升到确定性、普遍性，从而使个体、群体、集体形成一个有机体系，焕发出积极的道德效应。消费的制度关怀通过约束而建立起来程序性、外在性、规范性、保障性的外在设置，对消费的主体性培育，更应注重消费主体的内部激发。

（二）消费主体的道德意识培育

消费主体的道德意识培育包括对消费目标、消费观念、消费行为、消费关系等方面的伦理省察。

首先要确立身心健康与个性全面发展的消费目标。一方面，消费是现代社会发展进步的重要表现和推动力量，没有消费，人自身的生产以及社会生产就成为不可能，对消费当然不能否定。另一方面，“消费生产出生产者的素质，因为它在生产者身上引起追求一定目的的需要”[①]。因此，我们必须在整个社会营造一种消费文化氛围：真正美好的生活应该是一种身心健康的生活，并以促进人的个性全面发展为目标。合理的消费伦理观要以实现人的物质生产的发展和精神文化的发展相结合的全面发展为目标，即人的全面发展。

其次要树立资源有限的生态消费观念。人的需求问题实际上是生态大系统中一个不可分割的组成部分，生态资源的有限性与消费需求的无限性、高消费生活方式的无节制处于矛盾的状态，并且越来越尖锐化。这种

---

① 《马克思恩格斯全集》（第1卷），北京：人民出版社，1995年，第30页。

尖锐化不仅是自然资源供给的有限性所造成的，而且还由于消费方式造成了对自然资源的毁损。因此，建立节约能源资源和保护生态环境的消费模式，才能保证人在生存、发展、享受等方面全面协调可持续发展。

再者是养成平等互利的消费行为。从根本上讲，人的消费行为本质上是一种交换，交换应遵循的基本原则就是平等、互利。平等就是消费主体以同样的方式共同创造市场，并以平等的权利和主体资格参与社会和市场。互利就是消费主体在消费时既要考虑对自己有利，又要考虑对他人、群体及社会有益，也就是合理地将利己与利他有机结合。平等以求合理，互利以求平衡，这样才能处理和调适好社会消费、集体消费和个人消费的关系。

最后是人际关系的非物化培育。实现平等互利消费的根本保证就是人际关系的非物化维系。这种维系何以可能呢？关键是必须打碎商品拜物教和拜金主义的神圣性。商品拜物教造成了人的物化和人与人之间关系的物化，它“使人和人之间除了赤裸裸的利害关系，除了冷酷无情的‘现金交易’，就再也没有任何别的联系了。它把宗教虔诚、骑士热忱、小市民伤感这些情感的神圣发作，淹没在利己主义打算的冰水之中。它把人的尊严变成了交换价值”①。一旦人与人之间的关系被物与物之间关系所扭曲，我们存在和生活的整个方式都将被异化。

合理的消费伦理以人的全面发展为目标，以人的主体性彰扬为旨归。当我们的消费真正以人际和谐、生活幸福为共同目标，消费成为主体本质力量的确证，此时“人终于成为自己的社会结合的主人，从而也就成为自然界的主人，成为自己本身的主人——自由人”②，消费主体才可能“作为一个完整的人，占有自己全面的本质”③。

---

① 《马克思恩格斯全集》（第 4 卷），北京：人民出版社，1995 年，第 275 页。
② 《马克思恩格斯全集》（第 4 卷），北京：人民出版社，1995 年，第 443 页。
③ 《马克思恩格斯全集》（第 42 卷），北京：人民出版社，1979 年，第 123 页。

生存关怀：发展伦理学的当代视界

现代工业社会经济文化发展的现实已经表明：这是一个价值理性被严重扭曲的社会，社会生活的崇高生存意蕴已经丧失。在工具理性支配下，人们的经济行为和社会发展的要求愈来愈悖离。什么是人类最佳的生存状态？这是人类向自身提出的首要问题，也是探讨一切人生价值的原初点。毫无疑问，以强调伦理价值对社会发展的积极作用为主题的发展伦理学，应该为人的生存和发展提供现实的价值引导和精神支持。下文拟就发展伦理学的生存论转向、发展伦理学生存关怀的目标指向及现实观照三个方面对发展伦理学的理论旨趣做进一步探讨。

一、发展伦理学的生存论转向

20 世纪以来，伦理学在批判形而上学传统中引发了伦理学的语言转向和伦理学的应用型转向，而以实践发展问题为理论视域的应用伦理学正是在这种背景下逐渐兴起的。“怎样更好地发展”的问题，由此成为伦理学考察的主题。发展伦理学就是对人之生存和发展的实践活动进行整体性的价值评价、施予积极的价值干预和规范的应用伦理学。

自当“发展”成为伦理学的现实主题，在“如何发展”的路径选择上便存在着两种伦理观争论：

一是以物为本作为价值导向的生态中心主义发展观。生态中心主义发展观是对人类中心主义的批判和反思，它看到了现代化进程中由于人的主体力量的张扬，膨胀了的主宰意识造成了自然家园的严重破坏，堵塞了人类通向未来的道路。因此宣称：自然具有内在固有的价值，并倡导对传统人类中心主义进行一场“心灵和思想的革命”，恢复自然的道德意义和价值地位，将人类和自然界视为平等成员。单就其对人类中心主义的批判和倡导“只有当人类的行为促进人与自然的和谐、完整，才是正确的”① 而言，生态中心主义并非没有其可取之处；但是将人类和自然界完全对等，无疑也降低了作为主体的人类的崇高地位。伦理道德是属人的，人之外的自然物没有道德意识，如何承担道德责任呢？

二是以人为本作为价值导向的发展观。涉及人与外在世界关系的问题无外乎就是两类：一类是世界“是什么”？世界“怎么样”？另一类是世界对人“有何意义”？人“应该怎样对待世界”？第一类问题属于事实问题，第二类问题属于价值问题。以人为本作为价值导向的发展伦理观就是对第二类问题的有效考察。很显然，对第一类问题的解决有利于更好地解决第二类问题。因此，伦理发展观的价值导向始终深蕴着人的发展和完善。按照马克思的说法，就是让世界“成为人自己本质力量的现实”②。发展伦理学对人及其生存的观照，其必然性乃在于人永远生存于“成为人的现实”的价值创造过程之中。发展伦理学在研究“如何发展”时如果失落了人，必然是没有前途的，“无根”的伦理学是不可能壮大的。当发展陷入“我们的发展速度越来越快，但我们却迷失了方向”③ 的困境时，我们应当清醒：要超越传统发展观和生态中心主义发展观，应当关注人及其生存。发展伦理学的生存论转向主要基于如下事实的判断：

其一，生存哲学的兴起和发展为发展伦理学注入了血液与活力。“生存哲学”一词最早是由德国哲学家弗利茨·海纳曼在《哲学的新路》(1929）一书中提出来的。现代意义的生存论被认为创始于克尔凯郭尔和尼采。克尔凯郭尔认为世界的本质不是理性，而是一种“非理性的情绪体验”，他认为恐惧、厌烦、绝望是人的最基本的存在方式，这种将存在等同于主观性的个人存在的观点实际上抹杀了人的个体自主性，没有找到人之存在的真正意义。尼采追求的不是生命本身和满足生命的种种欲望，而是超越于生命之上的生命的意志和目的。他说：“生命之自身对我说了这

① RAGAN T，Earthbound：new introductory essays in environmental ethics. Random House，1984：p. 271.

② 《马克思恩格斯全集》(第 42 卷)，北京：人民出版社，1972 年，第 125 页。

③ 维克多·奥辛廷斯基著，徐元译：《未来启示录——苏美思想家谈未来》，上海：上海译文出版社，1988 年，第 193 页。

奥秘。'看哪'，它说，'我便是那必须永远超越自己的'。"[①] 尼采穷其一生无非是为了说明人如何生存或更好地生存，他鼓舞人们肯定生命活动的价值意义，并成为具有强力意志的"超人"。但是，尼采对"上帝死了"的终结审判并没有为人之生存指明一条切实可行的路径，人类自我价值并没有得到实现，反而因失去上帝而更无助，心灵更空虚，生存也失去了意义感。这种状况成为20世纪西方人的普遍生存状态。存在主义哲学的创始人海德格尔通过对被西方哲学长期遮蔽的"存在"的追问，批判了传统形而上学纠缠于"存在"与"在者"，从"在者"入手来讲本体论，因此是一种无根的本体论。海德格尔指出，"发现存在的意义只有通过合适的存在者来破译和说明"[②]，此所谓"合适的存在者"即"此在"，是一种为存在本身而存在且能自问自己的存在，这就是"人"。海德格尔认为，唯有人这种特殊的在者才能成为"在"的问题的提出者和追求者，唯有人才能揭示在者的"在"的意义。"此在"的基本结构是"在世界之中"（in-der-welt-sein），即在世。在世的本质结构是"烦""畏""死"三种本真情态。当"此在"迷失于所"烦"的世界中，失去独立的人格，就会导致此在的沉沦，即"此在"失去本真性。沉沦的回升靠什么呢？就是"畏"。最大的"畏"就是畏死。唯有体会死的不可替代性，才能体会个人的独一无二性，"畏死而在"，从而人保持了自己个人的独立和自由，领会到自己本真的"在"。海德格尔旨在揭示人不同于其他所有的存在者，"'此在'的人的存在与发展包含无数的可能性，是为他生存的意义与目的而存在的，人在其生命的展开与存在过程中是有主体能动性的，有其对人生目标与意义追求的自为性，个体生命的人生也借此自为性而具有了不同的存在方式与人生"[③]。海德格尔对"此在"的分析也就是其生存论的建构。20世纪20年代末，德国哲学家马克斯·舍勒最早系统提出的哲学人类学，突破了存在主义仅仅把人的存在理解为单个生存的孤立状态，而停留于对人内心世

① 尼采著，楚图南等译：《查拉斯图拉如是说》，北京：改革出版社，1997年，第222页。

② 海德格尔著，陈嘉映、王庆节译：《存在与时间》，北京：生活·读书·新知三联书店，1987年，第7页。

③ 叶启绩等编著：《20世纪西方人生哲学》，北京：人民出版社，2006年，第126－127页。

界的探讨的局限，他对人的研究从人的存在本身出发，注重内在性和外在性的和谐统一，由此“重新获得人对于在他之外的、有意义的和有价值的现实世界的基本关系”[①]。舍勒生存论强调“生命和精神的互补”，“人的生命精神化和精神生命化”是其主旨。

西方哲学生存论的转向对人之生存现状进行了批判和反思，其对生存状态的审视和对生存未来的思想建构，目的就是为了人如何更好地生存。“哲学的生存论维度则维系于人的生存的生命高度，以人的生存的自我创生、自我确证、自我理解为其理论坐标和视野。”[②] 生存哲学的兴起无疑对发展伦理学的致思路径产生了深远的影响。发展伦理学关注、研究人生的根本性和总体性问题，包括人的本性和人性、人的价值和尊严、目的和追求，其轴心问题即是如何生活得更好的问题，这一轴心问题又派生出个人与他人、个人与社会、人类与自然宇宙等关系问题，这既是发展伦理学的逻辑出发点，也是发展伦理学的理论内涵。

其二，发展伦理学的生存论转向具有历史必然性。生存是人类世代永恒探索的问题，伦理学对人类生存的探究经历了一个历史发展的过程。

从人与自然关系而言，自人类意识诞生之日起，生存便成为一种自发的道德要求。原始时代，面对神秘而强大的自然力量，如何维护种群的生存就成为原始道德的最基本和最高的目标。原始道德渗透着大量的自发性因素，人的自我主体性意识没有真正长成，此时的人是“本能的人，即野蛮人，没有把自己同自然界区分开来”[③]。氏族成员往往把自然力幻化为善与恶的象征，对外界力量的依赖就成了道德行为调节的依据。随着历史的不断发展，人类对自然界的理解和征服的程度日深，生存作为人类历史发展的基本条件和道德追求的目的，才逐渐从自然生物的生存转化为人之本质及其价值的生存原则。正如马克斯·舍勒指出：“有意识或无意识地征服自然的冲动或意志，是使现代人与存在相联系的第一步。”[④]

从人与社会关系而言，人之存在的二重性决定了对生存的必然追求。人的存在始终具有二重性，人不仅是自然存在物，而且是社会存在物，只

---

① 刘放桐：《新编现代西方哲学》，北京：人民出版社，2000 年，第 385 页。
② 张曙光：《生存哲学》，昆明：云南人民出版社，2001 年，第 57 – 58 页。
③ 《列宁全集》（第 55 卷），北京：人民出版社，1990 年，第 78 页。
④ 马克斯·舍勒：《知识的形式和社会》，莱比锡，1926 年，第 234 – 235 页。

有在社会中才能存在。发展伦理必然关怀人的生存状况，协调人所处的各种社会关系，为人和人类成长创设一个和谐、温馨的家园。生存伦理的问题，更多关注的是人生存的社会意义，追求的是更好的生存样态。人类的自然史和社会史的发展表明：生存是伦理的题中之义。

其三，发展伦理学生存论转向具有现实必然性。现代工业化的进程，膨胀的主体意识破坏了人与世界的和谐秩序，导致了生存环境的恶化，堵塞了发展的道路。一方面，就人与自然的关系而言，生态危机、资源锐减、环境恶化等负面效应铺天盖地而来，人类的“主宰意识”遭受了前所未有的讥讽和打击。随着自然界的报复日益猛烈，人类开始反思人与自然的关系究竟应该如何，并意识到人并不是自然的主人，人是自然的“托管人”。另一方面，在人与人的关系上，现代激进的个人主义对“自我”的坚执往往以歪曲、蔑视、贬低他人为条件，造成了人与人之间的对立，破坏了“关系中的自我”（self-in-relation）的和谐，破坏了人与社会的秩序。正是基于现代社会发展中人之自然生存环境和社会生存环境恶化的现实，发展伦理学的生存论转向由此具有了现实必然性。

综上可知，发展伦理学是生存论的伦理学，发展伦理学应给予生存关怀以探讨，遵循的必定是康德式的问题意识，即追问生存关怀之如何可能，而不涉足生存关怀是否可能的问题。

二、发展伦理学生存关怀的目标指向——意义生存

发展伦理学之“发展”，应是对人之变化着的生存境域进行价值的批判和选择。在历时性、多样性、境遇性的发展过程中，生存关怀的目标指向总是确定的、深远的和终极性的。因为超越自在存在，走向自为存在是人永恒的价值追求，在关于“什么是好，什么是坏，什么是正当”等的价值判断中，总是蕴含着“什么是最好，什么是更好”的价值追问。“历史不过是追求着自己目的的人的活动而已”①，发展必定以人为目的。发展伦理学的根本任务就是要为人类发展实践提供价值导向，以保证发展的合理性。因此，生存关怀的维度是毋庸置疑的，其目标指向是明确的，就是如

① 《马克思恩格斯全集》（第2卷），北京：人民出版社，1957年，第118－119页。

何实现人更好地生存发展。生存是生命物共同的在世方式，人与动物的区别就是其生存的合目的性与超功利性的有机结合，因此，发展伦理学必定追寻人的生存意义何在。

意义生存必须以“何者为意义生存”的问题回答为前提。所谓“意义生存”首先是一种人的本真存在状态。海德格尔生存论哲学转向之目的就是通过对“此在”即人（自我）的存在的研究，以最终通达“存在”。“人为何而存在?”“人之在世有何意义?”之类的问题是人总会不由自主追问自己的问题，这种追问表明：存在者关心自己的存在，而只有关心着自己存在的存在者，才会询问存在之意义。海德格尔说：“这个存在者为之存在的那个存在，总是我的存在。”① 人只有消除非本真的状态，达到一种“去蔽”，在本真的状态中才能成为自己。用雅斯贝尔斯的话说：“只有当我们认识到超越的存在者那是使我们真正成为我们自己的力量时，我们才是真正存在着的人。”② 其次，“意义生存”必须回归人的价值存在、追寻意义。为此必须明确三个问题：一是需要不等于欲求。人的需要取决于人的社会性，取决于人的客观生活条件。对主体需要最大的误解，莫过于把主体需要混同于主体欲求。二是需要不等于价值。需要是价值产生的基础，是价值形成的主体判断尺度和根据。人的需要并非都是合理的，并非都是必须满足的，能够满足主体的正当、合理需要的客体就是对主体有价值的，否则就没有价值。三是有价值才会有意义。意义如实反映了主客价值关系、促进主体发展、使主体性得到完善的就是有意义的。意义是生活高层次境界，人若不能对生活、生命的意义有正确的认识，就无法建立正确的人生观。意义感是心灵的体悟及情感的积淀，是感性认识和理性认识交融的结果。意义生存是正确的价值观引导下的一种意义的存在，是对自我的追寻和实现。人最大的不幸就在于没有意义的生存，找不到自我。

意义生存以有意识的自由自觉的活动为特征。人之存在无疑是有意识的存在，马克思指出：“一个种的全部特性、种的类特性就在于生命活动的性质，而人的类特性恰恰就是自由的自觉的活动。……有意识的生命活

① 海德格尔著，陈嘉映、王庆节译：《存在与时间》，北京：生活·读书·新知三联书店，1987 年，第 42 页。

② 徐崇温：《存在主义哲学》，北京：中国社会科学出版社，1986 年，第 264 页。

动把人同动物的生命活动直接区别开来。”[①] 作为有意识的存在者，人总要面对并处理三个方面的关系：人与自然、人与社会、人与自我。作为自然存在物，人和动物一样靠自然界生活，也就是说，“自然界是人为了不致死亡而必须与之不断交往的、人的身体。因为人是自然界的一部分”[②]。但是人和动物是不同的，“动物仅仅利用外部自然界，简单地通过自身的存在在自然界中引起变化；而人则通过他所作出的改变来使自然界为自己的目的服务，来支配自然界”[③]。“在社会历史领域内进行活动的，是具有意识的、经过思虑或凭激情行动的、追求某种目的的人。”[④] 正因为如此，人与自然的关系中既要彰显人的主体性，又不能破坏这种协调而招致自然界的负性的反作用。人与社会的关系实质上就是人与人的关系，人之在世总是与他人相遇，在交往中形成各种各样的社会关系；社会关系一旦形成就反过来影响和制约人的行为。有效地处理并利用好这些社会关系，是人在社会实践活动中保持自由自觉主体性的重要方面。人不仅作为物质的生物存在，更重要的是作为有意识的精神存在，人除了追求物质之外还有更高的精神追求，这就是人与自我关系的处理，是对生活意义和人生价值的追求。正确处理人与自我的关系，最核心的就是自我实现的追寻。

意义生存以自我实现为基础。自我实现显然有非功利性或超功利性的根源，这一根源就在于人性。人性是人所特有的区别于其他生命的内在本性。这种内在本性使人之存在具有一种超拔性。现代美国人道主义心理学家马斯洛认为，人的内在需求是一个开放性、多层次的主动追求系统。在他看来，人类价值体系存在两类不同的需要，一类是沿生物谱系上升方向逐渐变弱的本能或冲动，称为低级需要和生理需要。一类是随生物进化而逐渐显现的潜能或需要，称为高级需要。高层次的自我实现即人存在价值的圆满实现，它是人性最根本最完善也最深刻的心理与精神追求，具有超越自我的特征，具有很高的社会价值。健全社会的职能在于促进普遍的自我实现。正是透过人性的内在上升和外在扩展，人性的道德价值取向和道德潜能得以显现。以对人的自觉性认识的卓见，康德在立志建立一种纯粹

---

① 《马克思恩格斯全集》（第 42 卷），北京：人民出版社，1972 年，第 96 页。
② 《马克思恩格斯全集》（第 42 卷），北京：人民出版社，1972 年，第 95 页。
③ 《马克思恩格斯全集》（第 4 卷），北京：人民出版社，1995 年，第 383 页。
④ 《马克思恩格斯全集》（第 4 卷），北京：人民出版社，1995 年，第 247 页。

属于“人类学事件”的伦理学时，就深刻地认识到了道德对于人类自身的目的意义——人要尊严地存在，就必须有理性地选择道德的生活方式和行为方式。亚里士多德也认为“人的特殊功能是根据理性原则而具有理性的生活”①。他认为，人的一切行动都是有目的的，这种目的是达到更高目的的手段，最后达到的最高的目的，就是善的终极目的（至善），即隐德来希。人能深悟人之为人之理，尽人之性，成就理想人格，就是有意义地生存。很显然，明了生存意义、达到自我实现的人，必然以精神追求为目的，以价值需要满足为特征，而不汲汲于物质的享受与满足。

意义生存以生存信念的确立为动力。生存信念就是人对自身生存要求、理想和意义的深刻而有根据的笃信，以及由此产生的对履行某种生命义务的强烈责任感。它是深刻的生存意识、炽烈的生命情感和顽强的生活意志的有机统一。生存信念是对人之生存真、善、美各要素的综合，生存信念的外化将以不同形式的文化创造活动表现出来，使有限的生命彰显出无限的价值和意义。生存信念在人的精神生活领域中表现为对人自身生存价值的追问和反思。现代人生存样态的物化和外化造成了人的精神与肉体统一性解体，人的精神本质裂散。缺乏精神的人不是现实的个人，没有生命冲动的人不是实在的个人，一个完整的人必须兼有生命的冲动和精神于一身。精神靠信念去点燃，人的内心缺失信念的支持便会陷入空虚和迷茫，现实正是人的生存也因缺少精神信念之光的照耀正处于枯萎与荒凉的状态。当人之精神沉湎于对物化生活的享乐而日益麻木，正如艾略特所形容的：“感性的世界的干燥，幻想的世界的撤空，精神的世界的无能。”②生存的意义感被流放了。毋庸讳言，人的存在必须首先满足基本的物质利益需要，但是若仅仅停留在对物欲的关注或将它当作生存的终极目的加以追求，就必然导致生存意义的丧失。人若丧失对生存意义的确认，必然会被物欲蒙蔽心灵、被肤浅的功利目标遮挡双眼，人就难免沉沦、颓丧、迷失。

生存的意义维度是人之在世的支撑，从意义角度出发理解生存，追问

---

① 周辅成：《西方伦理学名著选辑》（上卷），北京：商务印书馆，1964 年，第 280 页。

② T. S. 艾略特著，裘小龙译：《四个四重奏》，桂林：漓江出版社，1985 年，第 188 页。

意义并努力实现自我存在的价值是人之为人的根本。

三、发展伦理学生存关怀的现实观照

发展伦理学就是为了人的发展而存在，应当以解决人的生存问题为宗旨，发展伦理学的生存关怀必须观照现实。

其一，生存环境的优化。生存环境内在地包含着自然生存环境和社会生存环境两个方面。按照马克思的观点："只要有人存在，自然史和人类史就彼此相互制约"①，"人通过自己的活动按照对自己有用的方式来改变自然物质的形态"②，并"在自然物中实现自己的目的"③，从而使其从"自在之物"转化为"为我之物"。自在世界构成了人类世界存在和发展的自然前提，人的实践活动把天然自然同化于人自身使客体主体化，成就了人的本质力量，人的本质力量对象化于人类世界；人类世界形成之后又以主体客体化的方式反过来制约天然自然，不断改变自在世界。社会发展本应该使人的自然生存环境和社会生存环境更加美好，事实却事与愿违。工业化和现代科学危机、技术危机一方面造成了生态失衡、人口暴涨、环境污染对自然家园的破坏；另一方面人之本真存在状态遭到破坏，整个世界充满了暴力、不道德、丧失理性的现象，人们普遍产生了"被疏远""被遗弃""无归宿"等感觉，精神危机和心理恐慌与日俱增。所以海德格尔指认的"无家可归成了世界的命运"并非危言耸听，从某种意义而言，人类正面临着前所未有的生存危机。现代社会的最严峻的现实就是：处于物化的社会关系中的人，其活动受制于自己所创造的社会关系，处于异化状态。这种状况正成为现代性的"隐忧"。④ 人不仅是在同动物相对待时成为"人"，人更加是在同人相对待时成为"人"。生命的主动意义源于自身的意识，源于对"人物"关系和"人际"关系必然性的认识，并通过对必然性的掌控和利用，以实现人类自身的主动生存。

① 《马克思恩格斯全集》（第1卷），北京：人民出版社，1995年，第66页。

② 《马克思恩格斯全集》（第23卷），北京：人民出版社，1972年，第87页。

③ 《马克思恩格斯全集》（第23卷），北京：人民出版社，1972年，第202页。

④ 查尔斯·泰勒著，程炼译：《现代性隐忧》，北京：中央编译出版社，2001年，第12页。

其二，实践活动的优化。发展伦理学的逻辑起点是“从事实际活动的人”，因此发展伦理学生存关怀必然指向人的实践活动，探寻实践活动方式的优化。实践一方面是人的有目的的活动，它受人的理性、意志等主观因素的支配，体现了人对理想世界的追求；另一方面实践又是人通过物质手段同物质世界进行物质变换的客观过程。实践过程一方面实现了对作为目的前提的对象的现成客观性否定，改变了对象物原有的自在形式；另一方面又实现了对目的本身单纯的主观性否定，即观念形态的东西被对象化了。实践的双重否定构成了主观世界和客观世界的分化统一，也确证了人的真正本质。正如马克思所说：“在我个人的活动中，我直接证实和实现了我的真正的本质，即我的人的本质，我的社会的本质。”①

以实践活动作为人的存在方式去理解世界是发展伦理学的基本立足点。回归感性世界，关注人的现实生活，从人的实践活动寻找人的生存依据，是现代哲学的基本精神，也是现代伦理学的基本精神。马克思主义的实践生存论转向标志着近代哲学伦理学向现代的转变，它以人的自由自觉的生命活动和对社会生活本质的深邃洞见，展现了生存关怀的理论旨趣。马克思指出：“全部社会生活在本质上是实践的”②，人本身就是一种实践性的存在，实践构成了人的存在方式，而人通过实践使自己成为一种自我创造的主体性存在。离开人的实践活动，现实世界包括自然界在内的一切都是无法理解的，因为“只有在社会中，自然界对人来说才是人与人联系的纽带，才是他为别人的存在和别人为他的存在，才是人的现实的生活要素；只有在社会中，自然界才是人自己的存在的基础；只有在社会中，人的自然的存在对他说来才是人的存在，而自然界对他说来才成为人。因此，社会是人同自然界完成了的本质的统一，是自然界的真正复活”③。从生存论视角看，实践不仅是一种获取生存物质资料的对象性活动，更是一种人的本质力量的确证，实践即是生存的基本内容和基本方式，实践即生存活动，生存活动乃实践。因此，从人的实践活动去理解人，理解世界，并竭力促使实践活动的优化，这是发展伦理学生存关怀的题中之义。

---

① 《马克思恩格斯全集》（第42卷），北京：人民出版社，1972年，第37页。
② 《马克思恩格斯全集》（第1卷），北京：人民出版社，1995年，第56页。
③ 《马克思恩格斯全集》（第42卷），北京：人民出版社，1972年，第122页。

实践活动的优化最重要的是要对实践前提、实践过程、实践效果进行价值批判，实现价值选择的优化。发展伦理学首先要对发展实践进行前提性的价值考量。正如许多学者指出：人的实践行为中“能与应该”的关系问题是发展伦理学的一个基本问题。①“生活实践的回归”不仅仅是为了解决现实的发展问题，对已存在问题进行思考和纠偏，更重要的是通过对生存状态进行前提性的价值批判，从而寻找人最佳生存方式的前提基础。这种前提性的问答，是从发展伦理学理论的合理性出发、从现代性境遇出发，对现代发展手段和方式进行伦理的佐证，进而提供正确的价值引导。其次，发展伦理学必然还要对实践过程施以价值性影响。实践活动的价值合理性是实践正当性的保证。伦理一旦置于“发展”之中，就意味着对发展承担责任，它迫使人们去思考诸如此类的问题：发展中公平公正问题如何解决？经济利益是否是发展的唯一目标？价值理性与工具理性孰轻孰重？发展是局部的优化还是整体的进步？再次，发展伦理学必然要对实践效果进行价值评决。发展伦理学认为，发展应当惠及所有人，发展还应是人与自然和谐的“整体发展”。以牺牲环境为代价的经济发展、贫富差距愈拉愈大的少数人发展，都不过是“伪发展”和“反发展”。“发展的目标是改善人类生活和社会安排，以便为人们提供日益广泛的选择来寻求共同的和个人的福祉。”② 发展的最终目标就是实现人之最优化生存样态。概而言之，如果价值观不对发展问题进行批判或对“可言说者言说，对不可言说者沉默”（维特根斯坦），发展永远是方向不明的。

实践活动的优化以人际交往关系优化为基本条件。伦理学就是关于人的关系的规律研究，关系的和谐在于人与人之间的真实关系的恢复。德国哲学家哈贝马斯认为，现代社会包含着两种合理性，即“目的合理性”和“交往合理性”，但由于对工具理性批判的弱化，工具理性的标准应用于生活世界日趋严重，这就是“生活世界的内在殖民化”，由此导致了善与恶、

---

① 刘福森、孙忠梅：《发展伦理学的两个基本理论问题》，《哲学动态》1996 年第 4 期；吴宏政、张士清：《“以人为本”与发展伦理学》，《社会科学辑刊》2004 年第 3 期；张鹏翔：《发展伦理学的生存论解读》，《理论探讨》2003 年第 3 期；林春逸：《发展伦理学的基本问题》，《自然辩证法研究》2007 年第 1 期。

② 德尼·古莱著，高铦、温平、李继红译：《发展伦理学》，北京：社会科学文献出版社，2003 年，第 1 – 2 页。

真与假、美与丑意义的解体，判断事物的标准模糊以及人与人关系的破坏。因此哈贝马斯强调“交往合理性”，重建生活世界。尽管哈贝马斯批判的是现代资本主义种种弊病，但他的“交往伦理”和对主体间性的强调却是有着积极的现实意义。作为人难以摆脱的存在境遇，关系无疑具有根本性意义。德国著名的宗教哲学家马丁·布伯在其《我与你》一书中区分了“我—你”和“我—它”的两种不同关系，认为前者具有相互性、直接性、开放性，“我”通过与你的关系而成为“我”；而后者的关系则是主体与对象的关系，在其中不可能建立起人与人之间的真实关系。布伯旨在揭示：价值或超越指向呈现于关系、在关系中敞亮自身。正是在这里，“我”与“你”同时升华了自己，超越了自己。无论是哈贝马斯的“生活世界”的回归，还是布伯的价值的“关系本体化”，都是对平等的主体间性的寻求。我们可以肯定的是：没有人际关系的优化，又何来实践活动方式的优化呢?

其三，主体心灵秩序的优化。发展伦理学应该并且必须以人的生存发展、生活幸福为旨归，因此其生存关怀在关注生存环境、生存方式之外，更要关注人类幸福的精神和心理方面，最核心的就是主体心灵秩序的优化。社会伦理秩序内分为道德规范秩序和心灵秩序两部分，前者指伦理制度的建立，立足于社会经济政治秩序而对人们提出普遍的道德要求，其核心问题是“应该怎样”；后者指道德信念、价值理想、道德主体性的确立，即弘扬人的至善禀赋，强调主体的自觉性，其核心问题是“我要怎样”的问题。心灵秩序的建立就是一种主体的自觉、认同和信仰，它关注道德情感的生成，把道德置于人性的基础之上，使道德真正成为人的道德，避免了将道德与人性割裂而使道德规范苍白无力的偏颇；它关注道德行为的发生动机乃是主体的内驱力而非外界的强制性；它关注道德行为结果上的内心体验，求得内心的平和、愉悦。正是从这个意义上说，社会伦理秩序的建立不能局限于伦理制度的规范秩序，而更应该注重人的心灵秩序的建构。人的主体性问题以及如何安置心灵秩序的问题依然悬而未决，在发展伦理学的视域中，找回主体性、安顿人类心灵秩序变得紧迫而严峻。现代社会中，有多少人心无寄所、心情飘荡、精神无所归依，有多少人在追求物质的同时，丧失了精神的追求，心灵的家园因缺少精神之光的照耀而荒凉。美德的“去圣化”“躲避崇高”“拒绝美德”“渴望堕落”等精神危机表明人类对于自身存在的意义、价值和目标等产生了根本的、严重的、普遍的怀疑，是一种现代颓废主义的表现。精神的颓废不仅导致了人们对自身生存意义的茫然失措，而且也导致了现实生活的无所适从。发展伦理学的生存关怀只有探究到人类的心灵深处，弘扬主体性，使身心平衡和谐，个体生存才能真正达到自我实现，从而获致一种自觉自由的状态，此时“人终于成为自己的社会结合的主人，从而也就成为自然界的主人，成为自己本身的主人——自由人”①。

综而观之，发展伦理学的研究应从人的存在出发，从人的问题及其境遇中实现从伦理层面对人的生存、人的尊严、人的幸福以及符合人性的生活条件的肯定，实现最大程度的生存关怀。如何更好地生存并在生存中落实意义，这是发展伦理学生存关怀之鹄的。

---

① 《马克思恩格斯全集》（第3卷），北京：人民出版社，1995年，第443页。

真需要与假需要：行为方式与目标指向

一、关于需要的界定

需要是人的本性。所谓需要就是人对生理、心理和精神满足的获得性渴求。心理学认为，动机的产生来自需要。人作为一种自然的存在物，为了维持自己的存在，必然要有物质需要的满足；同时，作为精神的存在，人区别于世界万物，还有精神和意义的需要。因此，需要不仅是人之存在的必要性使然，而且也是人自身本质力量的丰富和确证之必要性使然。近现代科学已经证明："任何生命机体的积极性归根到底都是由它的需要引起的，并且指向于满足这些需要。"① 马克思也指出："任何人如果不同时为了自己的某种需要和为了这种需要的器官而做事，他就什么也不能做。"② 并且历史唯物主义还把人之需要的不断更新作为社会历史活动展开的动力。"已经得到满足的第一个需要本身、满足需要的活动和已经获得的为满足需要用的工具又引起新的需要。这种新的需要的产生是第一个历史活动。"③ 人的需要是发展变化的，正是人的需要的不断推陈出新，人的社会历史才得以展开。任何抹杀人之需要的道德宣扬不是欺骗就是邪恶，因为需要乃是人之本性的题中之义。

需要不等于欲求。人的欲求各种各样，欲求没有客观社会性，完全是个体生物性的显现。对主体需要的最大误解，莫过于把主体需要混同于主体欲求。人的需要不仅在本质上是社会的，也是客观地被决定的。人的需

① 彼得罗夫斯基主编，朱智贤等译：《普通心理学》，北京：人民教育出版社，1982 年，第 168 页。

② 《马克思恩格斯全集》（第 3 卷），北京：人民出版社，1965 年，第 286 页。

③ 《马克思恩格斯全集》（第 3 卷），北京：人民出版社，1965 年，第 32 页。

要取决于人的社会性，取决于人的客观生活条件。

需要按其层次而言可分为低级需要与高级需要。生理和物质的需要属于低级需要；精神和道德的需要是人多层次需要中的一种高级需要，是人作为一种理性社会存在物的精神规定和行为规定，是人的本质规定。现代美国人道主义心理学家马斯洛认为，人类价值体系存在两类不同的需要。一类是沿生物谱系上升方向逐渐变弱的本能或冲动，称为低级需要和生理需要；一类是随生物进化而逐渐显现的潜能或需要，称为高级需要。自我实现的需要是最高层次的需要，即人存在价值的圆满实现，它是人性最根本最完善也最深刻的心理与精神追求，具有超越自我的特征。

需要按其对主体的有用性可分为假需要和真需要。

所谓假需要就是对于主体发展而言不正当的或过分的需要。人的需要并非都是天然合理和都必须满足的，满足不正当的需要就没有价值，没有价值的需要就是假需要。

假需要会导致病态的人格特征：

（1）盲目享乐。享乐主义是现代人生活方式的突出特征。当物质贪欲掩盖了真正的需要，享乐就开始泛滥。一旦享乐替代了需要，占有欲、虚假的消费欲必然导致人的行为放纵，物质享乐只能使人变得空洞，使灵魂的土壤变得贫瘠。当人的精神本质被物化，“道德的形而上的价值基础抽空了，现代人的伦理只有落到身体感觉的基础上；品质的道德不复存在，而只有编织日常的享乐感觉的丰富性道德演变成了在获取实在享乐的物质资料中互不侵犯的生存原则，伦理道德成为个体性的身体欲望的满足服务的有用性价值”①。

（2）自我放纵。放纵是享乐的极端化。放纵比自我宽容更邪恶，“自我放纵是最能削弱和毁灭人的气质和意识的东西”②。当人的精神沉湎于物化生活的享乐中，在形形色色、忙忙碌碌的享乐中获得充实感，生活的意义感被流放了，精神于是日益麻木，陷入艾略特所形容的“感性的世界的

---

① 金生鈜：《德性与教化》，长沙：湖南大学出版社，2013 年，第 12－13 页。

② 达里奥·萨拉斯·松梅尔著，王再励译：《21 世纪道德观》，北京：知识出版社，2006 年，第 39 页。

干燥，幻想的世界的撤空，精神的世界的无能”[1] 状态。自我放纵不是对自我的尊重和肯定，它最终导致了自我的丧失。

（3）自我丧失。弗洛姆指出：“金钱、声望和权力已经成了人的刺激剂和目的。人在他的行为有益于他自身利益的幻觉下做事，虽然他实际上服务于其他一些事情而非他真实的自我的利益。对他来说，每一件事都是重要的，就是他的生命和生活艺术不重要。他可以为一切，就是不为自己。”[2] 失去了判断力和价值标准的现代人易于陷入“无我”的状态之中。

所谓真需要就是能够促进主体发展和自我完善的需要，这种需要是主体本质力量的确证，而不是对本质力量的否定或削减。真需要反映了主体对价值合理化的认识。所谓价值合理化就是对客体与主体关系的正确价值评价，即客体在何种程度上符合主体的真正需要、在何种程度上能够被主体真正确认并同时成就主体。真需要的实质是较好地处置了价值关系中的为我性。在价值关系中，为我性是价值主体的根本特征。

对为我性的正确理解需要明确两个方面：

一是为我性不等于功利性。为我性固然有功利性的成分，但更侧重的是价值的目的性，并以主体的真实需要满足为目的；而功利性更强调物质需要的满足，偏向于人的私利目的。当需要是真正的人的需要，当人把自身作为目的时，为我性就超出功利性的价值。

二是为我性不等于私我性。“为我”和“私我”尽管都是讲“我”，但不能等同，为我性是以我为目的，是价值性范畴。而私我性就是强调私人利益，满足一己私利，一切都成了手段。私我性是自我占有性的膨胀，是恶的根源，体现的是人存在的负面价值。人一旦把他人当作手段，就会丧失社会价值性，此时他不是成为主体，反而把自己降为手段和客体。正如马克思在《1844 年经济学哲学手稿》中分析人的异化时认为，人一旦丧失了自己的类本质，一旦把他人当作手段，也就把自己降为客体性手段。

---

① T. S. 艾略特著，裘小龙译：《四个四重奏》，桂林：漓江出版社，1985 年，第 188 页。

② 埃利希·弗洛姆著，孙依依译：《为自己的人》，北京：生活·读书·新知三联书店，1988 年，第 38 页。

二、对需要的不同理解产生两种行为方式：占有与拥有

占有指在对物或他人的关系中处于主导、支配的地位，并借以控制物的使用权限和他人意志的一种行为方式。当把对物的占有作为一种目的，实质不是为了维护自己的需要，其更深刻的内容是要通过这种占有物的方式来体现、展示自身的所谓“价值”。随着商品关系的形成和发展，占有的生存方式成为社会的主导性状态。人们在市场催化下对金钱、财富、权力的追求永不满足，仿佛占有越多，越能实现自我，对物的仰慕转为对物的崇拜，进而跪倒在物的面前。个人对物的排他性占有表征的正是人的“以物的依赖性为基础的人的独立性”状态，而这种所谓的“独立性”并不是人的真正独立性，人虽已成为人，但于物，人却丧失自己的本性。马克思曾经对商品经济中物化的现象做了深刻的概括：其一是物的世界的增值以人的世界的贬值为代价；其二是物质财富的增长以牺牲大多数人的全面发展为代价。

拥有与占有不同。拥有是以价值的尺度对待物，是物性对主体性的趋近，物的存在性转化为主体性。主体性意味着一种属人的价值关系，拥有就是一种主体性的体现。人只有从自身出发，从人的视角看待外物，才能形成万物内在于人的价值观念。人作为万物的灵长，“万物皆备于我”，人才成为主体。主体和人并非同一个概念，当我们说“某某是人”的时候，我们意在描述他的事实性存在；当我们说“某某是主体”的时候，我们意在展示他的价值性存在，他是具有自觉性、能动性、创造性的人。前一个事实判断意蕴的是“人是什么”，后一个价值判断意蕴的是“人应该是什么”。人作为事实性存在与万物是同等的，无主客、贵贱之分；人作为价值性存在却远远高于物，所以“单纯用物种的尺度对待物，体现的不过是认知理性对事实的认同，只有以内在价值尺度对待物，才能把事实以及人对事实变革的要求统一起来。从这个角度说，价值尺度才体现着实践的能动的本质，体现着人的需要和物的属人的关系，是实践的革命和批判性质

的根据，才使对象性活动成为对主体本质力量的确证”[1]。概而言之，占有仅仅表明人的事实存在，而动物也会如此，如其对食物、领地的占有；拥有是对物的价值合理性获取，它使人成为主体。

弗洛姆把人的生活方式分为两种：占有与存在。在重占有的生存方式中，人与世界的关系是一种据为已有的占有关系，人把所有的人和物都变成自己的占有物。对于重占有的人来说，“我”是通过所占有的东西来体现，这使他的思想和行为呈现出这样的特点：一是总想去贪占，用以证明“我是谁”“我与众不同”“我特别重要”，易陷入一种贪婪、不安、嫉妒的心理状态；二是总是以竞争、对抗和恐惧来看待人与人之间的关系。这样的人会时时担忧失去他所占有的东西，为了减少失去，就会使自己与他人、外界处于隔离和对抗的状态。对于重占有的人来说，“我”的存在已物化于具体的物，占有再多，也只是东西而已，依然不是“我”；而对重存在的人来说，“我”就是体验，是一种作为生命的意义存在。

三、“真需要”的目标指向：意义生存

人生存的方式千姿百态，有的人浑浑噩噩，忙碌一生，毫无目标；有的人以金钱追求为终极目标，一生追名逐利；有的人以个人奋斗为价值实现途径；有的人以服务他人、奉献社会为价值取向……有的是积极的、正确的、有意义的，有的却是苍白的、消极的、错误的。然而人活在世上，总是会追问自己“为什么活着”的问题。“为什么活着”是对目的和意义的追问，它是“怎样活着”的前提基础。“怎样活着”更是现代人所面临的普遍性问题。我们认为：应有的生存方式是以个人正确价值观为指导的一种有意义的存在，即实现个体的意义生存。

个体的生存必须回归人的价值存在，追寻意义。为此必须明确两个问题：

其一，有需要才会有价值。需要是价值产生的基础，是价值形成的主体判断尺度和根据。没有主体的需要，或者说不与主体需要联系起来，就

① 李楠明：《价值主体性——主体性研究的新视域·导言》，北京：社会科学文献出版社，2005年，第9页。

不会有价值的产生。人的需要反映的是人在现实生活中的匮乏状态，是人反映现实的一种特殊形式，是人的积极行动的内在动力。正当的需要有利于人类的生存、发展，非正当需要有损于人类的存在和进步。能够满足主体的正当、合理需要的客体就是对主体有价值的，不能满足或者有碍于主体正当需要满足的客体就没有价值。价值的本质表现在两个方面：第一，在生成方面，价值是人的本质力量或主体性的对象化；第二，在功能方面，价值是客体对于增强人的本质力量和提高人的主体性、人的自由度的作用和意义。①

其二，有价值才会有意义。意义就是主体对价值的获得性评价，是主体的自觉性认识。意义不等于价值，意义是价值的反映；价值是客观的效应关系，意义则是价值的主观形态。因此，价值是第一性的，意义是第二性的。意义如实反映了主客价值关系，促进主体发展、使主体性得到完善的就是有意义的。意义是生活高层次境界，人若不能对生活、生命的意义有正确认识，就无法建立正确的人生观。意义源于人的所感、所思，也取决于心灵的体会及情感的丰富程度，它是感性认识和理性认识交融的结果。意义生存是正确的价值观引导下的一种意义的存在。人的最大不幸就在于没有意义的生存，找不到自我。意义生存也是对自我的追寻和实现。当人真正拥有了道德的自我，拥有了内心的安宁、自足和自由时，便有了一个真正的意义的自我。唯其如此，我们才能体会得到为什么苏格拉底不愿选择过“幸福的猪”的生活而慷慨赴死，毫无意义的生活是不值得过的。

人既是物质人，更是精神人。人的本质、高贵性表现，就在于人具有一种超出自身的有限性存在的精神需要和道德价值追求。正是这种精神超越，使生命获得生生不息的力量，生命也因精神而有了明确的目标和方向。西方哲学人类学的奠基人马克斯·舍勒认为：人就是生命欲求和精神的统一体，生命欲求是人存在的基础，而精神则规定了人的本质范围。他说：“原本孱弱的精神和原来强大的、即与一切精神的观念和价值相比盲目的欲求，通过正在演变着的使隐藏万物的表象后面的压抑变成精神和观念而相互渗透，同时使精神变得生机勃勃，并赋予它以力量——这便是有

① 王玉樑：《当代中国价值哲学》，北京：人民出版社，2004 年，第 90 页。

限存在和事件的目标和结局。”① 舍勒旨在说明精神对欲求的统领关系，人是因为有精神的牵引而不是因为生命欲求才成为主体的。人的真正价值是以人本身为目的的价值，这种价值是超功利性的并且有着超越生存的目的性，唯其如此，需要才成为人的真正需要，人才能真正摆脱物对人的束缚。

寻觅生存的意义，实现精神超越，这是人完满性的表现。精神和意义是人所固有的，对精神和意义的关注是人存在的必然性。通过对精神和意义的追寻，人不仅获得了对自身所面临的各种问题和困境的合理化解释，同时也获得了心理的平衡。存在的意义是人之存在的理由，正如赫舍尔所说：“正是人的意义照亮了人的存在。”②

恩格斯指出：“人只须了解自己本身，使自己成为衡量一切生活关系的尺度，按照自己的本质去估价这些关系，真正依照人的方式，根据自己本性的需要，来安排世界，这样的话，他就能猜中现代之谜了。”③ 恩格斯关于“现代之谜”的谜底应该意指人如何在现代社会生活中实现一种健康、全面、自由的发展，而这归根到底在于人之需要的价值合理化定位。

---

① 刘小枫选编：《舍勒选集》，北京：生活·读书·新知三联书店，1999 年，第 1332 页。

② A. J. 赫舍尔著，隗仁莲译：《人是谁》，贵阳：贵州人民出版社，1994 年，第 48 页。

③ 《马克思恩格斯全集》（第 1 卷），北京：人民出版社，1956 年，第 651 页。

社会道德生态及其优化路径

道德权威的弱化必然造成价值观和美德的“去圣化”，并表现为普遍的道德心理失衡和大量行为层面的失控、失序、混乱、越轨等现象，最终导致社会道德生态恶化。经济作为社会发展的“最强动力”，必须与作为“最好动力”的伦理道德相互支撑、相得益彰，才能共同构建良性的社会道德生态。道德生态优化是社会和谐、迈向小康的重要文化基础。

一、社会道德生态的内涵与特征

道德生态指的是相对于自然生态、环境生态、经济生态而言的一种社会道德状态，即社会道德生活现状和道德发展环境各因素的综合性有机系统，是社会道德发展状况的综合反映。将社会道德系统及其影响因素作“生态化”的考量，才能促进社会道德有效、良性的运行，从而营造整个社会趋善向善的道德风尚。“道德生态”无疑应成为伦理学研究的重要范畴。

道德生态是一个复杂的系统，影响道德生态的平衡和效率的主要因素有：①伦理制度。伦理制度的普遍目的就是用社会普遍认同的观念和规范体系对个体行为产生约束、限制和支配，从而在社会联系中建立一种秩序。伦理制度的作用机制是“恶的戒罚”和“善的彰扬”，并以此规约社会和人类行为。有效的伦理制度不仅是人们培养社会道德意识、养成道德习惯的前提，而且能够为培育道德资源和提升社会风尚提供制度保障，尤其保障社会救助性的道德力量发挥作用可彰显道德关怀，从而尽快实现社会良性发展。②道德文化。道德文化处于精神文化的最深层次，是凝结一个社会的精神内核和灵魂，对社会道德生态体系的建立、稳定和变迁起着重要的影响作用。道德文化是道德体系合法性的有力支撑，是确立社会和个体价值目标的引导动力。③道德生活方式。道德存在于生活中，渗透到社会生活的各个层面。现代人的生活空间极大拓展，生活领域推陈出新，社会生活的公共性得以凸显。社会公共生活离不开判断是非、善恶的行为准则，即社会公共生活道德。道德生活方式体现了人们在社会公共生活中的相互关系，直接反映了社会道德生态状况。④道德行为。道德行为是自觉、自愿和自主选择的行为。社会主体的道德行为制约着整个社会道德风尚，它是优化社会道德生态的主体因素。⑤道德心理。道德心理是道德行为产生的心理基础。现代社会道德生态恶化在一定程度上说是道德心理失衡造成的。道德心理失衡以人们心灵中的意义系统危机和道德价值观念危机为基本内容，其主要表现就是：道德选择的不确定性、道德观念模糊、道德价值混乱、道德忧虑等。道德心理状况直接影响着社会道德生态优劣。以上五个因素是社会道德生态的基本构成。一个社会道德生态的形成不是孤立的，它是多种因素共同作用的结果。

社会道德生态的主要特征是：①动态性。道德系统内部各子系统之间与外部环境之间不断进行着信息与能量的交换，从而促进社会道德风尚优化。动态性是社会道德发展变化的动力保障。②开放性。道德不是孤立的系统，必须与现下的经济、文化、生活等相联系。封闭的道德系统容易造成“道德中心主义”，而在开放的道德系统里，社会道德可以在更大的范围内相互选择、适应、发展，从而形成有机有序的开放式结构，促进社会道德进步。③近平衡性。各种社会因素都会对道德秩序带来冲击和挑战，并推动着道德生态由平衡走向不平衡，然后又趋于新的平衡。因此，道德生态的平衡性总是以不平衡性为特征，呈现的是近平衡性。维护道德生态平衡不只是防止各种破坏因素的影响，更重要的是要在人为有益的影响下建立新的平衡，形成更合理的结构、发挥更高效的功能并凸显更好的道德生态效益。④交互性。一个社会的道德生态涉及社会、经济、政治、自然、文化等因素，体现的是道德—社会、道德—经济、道德—自然、道德—文化的交互作用。⑤内在生长机制的脆弱性。与生态系统遵循整体协同、循环自生的特征不同，道德生态系统具有内在生长机制的脆弱性。人为因素对道德生态产生时时刻刻的影响，甚至决定着一个社会某个阶段的道德状况变化，这使得道德生态的内在生长机制的形成和作用不再是一个自然过程。正因为如此，良好社会道德生态的形成非一日之功，却有可能毁于一旦。

二、当前社会道德生态存在的问题及其归因分析

受各种负面因素影响，社会道德生态的“负性化”倾向必须引起全社会的关注和警惕。

当前社会道德生态存在的主要问题有：一是从社会层面看，坑蒙欺诈、抢劫偷盗、吸毒淫乱、暴力相向、制假贩假、拐骗妇幼、腐败犯罪等现象不时出现，导致社会风气败坏、人际关系冷漠猜忌，让民众惶恐担忧、安全感丧失。二是从家庭层面看，尊长爱幼、睦邻相望的思想淡化，家庭成员之间情感疏离，家庭暴力甚至也有上升趋势，家庭作为社会的细胞、道德情感培育的基地、道德精神性的基础正在褪色。三是从个体层面看，盲目享乐、自我放纵、个性迷失、信仰迷乱、意义丧失、以自我为中心、漠视他人、空虚浮躁、心理混乱、身心失调等成为某些人的生存状态。道德生态的“负性化”是多种因素影响的结果，但每个因素又可能成为系统变化的“吸引子”，产生“蝴蝶效应”。

具体而言，道德生态恶化有如下几个比较突出的原因：

其一，道德生存环境变迁。一是从“熟人社会”向“陌生人社会”转型。社会交往不断冲破原有的地域限制，血缘、亲缘和地缘纽带被或多或少地斩断。如何在日渐广泛的人际交往中明确权责、降低交往成本、克服利益冲突，使公域和私域界限分明而互相支持，是和谐社会建设的重要主题。二是市场经济转型带来社会利益冲突加剧、利益观念异化，造成了社会生活的功利化倾向乃至拜金主义，致使社会公共生活中人伦道德失范、精神文化产品扭曲变形、社会问题增多。多元化利益主体是市场化的前提，其经济行为准则就是自利。尽管市场经济并不必然带来道德危机，但利益冲突加剧和利益观念异化却是道德生态恶化的重要诱因。

其二，道德功利化。市场经济实质就是追求功利的利益经济。但是一旦把功利普遍化，“利益升格为普遍原则”①，就会对社会道德产生负面影响。道德功利化的直白表现就是“道德值多少钱”“做好事有好处吗”。道德功利化的极致是拜金主义，拜金主义使人们内心道德自律失范、人伦道

---

①《马克思恩格斯全集》(第1卷)，北京：人民出版社，1995年，第24页。

德规范颠倒、精神文化产品扭曲变形、社会问题增多、道德心理失衡变态，对社会正常的生存和发展秩序构成威胁和破坏。

其三，道德教化不力。孔子曰："道之以德，齐之以礼，有耻且格。"（《论语·为政》）蔡元培先生指出："德育实为完全人格之本。"① 道德教化的衰微一方面表现在对传统优秀道德资源的继承不力，尤其表现为年轻人对传统的道德教化的不以为然，斥之为"过时""守旧"；另一方面表现在现实教化中德育价值取向的偏颇。造成此偏颇的原因一是道德教育政治色彩化，在教育要求上以政治教育取代健康人格培养，在教育评价上以政治立场评价取代道德品质评价；二是德育目标太高，脱离实际，容易陷入空泛、空谈、空无。道德教化不力的民间事实是：越来越多的人不是从社会主义公德规范中寻找人际和谐、乐善好施的伦理支撑，而是转向基督教或佛教等宗教形式中寻找道德的"温柔乡"。

其四，对道德生态的人为毁损。导致社会道德生态恶化的最致命打击莫过于此。主要有：①道德遭遇误解。对道德的误解一是表现在道德价值的评价上。现实中我们评价一种行为是否有道德价值常常以其带来的"利益"大小、客观效果为标准，或是以行为者的损失或牺牲来评判该行为的道德价值，似乎行为者损失越大越能彰显道德价值，如果牺牲了生命，该行为者就会变得无比光辉、无比高尚。二是表现在"道德楷模"的塑造上，认为"雷锋精神"不食人间烟火，道德榜样毫无瑕疵。对道德的误解，使得现实中"拒绝美德、躲避崇高、渴望堕落"成为许多人的心理状态。其实，道德之"用"主要不在于道德使人获利，而在于道德使自我提升，实现自我和超越自我，实现个体的意义生存。②道德遭遇冷漠。对道德行为的冷漠缘于道德义务责任感的缺失。如"落水不救""记者浴血百米斗劫匪，百余人围观无人相助"等。当道德遭遇普遍或长期的冷漠，社会必定是正不压邪，道德风尚难以弘扬。③道德遭遇欺骗。利用道德行为者的爱心、善意而对其实施欺骗，这无异于道德劫掠。如冒名慈善机构进行诈骗；网上发布某些"爱心救助贴"骗人钱财；"网络乞丐横行，别让爱心被欺骗"等警告时常见诸互联网；"郭美美慈善门"事件让人感叹"中国慈善伤不起"等。当道德遭遇太多欺骗，行善者的爱心也会变得麻

① 蔡元培：《蔡元培文选》，北京：人民教育出版社，1980 年，第 15 页。

木。时下，我们对沿街乞讨者普遍缺乏同情和施舍，这难道不正是道德遭遇欺骗所造成的吗？④道德遭遇敲诈。道德行为者的道德行为没有得到嘉奖和称赞，相反却遭到敲诈，这是对道德严重的暴力伤害。“老人摔倒无人扶”的现象出现主要是因为道德遭遇敲诈留下了阴影。⑤道德遭遇恶法。法律为社会提供基本的秩序和稳定，道德以主体纯洁的动机和自律使社会进步和幸福成为可能。法律如果不给予道德以成长的环境，甚至还恶意地伤害道德，道德的花朵就不会绽放。例如“钓鱼执法案件”就给社会的道德生态带来毁灭性摧毁。公权的异化正是整个社会道德生态恶化最根本的原因，其破坏程度和范围会导致恶果扩散。

三、道德生态优化路径

道德生态优化是个系统工程，涉及各种因素，必须从社会制度层面、公共生活层面、个体层面加以全方位观照。

（一）社会制度：强化社会道德生态优化的刚性约束

社会制度是社会道德生态优化的刚性维系，没有制度保障，就无法建造和优化道德生态。

一是维护公正。在《理想国》中柏拉图认为，公正包含了人类全部最基本的美德；亚里士多德把公正作为调节社会政治生活、缓和社会矛盾、保持社会稳定的重要手段，认为公正就是各种德行的总称，他说：“守法的公正不是德性的一部分，而是德性的总体。它的相反者，即不公正，也不是恶的一部分，而是恶的总体。”① 作为法律理念，公正主要是指人们的行为在法律面前一律平等；作为一种伦理精神，公正指的是人们对平等、合理的价值追求和精神向往；作为一种伦理规范，公正主要是指利益方面的获取和分配要遵循公平、正义的原则。罗尔斯指出：“正义是社会制度

---

① 亚里士多德著，廖申白译：《尼各马可伦理学》，北京：商务印书馆，2003 年，第 131 页。

的首要价值。"[①] 公正的社会能够保障公民之合法权益，使全体公民焕发出主人翁的主体意识，共同维护社会生活的有序稳定，"公正显然有助于促进公共效用和支撑文明社会"[②]。

二是发展利民。一个良性的社会制度应该以利民为旨归。党的十六届三中全会提出"促进经济社会和人的全面发展"目标，人的发展问题第一次成为国民经济发展的重要内容；党的十七大、十八大更是以民生问题为重点，民生发展、利益和谐的问题成为社会发展主题。当一个社会的制度设置能够为民众谋福祉，社会自然能够和谐安定，道德生态就能得到改善。

（二）社会公共生活：构筑道德生态优化的实践平台

其一，培育公共理性。罗尔斯强调公共理性的目标是"公共的善和根本性的正义"[③]，也应是社会公共生活价值指导。培育公共理性就是要增进公共领域的善和正义，它是所有公民、社会组织和政党政府在公共生活中的共同责任。培育公共理性不仅包含培养公共意识，还包括行为实践中尊重公共规则，体现在公共生活中就是对普遍正义的维护和积极向善的道德实践。

其二要养成公民自觉。维护和谐社会，每一个社会成员当有发自内心的公民自觉，即每一个成员皆应意识到自己不仅是个体性的存在，且同时都具有公民身份，即有认识公共价值，遵守公共规范及共谋公共福利的责任。公民自觉是公民社会赖以建立的基础，此时个人不只关切私人利益，而且也关心他人利益和公共利益。养成公民自觉的利益调节机理应该是"限制自利—达到互利—有效利他"的提升过程。

（三）社会个体：道德生态优化的主体落实

社会个体是道德的担当者，正视个体性，抛弃"个人中心主义"，社

---

① 约翰·罗尔斯著，何怀宏、何包钢、廖申白译：《正义论》，北京：中国社会科学出版社，1988 年，第 3 页。

② 休谟著，张若衡译：《休谟政治论文选》，北京：商务印书馆，1993 年，第 18 页。

③ 约翰·罗尔斯著，万俊人译：《政治自由主义》，南京：译林出版社，2000 年，第 224－225 页。

会道德生态的优化才能最终落到实处。个体层面又包括行为层面和心理层面。

一是行为层面。行为层面的三个核心要素：其一，行己有耻。中国传统文化中，“耻”是“国之四维”之一。孟子曾曰：“无羞恶之心，非人也。”（《孟子·公孙丑上》）朱熹在《朱子语录》中解释道：“耻者，吾所固有羞恶之心也。有之则近于圣贤，失之则入于禽兽，故所系甚大。”行己有耻，首先就是要知耻，其次要耻而不为。行己有耻、辨析荣辱，才能“有耻且格”，才能在生活中弘扬基本的道德正气。其二，不欲勿施。孔子曾曰：“己所不欲，勿施于人”。（《论语·卫灵公》）不欲勿施在普世伦理中被认为是道德金规，它具有普适性，是人之行为的普遍规范和基本要求。既然限制利己、寻求互利是人们道德行为最根本的动因，不欲勿施就应该是道德生态良性运行的最低限度的保障，从而达到人与人之间的和谐。其三，以直报怨乃至以德报德。《论语·宪问》曰：“以直报怨，以德报德。”以怨报怨只能带来更大的仇恨和循环式恶果；以直报怨就是以公平正直的态度对待伤害自己的人，使对方知错，主要用于对付违德行为；以德报怨在现实生活中虽不能普遍施行，但它是对道德行为的回馈，使社会道德产生良性循环，使道德不断增长；以德报德则是社会最优化的道德状态，“人人为我，我为人人”，社会才能形成道德和谐、道德高风尚。

二是心理层面。心理层面的四个核心要素：其一，尊重。“尊重是最基础的道德和道德的基础……不尊重自己和不尊重别人的人，就无起码道德可言。”[①]《韩非子·诡使》篇中说：“厚重自尊，谓之‘长者’。”在现代社会中，尊重包含尊重自己、尊重他人、尊重社会、尊重自然四个维度。怀有尊重，才能尊严待己、平等待人、和谐待物。其二，信任。现代社会人际交往的范围极大扩展，但在“陌生人社会”中，由于信息交流不对称，人际的信任危机日趋严重。诚信丧失加剧了信任危机，信任危机则加重了人际交往成本，给社会机体的运行掺入了摩擦物，不仅给经济建设带来损失，也给社会生活带来伤害。重拾信任，消除人际冷漠和猜忌，犹如给予道德生态以阳光雨露。其三，宽容。宽容是一种气度、一种健康的

---

① 许启贤：《尊重：全球的底线伦理原则》，《云南民族学院学报》（哲学社会科学版）2003年第2期，第12页。

心灵境界。宽容不仅是一种与人和谐相处的素质，也是有利于自身发展、充实自我价值的道德品质。老子曰："知常容，容乃公，公乃王，王乃天，天乃道，道乃久。没身不殆。"（《老子·第十六章》）现代公共关系学认为，宽容是现代人适应时代和社会的必备素质，应该成为时代崇尚的品德。宽容有助于人与人之间和谐相处，又有助于个人心理健康。其四，培植作为美德的正义。与制度正义不同，作为美德的正义强调的是主体对正义的道德确认。"正义的规则只有对那些具备正义美德的人来说才是有意义的。作为人格美德的正义乃是制度正义的前提。"① 从伦理秩序的内涵看，制度正义只是良性伦理秩序中有限的一部分，作为美德的正义才是公正良性伦理秩序的重要主体性支撑力量。正义要发挥力量，必须提升公民的道德主体性，即一是公民个体性的获得与丰富，二是公民社会性的拓展与成熟，三是公民对正义美德的道德确认和价值共识。

道德生态优化是一个复杂的系统工程，它是实现社会道德可持续发展的必由之路，也是实现社会和谐的必然之途。实现道德生态优化，需要全社会力量精心呵护。我们相信：一个道德生态优化的社会必定蒸蒸日上、幸福安康！

---

① 阿拉斯戴尔·麦金太尔著，万俊人等译：《谁之正义？何种合理性?》，北京：当代中国出版社，1996 年，第 80 页。

生态伦理与生态文明建设研究

区域生态文明共享：发展伦理视域中的生态文明建设新理路

党的十八大报告将“生态文明建设”与“经济建设、政治建设、文化建设、社会建设”并列，提出“五位一体”的战略新布局，旨在强调在科学发展观指导下实现均衡、可持续和以人为本的发展。当前，区域生态文明与区域经济社会发展的关系日益密切，区域生态文明建设已然成为国民经济和社会发展的重大而紧迫的问题。2011 年世界环境日，中国提出“共建生态文明，共享绿色未来”，生态文明共享受到了前所未有的重视。当前，区域生态文明建设突出的问题是缺乏发展伦理共契与价值共识。利用发展伦理对区域生态文明共享作价值论证，这是推进区域协调发展、实现经济社会“包容性”增长，建构新型的社会主义生态文明观的重要理路。

一、发展伦理：生态文明建设的价值指导和内在动力

发展伦理就是对人生存和发展的实践环境和行为进行整体性的价值评价、施予积极的价值干预和规范的应用伦理。发展伦理以人类的可持续生存和发展为根本价值原则和价值目标。从发展的角度而言，生态文明无疑应成为发展伦理的一个学科分支，或者说生态文明是发展伦理之树上的花朵和果实。从发展伦理的角度出发，倡导公平合理的发展将有利于推进生态文明建设，实现人类在代内和代际共享生态文明的成果。

首先，发展伦理必须对生态文明建设之目的进行价值引导，以保证发展的合理性。“历史不过是追求着自己目的的人的活动而已”①，发展必定以人为目的，因此在发展中总是蕴含着“什么是好、什么是更好、什么是

---

① 《马克思恩格斯全集》(第 2 卷)，北京：人民出版社，1957 年，第 118 - 119 页。

最好”的价值追问。“发展的目标是改善人类生活和社会安排，以便为人们提供日益广泛的选择来寻求共同的和个人的福祉。”① 生态文明以人与人、人与自然、人与社会和谐共生为宗旨，以建立可持续的生产方式和消费方式为内涵，以引导人们走上持续、和谐的发展道路为着眼点。生态文明建设之目的就是要求人类要尊重和爱护自然，建立和谐人际关系，促进社会进步，实现人类更美好的生活。发展伦理对生态文明建设目标指向的价值引导是明确的，就是如何实现人更好地生存发展。

其次，发展伦理必然还要对生态文明建设过程施以价值性影响。实践活动的价值合理性，是实践正当性的保证。发展伦理其实是伴随人类发展过程而生的，只要有发展，就有对发展问题的伦理价值考察。生态文明强调人类的发展应该是人与社会、人与环境、当代人与后代人的协调发展，将“生态文明”置于“发展伦理”的视域中，就意味着我们必须对经济社会整体发展实践进行价值评价，对发展承担责任。在生态文明建设中，发展伦理对其施以的价值影响主要表现在它迫使人们去思考诸如此类的问题：经济发展与生态环境矛盾如何调适？发展中公平公正问题如何解决？经济利益是否是发展的唯一目标？发展是局部的优化还是整体的进步？

再次，发展伦理必然要对生态文明建设效果进行价值评决。生态文明强调人与自然环境的相互依存、相互促进、共处共融，其目的是实现人类的可持续发展，最终使生态文明建设成果惠及人类整体。发展伦理对生态文明建设效果的价值评决标准：一是生态文明建设是协调、整体的发展，那种以牺牲环境为代价的经济发展、贫富差距愈拉愈大的局部发展，都不过是“伪发展”和“反发展”；二是生态文明建设成果应当惠及所有人，以个体的幸福自由和人类可持续发展为最终目的。正如阿玛蒂亚·森指出：“发展的实质在于扩大个人和社会的选择自由。”② 如果发展的成果仅仅是少数人和群体、少数区域和国家所独占，发展必然误入歧途，生态文明建设必然毁于公平正义的缺失。

发展伦理以“优化发展”为目的，无论是农业文明、工业文明，还是

① 德尼·古莱著，高铦、温平、李继红译：《发展伦理学·前言》，北京：社会科学文献出版社，2003 年，第 1 –2 页。

② 阿玛蒂亚·森著，任赜等译：《以自由看待发展》，北京：中国人民大学出版社，2002 年，第 1 页。

生态文明，发展问题从来就没有摆脱伦理的评判。发展伦理以人的生存发展、生活幸福为旨归，对变化着的生存境域进行价值批判和选择。在历时性、多样性、境遇性的发展过程中，发展伦理对生态文明建设的价值关怀总是确定的、深远的和终极性的。

二、发展伦理视域中的区域生态文明共享的基本内容

所谓区域生态文明共享，就是区域发展过程中以合理、公平、持续、和谐为基本价值理念，以资源共享、责任共担、发展共赢为基本方式的生态文明建设模式。[①] 区域生态文明共享是一个权利与义务、责任与利益统合的综合体系。区域经济增长的过程是自然物质向社会物质不断变换交流的过程，不能囿于小地方的封闭环境中。假定某地方经济局限于一个封闭的系统，缺乏域际的交流，其经济增长的同时必然是自然资本的减少，最后造成自然生态系统空间和功能的衰退，如资源枯竭、环境恶化等。因此，区域生态文明共享就是强调域际之间共建、共生、共享、共赢，形成合理良性的物质变换循环系统。

具体而言，区域生态文明共享有如下几个基本内容：①文化共享。就是培育共同的生态文化意识和理念，在全社会形成一致性的尊重自然、保护环境的意识，实现人与自然和谐发展的价值观的根本转变。②责任共享。其实质就是责任分担。在“唯经济增长论”支配下，某个区域经济社会财富的扩张必然会以另一个区域自然生态功能衰退为代价，形成区域发展的不平衡。在生态文明的增长方式下，每一个区域子系统不仅有责任协调区域内的各种要素，实现优化发展，更有责任对其他区域发展提供科学技术、社会物质产品等的援助，或对该区域的生态自然资源使用和生态环境的破坏提供足够的补偿等。③资源共享。资源分为自然生态资源和社会物质资源两种。根据马克思物质变换理论，社会物质资源的增长是以自然生态资源的耗费为条件的，区域经济发展也是如此。资源共享并不意味着一个区域的发展以另一个区域自然生态资源的耗费为代价，而是强调自然生态资源的有偿互补和社会物质资源的共同增长。④信息共享。区域生态

---

① 肖祥：《“反公共地悲剧”与区域生态文明共享》，《人民论坛》2012 年第 20 期。

文明信息共享就是指不同部门信息系统间，信息和信息产品的交流与共用，以便更加合理地实现资源配置，提高生态资源利用效率，避免在生态信息采集、存贮和管理上重复浪费，避免由于信息不对称而导致区域利益矛盾冲突加剧，从而节约社会资源成本，创造更多的生态效益。⑤利益共享，即生态文明的利益分配合理化。一方面，国家经济发展大系统要确保区域利益的公正合理；另一方面区域利益的获取必然要有相应的支付，以确保利益相关者，包括诸如地方政府、相关组织机构、社区、居民、企业等享有合理的利益分配。⑥风险共享。控制区域经济于合理规模之内并使区域经济成本与区域效益在最佳点上实现结合并不是容易的事，因此区域经济成本大于收益（典型的就是以牺牲生态效益换取经济增长）的风险总是经常出现，这需要政府、企业和民众共同承担、化解风险。⑦机会共享。以国家划分的优先、重点、限制和禁止开发区域这四类主体功能区为基础，区域生态文明建设在发展战略、产业结构生态化规划、公众生态意识培育等方面享有公平的机会。⑧成果共享。生态文明成果共享就是本着以人为本的理念，使生态文明建设成果如环境优化、低碳环保、收益增加等真正深入群众生活。

三、当前我国的区域生态文明共享存在的问题及其归因分析

从我国区域经济发展格局来看，区域经济社会发展取得了丰硕的成果，如深圳“特区经济”发展模式，温州“自发内生”发展模式，内蒙古“依托资源”发展模式，新余“新兴产业”发展模式，清远“造血型”发展模式等。但是，当前我国区域生态文明建设一定程度上依然囿于经济与生态环境关系的应然性论证，区域生态文明共享及实现还是一个有待深化的新鲜课题。

概而言之，我国区域生态文明共享存在的最大问题是如何保障主体平等和利益公平，其核心就是如何保障生态文明公平正义地实现。具体而言，主要有如下问题：

其一，忽略弱势群体利益。按照市场经济规律，政府、企业和公众在经济社会发展中总会千方百计实现自然物质向社会物质转变，并使其扩张最大化；而生态资源的有限性常常造成自然资本减少与经济增长的困境，

于是就会出现强势的社会主体（如政府、部门、企业、公权者等）资源抢夺、“排挤式”开发的现象，忽略某一地域范围内弱势民众的利益。弱势群体因为占有的社会资源少、组织化程度低、力量薄弱、社会权利缺失，常常在市场经济的竞争中处于劣势，抵抗社会风险的能力比较弱，利益表达的呼声得不到相关政府部门的重视；因此弱势群体的生态资源权利、生态权益、生态成果享受等常常被漠视和侵犯，群体性冲突事件频频发生。如企业污染造成当地居民生活环境恶化和生命健康受侵害，土地资源被不公正侵占，矿藏资源被低价掠夺等现象仍十分突出。鉴于此，如何建立合理的自然资源环境的补偿机制，完善自然资源使用和环境污染治理的补偿制度建设，这是区域生态文明共享要解决的首要问题。

其二，弱化代内平等。当前生态文明共享的另一问题就是代内之间平等被弱化。所谓代内平等，就是当代人在利用自然资源满足自身利益时要机会平等，任何国家和地区的发展都不能以损害其他国家和地区的发展为代价。对于我国区域经济发展的现状而言，区域生态文明共享中代内平等的弱化主要是受制度因素的影响。长期以来，通过由政府法令、政策的引入和实施而导致的“强制性制度变迁”主导着国家自然资源的调配和使用，对于作为改革试点的东部地区而言，得益于中央政策的支持，自然资源的使用一直处于优势地位，而贫穷落后地区很少享受生态文明的收益。现有制度的所得利益者总是力图阻碍制度变迁，造成持续的贫富分化和生态文明建设滞后。因此，从制度着手保障代内平等，培育正义的伦理责任意识，营造生态文明建设的合理环境，是生态文明共享的题中之义。

其三，忽视代际公平。所谓代际公平就是当代人与过去、后代人共同地享有地球资源与生态环境，其实质是当代人对环境资源的利用不能妨碍、透支后代人对环境资源的利用。当前，区域经济发展中“竭泽而渔”“杀鸡取卵”“经济效益的暂时性带来污染治理的长期性”的现象并不少见。忽视代际公平实质上是缺乏长远发展眼光，是经济社会持续性发展的断裂。经济学家皮尔斯认为，可持续发展是追求代际公平的问题。1995年，联合国关于确立可持续发展国际法基本原则的专家组报告将“代际公平”列为基本原则之一。要实现区域生态文明共享，首先必须放弃传统的GDP情结，实现科学发展；其次，政府应该利用经济杠杆的作用，反对消费主义，保护不可再生资源不被过度使用和浪费；再次，要倡导资源节约，推动区域经济产业结构调整；最后，要建立有限资源在不同代际的合理分配与补偿机制。

其四，缺乏域际和谐。区域经济的发展不是一个封闭系统，区域之间的要素不断实现流动，某一区域经济社会的发展对于自然生态系统的影响范围常常扩大到别的区域。在不合理的增长模式下，某一区域经济增长的成本就会转嫁到其他区域，造成区域之间的利益冲突。当前，缩小域际差距，构建和谐、可持续发展的经济轴带，促进区域互联、合作、共赢，发挥资源禀赋优势、克服地区产业结构雷同、协调域际分工效益，是区域生态文明共享的重要内容。

从发展伦理视域审视区域生态文明共享存在的问题，背后隐藏着区域经济利益驱动带来的矛盾冲突，具体而言有如下几个原因：

一是缺乏可持续发展伦理意识。在GDP情结的惯性作用下，区域生态文明建设不同程度地缺乏可持续发展伦理意识，或者说依然存在“口头”和“行动”的背离。历史和现实已经证明，掠夺自然、透支生态就必然会带来恶果。恩格斯曾警告：“不要过分陶醉于我们人类对自然界的胜利。对于每一次这样的胜利，自然界都对我们进行报复。每一次胜利，在第一线都确实取得了我们预期的结果，但是在第二线和第三线却有了完全不同的、出乎预料的影响，它常常把第一个结果重新消除。”① 马克思也曾说过：“不以伟大的自然规律为依据的人类计划，只会带来灾难。”② 要实现区域生态文明可持续发展，人们首先必须调整自己的需要理念，建构合理的消费观念、正确的利益观念和理性的发展观念。

二是缺乏合作价值认同基础。由于区域地理条件、资源存量、经济基础、发展状况等差异，区域生态文明建设缺乏合作的价值认同基础，常常表现为地方保护主义、部门利益扩张、“排挤式”开发等现象。区域生态文明共享的实现过程中，只有基于一致的价值认同，实现真正的团结协作、互助补偿、资源共享、责任共担、机会平等、成果共享，才能优化系统要素，促进区域经济社会发展。

---

① 恩格斯著，于光远等译编：《自然辩证法》，北京：人民出版社，1984年，第304页。

② 《马克思恩格斯全集》（第31卷），北京：人民出版社，1972年，第251页。

三是缺乏决策管理伦理共契。决策管理者包括政府、企业和相应管理部门的领导者，他们对于区域生态文明建设发挥着主体性角色的作用。缺乏伦理共契，决策管理必然就会出于地区、部门、小集团的利益，造成政策和管理的地方性倾斜；缺乏伦理共契，行为主体的利己性倾向就会膨胀，掠夺式开发就会加剧区域发展的不平衡；缺乏伦理共契，发达地区就会漠视发展责任，后发地区也容易陷入“资源魔咒”困境。

四是缺乏伦理制度约束。伦理制度通过制度的强制性规范促使伦理价值和道德准则转化为一种普遍的道德理性，进而实现对人的主体行为的约束。区域生态文明建设不是在单一的行政区域完成，区域生态文明共享就需要政府、企业、公众等行为主体通过“商谈、讨论、对话”，建立最大程度的制度伦理约束。缺乏伦理制度约束，就会丧失底线伦理的基本要求，难以保障区域生态文明的最终实现。

四、发展伦理视域中的区域生态文明共享的实现模式

如何破解区域发展的“资源魔咒”[①]、实现区域生态文明共享，是推进区域协调发展的重要理路。区域生态文明共享的目的是控制区域社会经济扩张趋于合理化，其实质是区域内外伦理关系的调节。对于我国区域经济发展不平衡的现实而言，发展伦理视域中的区域生态文明共享应有如下几个基本模式：

（1）局部—全局共享。区域作为一个空间系统，其经济、社会、资源、生态、环境等要素是实现区域内自然物质向社会物质变换的共生变量，但是，显然任何一个区域都不是一个封闭系统，不同区域系统的开放性共同构成了全局大系统的有机和谐。在区域与区域之间、区域与全局之间总是存在利益的交织，质而言之，区域发展环境问题之所以成为一种顽疾，固然有体制机制的原因，但最根本的还是利益问题。因此，协调局部与全局，实现公平正义，在部门利益、地方利益与全局利益之间做出正确

① “资源魔咒”是一个经济术语，它指拥有大量资源的国家和地区往往不能带给这个国家和地区发展和好运，用非洲人的谚语来说就是“上帝在赐给一个地方丰富的资源的同时也附带上了一个咒语，它将诅咒这个地方的人得不到好运”。

取舍，树立“大河无水小河干”的伦理价值理念，这是区域生态文明建设的首要发展伦理要求。

（2）发达—后发共享。发达与后发共享实质上就是利益的均衡，反映的是伦理正义的问题。在不同区域或者同一区域的不同地区，由于资源储备、社会经济条件、生产效率等不同，区域生态文明的效益常常会发生分化。因此，一方面，发达地区对后发地区应该承担生态、产业、技术等方面的扶助责任；另一方面，后发展欠发达地区应大力激发生态资源活力，引进高级资源要素与本地优势要素结合，高起点布局产业，更好地把资源生态优势转化为产业优势、经济优势、发展优势。党的十七届五中全会提出要树立绿色低碳发展理念，大力发展循环经济。后发地区往往生态良好，资源富集，环境资源容量大、承载力强，资源、生态优势明显，具有较强的竞争力，发展循环经济是其实现后发变快发的现实之路。

（3）代内—代际共享。布朗特兰德关于可持续发展的经典定义认为：“可持续发展是既满足当代人的需要，又不对后代满足其需要的能力构成危害的发展。”① 一方面，区域生态文明必须考虑代内共享，既不能损害他人、其他地区和国家的发展，又必须满足当代人的需要，建设资源节约型、环境友好型社会和提高生态文明水平。另一方面，区域生态文明还必须考虑代际共享，形成良性的发展伦理关系。因此，我们既要关注“横截面”的人际关系即代内伦理关系，又不能忽略“历时性”的人际关系即代际伦理关系，既要关注代内平等，更要关注代际公平。

（4）国内—国际共享。区域生态文明共享是实现多元化的区域生态经济模式的有力支撑，进而推动区域经济发展战略向国家发展战略、国际交往战略转型和升级。尤其在区域经济一体化的时代背景下，区域生态文明显然已经突破某一地区或某一国的地理空间，而成为共同的责任与事业。因此，倡导公平合理的发展伦理，在经济、社会、生态的三维互动中达成价值共契，是实现生态资源配置和文明成果共享的“纳什均衡”与“帕累托最优”叠加的基本保证。

区域生态文明共享不仅是实现生态环境、经济发展的良性互动、建立生态经济系统、实现区域可持续发展的必由之路，也是破解后发地区经济

---

① 肖祥：《“反公共地悲剧”与区域生态文明共享》，《人民论坛》2012 年第 20 期。

发展与生态建设两难困境的关键，还是建立绿色产业和经济结构、实现多元化生态经济模式的有力支撑，更是实现区域经济发展战略向国家发展战略转型和升级的重要保障。

党的十八大报告强调指出：建设生态文明，是关系人民福祉、关乎民族未来的长远大计。从区域发展战略而言，以发展伦理观照区域生态文明共享，不仅有助于落实十七届五中全会提出的“构筑和谐区域发展格局”的战略目标，实施区域协调发展总体战略，推进区域合作、交流、共赢、发展，增强区域可持续发展能力，更是有效落实党的十八大提出的“五位一体”发展战略，加快生态文明建设，推进“绿色发展”，实现“绿色幸福”的重要理路。

泛北部湾区域生态安全及其对策

从可持续发展角度而言，生态安全就是经济发展与生态环境保护相适宜、无空间冲突的和谐状态；从国家安全角度而言，生态安全指本国生态环境要素和生态系统功能能够有效维护国家经济社会健康、持续发展的安全状态；从生态系统功能角度而言，生态安全是指生态资源得到合理利用和管理，使生态系统能够保持其结构与功能不受威胁的健康平衡可持续状态。

保护泛北部湾区域生态安全，维护其生态环境优势，避免生态资源“占有式”或“排挤式”开发，化解生态资源利用的相关利益矛盾冲突，这是推进泛北部湾区域经济合作纵深发展的重要保障。

一、泛北部湾区域面临的主要生态安全问题

尽管泛北部湾区域生态安全问题尚未进入高风险期，但不能不引起我们的警惕。

（一）土地资源生态安全问题

（1）从维护国家主权的角度而言，各国在此区域的资源利益争端是中国面临的土地资源生态安全重大问题：如由油气资源引发的中越有关南海岛屿及其附近海域主权的争端，中菲关于黄岩岛争端，马来西亚、文莱、印度尼西亚等国在中国南海岛礁问题上也提出了领土要求。

（2）从国内土地资源利用的角度而言，突出问题一是土地资源合理利用不强，造成生态安全压力大。如广西北部湾经济区土地总面积4.25万平方公里，区域内未利用土地较少，且都是难利用土地，可利用扩展度不大，严重制约着经济建设的空间扩展。二是土地资源保护效率有待提升，森林的土地覆盖总量不高且分布不均、土地石漠化现象严重。广西北部湾

经济区内山地丘陵面积占土地总面积的68.30%，全区水土流失面积281万公顷，占土地总面积的12%；石漠化面积238万公顷，占土地总面积的10.10%，局部地区石漠化还在扩张。随着工业化和城镇化进程的加快，工业和农业污染对土地生态环境的破坏日趋显现。如何加强国土资源科学利用和保护，优化土地供应结构，集约型合理开发利用土地资源，实现土地资源的综合效益，统筹协调好土地利用与生态建设矛盾，是我国在北部湾地区土地资源生态安全的突出问题。

（二）海洋生态安全问题

北部湾海洋生物资源、化学资源、矿产资源非常丰富，其海洋生态安全问题主要是：

（1）海洋污染加剧，海洋生物资源遭到破坏，造成海洋生态系统退化。随着海岸带和海岛开发范围和密度加大，沿海工业污染加重，海水养殖污染物排放，不仅造成近岸海域水环境质量下降，局部海域水质指标超标甚至成为污染区域（如防城港、钦州湾近岸局部海域受无机氮和石油类污染物污染严重），还造成近岸的红树林生态系统、珊瑚礁生态系统和海草生态系统功能退化。

（2）海洋生物多样性面临威胁。由于内海捕捞过度、海水养殖、海岸湿地围垦和海洋环境污染等，造成了附近海区生物种群减少，一些珍稀海洋生物濒危，改变了海洋生物群落结构，降低了海区生物多样性。

（3）海洋捕捞造成北部湾海洋渔业生态系统退化。由于内海和中下层海产资源捕捞强度过大（达到90%左右）、捕捞工具改进和渔民缺乏可持续性捕捞意识，渔业资源无法承受高强度的捕捞行为，捕捞增产只能靠大量捕获幼鱼和低营养级劣质鱼种，“营养级联效应”（trophic cascading）造成北部湾海洋渔业生态系统结构和功能下降。①

（4）海洋资源开发产业结构不合理、层次低，海洋生物资源利用率不高，严重制约北部湾海洋生物资源可持续发展。北部湾海洋生物综合开发层次和效率普遍较低，海洋捕捞和海水养殖占主导，而海产品加工、海洋

---

① MARTEN S, STEVEN C, BRAD Y. Cascading effects of over-fishing marine systems. Trends in Ecology and Evolution, 2005 (20): pp. 579 – 581.

生物医药开发、海洋生物产品贸易等第二、第三产业发展慢、规模小，加重了海洋生物系统的产出压力。

(三) 能源安全问题

北部湾是能源资源富集地，为大西南地区和全国经济协调发展战略提供能源资源支撑。其问题主要表现为：能源的利益争夺和矛盾冲突加剧；能源供应与需求矛盾突出；能源开发利用方式粗放、综合开发利用不足、效率较低、浪费大；能源环境污染严重；能源贸易与世界市场脱节，能源价格存在不合理之处；工业能源、城市能源和生活能源供需紧张，等等。这些问题加剧了生态环境压力，使泛北部湾生态安全面临严重威胁。

(四) 湿地生态安全问题

湿地被称为“地球之肾”和天然物种库，具有重要的生态效益、经济效益和社会效益。据《广西壮族自治区湿地保护工程规划（2006—2030年)》，北部湾湿地面积大，共有湿地 47.78 万公顷。其中近海及海岸湿地 33.60 万公顷，河流湿地 5.20 万公顷，人工湿地 3.90 万公顷。当前北部湾湿地面临严重问题：一是随着北部湾经济开发、基础设施建设、企业工厂兴建，使得湿地面积缩小。二是人为破坏。20 世纪 50 年代的围海造田、90 年代之后的滩涂围垦养殖，都是出于利益的需要，围垦的红树林面积就不下 3 500 公顷、养殖塘达 2 557 公顷。三是湿地功能由于遭受污染有退化趋势。

(五) 森林生态系统安全问题

一是沿海防护林受破坏严重、沿海防护林生态系统功能低；二是森林树种单一、结构简单，造成森林生态系统稳定性差、整体功能较低。

二、维护泛北部湾区域生态安全刻不容缓

生态安全具有丰富的政治意蕴。维护泛北部湾区域生态安全，不仅是中国经济发展的需要，也是政治、社会、文化发展的需要。

（一）保障国家安全

21 世纪生态安全问题正成为国际政治斗争的焦点和战争的导火索。维护泛北部湾区域生态安全是保障我国国家安全和国家利益的重要任务：

（1）不能忽视生态破坏造成的经济损失。近年来我国生态破坏和环境污染造成的经济损失值约占 GDP 的 14%①，因此泛北部湾区域因为生态破坏和环境污染造成的损失也不容忽视。

（2）泛北部湾区域内各国出于国家利益需要，对生态资源的争夺、对生态恶化的责任推脱，不能不引起我们的警惕。

（3）某些国家打着“环境责任国际化”的幌子，借环境安全之名干涉他国主权，推行“环境殖民主义”，将区域问题国际化，我们必须坚决反对。

（4）从国内政治发展而言，以人为本的生态执政观是政党执政理念的优化。各级政府在公共管理中树立绿色政绩观，打造生态型政府，用生态安全理念指导社会建设，推进生态型社会发展，具有重要的国家安全意义。

（二）维护区域稳定协调发展

十七届五中全会提出“构筑和谐区域发展格局”的战略目标。泛北部湾经济合作是国家区域协调发展总体战略和主体功能区战略的具体实施，从面临的生态安全严峻形势和艰巨任务而言，泛北部湾区域生态安全格局的构建刻不容缓，这是推进区域合作、交流、共赢、发展，实现区域可持续发展和包容性增长，维护区域稳定协调发展的重要保障。

（三）推进区域生态文明

国家生态文明发展战略必须落实在具体空间，泛北部湾区域生态文明建设就是要突出生态空间的区域性和特殊性。泛北部湾正成为中国新的经济增长极，改善该区域生态环境、建设区域生态文明，是当前实现国家生

---

① 黄仁伟：《生态环境与国家安全》，见巴忠倓主编：《生态文明建设与国家安全》，北京：时事出版社，2009 年，第 67－72 页。

态文明发展战略的紧迫任务，具有国际性和区域性的战略意义，同时具有政治、经济和社会发展的多重影响。

三、保障泛北部湾生态安全的对策

保护泛北部湾区域生态安全，维护其生态环境优势，避免生态资源“占有式”或“排挤式”开发，化解生态资源开发利用的利益矛盾冲突，这是推进泛北部湾区域经济合作纵深发展的重要保障。

（一）完善以国家政府为主体的强制性生态安全保护制度，制定《泛北部湾生态安全公约》

迄今为止尚未有类似泛北部湾生态安全的环境安全协议或“公约性”的制度解决方式。处置生态问题的历史记忆和现实告诉我们，生态安全的维护离不开国家或政府的主体作用。作为泛北部湾经济合作构想的最早提出者和倡导者，我国应从区域生态安全和国际生态安全的战略视野，高屋建瓴地促成具有法规约束力的《泛北部湾生态安全公约》的制定，并促成中国—东盟领导人会议审议通过。

（二）建立泛北部湾国家生态安全预警与防范体系

（1）要建立泛北部湾国家生态安全组织领导协调机构，负责和掌控泛北部湾区域生态安全状况和变化趋势。

（2）针对我国对泛北部湾区域生态安全的相关信息尚缺乏足够的获取、检测、分析、发布、评估、预测能力，生态安全预警能力亟待提高的状况，完善各级各类专门的监测、分析机构和相应的政府职能部门，以及各类相关科研机构和咨询机构，建立完整的预警与防范体系，在国家生态安全组织领导协调机构的组织协调下，有效地获取、发布相关生态安全信息，为国家生态安全决策提供必要的信息支撑。

（3）实施动态监测，对泛北部湾资源与环境安全度及各项生态安全衡量指标进行适时关注，及时启动应急预案，维护国家生态安全。

（三）积极开展泛北部湾区域生态安全的国际合作

我国应以维护国家主权为基本原则，开展生态安全信息交流、生态环境监控、环境污染防治、生态资源开发利用等方面的合作。

（1）达成泛北部湾区域生态安全国际合作的价值共识，使以合理、公平、持续、和谐为基本价值理念，以资源共享、责任共担、发展共赢为基本方式的生态文明共享模式成为价值认同。我们既要警惕和防止一些别有用心的国家提出的“中国生态威胁论”和“中国生态入侵论”在泛北部湾区域生态合作投上阴影，积极维护我国在生态安全国际合作的正义性不受挑战；又要积极倡导“共建生态文明，共享绿色未来”的生态合作理念，达成共建、共生、共享、共赢的价值共契和实践合作，避免生态资源的恶性争夺，促成区域协调发展。

（2）建立强有力的生态安全协调机构，着力解决各国、各地区的跨境河流污染治理、跨区域物种入侵、跨区域生态失衡、海洋资源保护等生态问题。

（3）合理划分与承担维护生态安全“集体行动”之责任。托马斯·里斯—卡彭认为，集体权责是解决气候变化等环境问题的主要途径。[①] 集体行动的参与各方都应该认识到合作必定会带来明显的国家净利[②]；同时应该进行责任合理划分与承担，体现公平合理原则。如通过《泛北部湾生态安全公约》或成立具有法律约束性的“生态安全专门委员会”，实施更加细致的“硬法约束”和“软法约束”。

（四）建立市场化生态安全保护体系，优化生态治理的利益调节机制

泛北部湾经济合作本身就是一个利益博弈的过程，利益机制的调节对于生态安全更具动力性。

（1）在生态资源和环境产权明晰的基础上，各方通过协商、谈判，协调利益收益，降低生态资源管理成本，既要避免生态资源开发利用“公共

---

① TOMAS RISSE-KAPPEN. Bringing transnational relation back in：non-state actors, domestic structures and international institutions. Cambridge：Cambridge University Press, 1995.

② INGE KAUL, ISABELLE GRUNBERG, MARC A STERN. Global public goods：international cooperation in the 21st century. New York, 1999：p. 485.

地悲剧”，又要避免“反公共地悲剧”，从而破解“资源魔咒”。①

（2）建立区域性生态补偿机制。生态治理收益和生态破坏成本具有外溢性，例如上游的国家对河流污染的治理，会使处于中下游的国家享受好处；生态环境破坏若不及时进行补偿，就会因为累积而不断扩散，使污染范围扩大、程度加重，从而增大污染治理的经济和社会成本。因此，泛北部湾区域各方，必须按照“谁开发谁保护，谁破坏谁恢复，谁受益谁补偿”的原则，制定下游对上游、受益区对受损区、受益者对受损者的利益补偿政策，加快建立生态补偿机制。

（五）制定泛北部湾能源资源安全风险防范对策，维护能源资源安全

2008 年 6 月中国欧盟商会圆桌会议能源工作组指出：“在能源安全和环境的可持续性问题上，中国政府正面临着规模最大、难度最高的考验。”② 我国应该全面重视泛北部湾区域能源安全问题，尤其把广西北部湾经济区建设成为集石油加工与储备、进口煤炭交易与配送和电力生产于一体，服务三南（西南、华南、中南）地区的国家战略性能源安全生产基地，为实现泛北部湾区域“互惠的能源安全”做出表率。①树立和落实互利合作、多元发展、协同保障的新能源安全观；②确立市场对能源资源配置的基础性作用，统一协调、规划，加强能源资源管理；③加强能源领域的国际协商和合作，加强能源出口国和消费国的对话和沟通，强化能源政策磋商和协调，创造良好的能源安全区域政治环境；④提高能源供给能力，鼓励能源产业投资，扩大世界能源供应，形成先进能源技术的研发推广体系，尤其促进石油天然气资源开发，维护合理的国际能源价格，满足经济社会对能源的正常需求；⑤优化能源结构，提高可再生能源比重，鼓励研发和使用核能和水电等非化石能源，全面推进能源节约，促进能源产业与环境协调发展。

---

① 肖祥：《“反公共地悲剧”与区域生态文明共享》，《人民论坛》2012 年第 20 期，第 58 – 59 页。

② 杨丽明：《中国能源安全正面临着难度最高的考验》，《中国青年报》，2008 年 6 月 20 日。

（六）加强生态安全文化建设，提升民众生态教养和生态安全意识，激发维护生态安全的自觉性和积极性

通过新闻媒体、资料宣传、讲座、展览等方式，加大对泛北部湾区域生态安全的宣传和教育，使民众自觉承担保护生态环境的公民义务，积极开展环保公益活动，广泛参与生态文化建设，从而形成维护泛北部湾区域生态安全的良好氛围。

（七）制定泛北部湾区域生态环境评估和考核体系

泛北部湾区域环境监管能力较弱，生态环境评估和考核体系尚未完善，因此，一方面，要建立全区域标准一致的生态环境评估和考核标准体系，对诸如经济发展对资源能源的消耗状况、环境污染状况、生态安全状况等级、生态资源和环境影响等进行评估；另一方面，我国应该加大针对泛北部湾环境监测体系建设，尽快完善国家生态安全监测和预警系统，准确获取区域内污染排放和环境质量的实际情况，提升环境监测水平，及时掌握该区域生态安全的状况及变化趋势。

我们既要维护本国生态安全不受外来威胁，也要积极倡导和维护整个区域生态安全，推进形成东亚生态安全新格局。

“反公共地悲剧”与区域生态文明共享

2011年世界环境日的中国主题提出“共建生态文明，共享绿色未来”，生态文明共享受到了前所未有的重视，并成为跨越国际文化差异的价值认同。当前，区域生态文明共享已然成为国民经济和社会发展的重大而紧迫的问题。区域生态文明共享就是区域发展过程中以合理、公平、持续、和谐为基本价值理念，以资源共享、责任共担、发展共赢为基本方式的生态文明建设模式。要有效实现区域生态文明共享，必须加强区域内各部门的团结协作和区域间的共建共赢，避免陷入“反公共地悲剧”的泥沼。

一、“公共地悲剧”与“反公共地悲剧”

1968年，美国教授加勒特·哈丁在《科学》杂志上曾发表题为“公共地的悲剧”的论文，首先提出“公共地悲剧”（tragedy of commons）理论。他例证说，在一块公共草地的牧场上，每个牧羊者都希望自己的收益最大化，因此都会不顾草地的承受能力而增加羊群数量，最终导致牧场因过度使用而退化或废弃，悲剧就这样发生了。“公共地悲剧”理论说明，在没有制度约束下，公共事务中的自由给所有人带来了毁灭，有限的公共资源与无限的个人欲望之间必然会导致资源的滥用、破坏甚至枯竭。当行为主体秉承“利益归已，损失归公”的理念，就会因为追逐自身利益最大化而造成公共资源过度使用和破坏，最后造成整体利益的下降和损失。“公共地悲剧”实质上是对公有资源的一种责任漠视。诺贝尔经济学奖获得者科斯认为，导致“公共地的悲剧”的重要原因是产权缺失或不明晰，若将共有资源划分到个人，便能够做到有效使用资源，从而防止出现“公共地悲剧”，这就是著名的“科斯定理”。从理论而言，明晰产权、资源私有化确是防止“公共地悲剧”的重要方法之一，但是资源的有限性与私有化的矛盾是显而易见的，而且随着私有化加深，利益冲突会进一步加剧，导致深陷“悲剧”的恶性循环。

1998 年，美国教授米歇尔·赫勒提出了“反公共地悲剧”（tragedy of anti-commons）理论。他说，尽管“公共地悲剧”说明了人们过度利用公共资源的恶果，却忽视了资源未被充分利用的可能性。在公共地内存在着很多权利所有者，为了达到某种目的，每个当事人都有权阻止其他人使用该资源或相互设置使用障碍，而没有人拥有有效的使用权，导致资源的闲置和使用不足，造成浪费或福利减少，于是就发生了“反公共地悲剧”。“反公共地悲剧”的形象比喻就是“多龙不治水”，似乎每一个人都拥有资源的使用权，而每一个人都有阻止别人使用资源的权利，最后造成了所有权的似是而非和支离破碎。

综上，“公共地悲剧”与“反公共地悲剧”是一个两难困境，或者说后者是前者的极端所致。生态文明建设中资源掠夺、“排挤式”开发、无节制浪费的“公共地悲剧”已经为人们所认识、警觉和逐渐制止；但是生态文明建设中多个权利持有者如何加强协作，充分利用资源，实现区域经济社会效益的最大化，依然是一个新课题。区域生态文明共享要反对多个权利持有者按自身利益最大化原则决策行为而导致公有资源被过度使用的“公共地悲剧”，更要反对多个权利持有者互相排斥其他人使用资源而造成资源使用不足、效益降低的“反公共地悲剧”。

二、区域生态文明共享应充分重视和避免“反公共地悲剧”

实现区域生态文明共享，是推进区域协调发展的重要理路。区域生态文明共享是一个权利与义务、责任与利益统合的综合体系。区域生态文明共享就是强调资源拥有、使用、管理等权利主体之间共建、共生、共享、共赢，形成价值共契和实践合作，促成合理良性的自然物质向社会物质变换的循环系统。因此，区域生态文明共享应充分关注和避免“反公共地悲剧”。

首先，“反公共地悲剧”容易造成区域生态资源的闲置。赫勒证明了反公共地的产生造成资源闲置，他认为，“反公共”资源的产权特征有如下四个方面：①多个所有者拥有对稀缺资源的部分所有权；②每个产权拥有者都有权利拒绝其他产权所有者拥有完整的产权；③产权的“反公共性”意味着稀缺资源对每个所有者而言都是有价值的，但是这种产权体制并无利于生产效率的提高；④非私人产权既可以看作具有排他性的“反公共性”，也可以看作具有非排他性的“公共性”。[①] 赫勒用“闲置的莫斯科商店”案例来说明反公共地悲剧造成的资源闲置。20 世纪 90 年代初，莫斯科街道上出现过这样的怪现象：商贩们宁愿在寒冬里待在街道旁用金属做成的箱型销售摊经营，而街道两边却是大量空置的店铺。赫勒认为原因是莫斯科店铺有许多拥有者，而且他们的每一个都有权阻止其他人使用，最终没有人能够使用，导致店铺资源的闲置。在区域生态资源的开发利用过程中，常常会出现这样的情况：有几个部门同时拥有正式或非正式的排他权，并利用排他权阻止其他人对资源的使用，最后造成生态资源的闲置，如地方森林资源、矿产资源、河流资源、土地资源、旅游资源难以被开发利用等。

其次，“反公共地悲剧”容易造成区域生态资源利用不足。在区域生态文明建设过程中，由于管辖权限不明或相互冲突，某些资源的开发和使用受多个部门管辖，需要多个部门审批，并且每一个部门都有权获得利益抽成。如此就造成了两种现象：一是职责推诿，正如莫斯科街道的店铺有许多拥有者，他们都拥有阻止他人“开门”的“钥匙”，但谁都无法“开锁进门”；二是出于利益抽成的目的，生态资源的各个权利拥有者都存在“搭便车”的心理，都希望坐享其成，从而使协调和沟通难度增大，增加了管理成本。以上两个原因必然造成生态资源的利用不足。

再次，“反公共地悲剧”还容易造成区域生态资源的浪费。一方面，闲置生态资源的管理需要付出一定成本，无形中造成了资源的浪费。我们经常可以看到土地闲置、丢荒的现象，或地区生态旅游资源开发被搁置、废弃的现象，如同莫斯科空置的商店，不仅没有被租赁使用，而且还要支付维护商店基本设施的费用和资本折旧。另一方面，一些生态资源即使得到部分开发和利用，但是由于众多权利所有者处于一种“无知之幕”笼罩之下，信息的不对称造成资源使用必须付出巨大的信息成本。比如某地区资源丰富，如莫斯科街道的店铺——“6 个政府机构共享出售权，3 个机构有权出租店铺，5 个机构有权得到出售款，5 个机构有权收取租金，1 个

---

① MICHAEL A HELLER. The tragedy of the anticommons：property in the transition from Marx to Markets. Harvard law review，1998，Vol. Ⅲ：pp. 673，675，640 - 641.

机构有权占用店铺”，要对该地区资源进行有效开发，必须要付出巨大的信息成本和交易成本去“摆平”。与此同时，信息成本和交易成本的权衡还有可能滋长“官商勾结”“权力寻租”的丑恶现象。

最后，“反公共地悲剧”造成区域生态效益潜在收益的损失。布奇南证明了反公共地造成的潜在收益损失，“由互补性要素构成的资源由非常多的成员所拥有，只有在所有权利人一致同意的情形下资源才能充分使用，当某个权利人行使排他权时，会导致其他权利人的经济产出下降。行使排他权的权利人越多，反公共地的价值越低”①。质而言之，由于权利主体的“离心离德”，区域生态效益的整体性、系统性被人为分割而降低了。一方面，区域生态资源由于没有得到充分的利用开发，其经济社会效益无法充分显现；另一方面，区域生态资源的整体综合效益由于权利分割、系统性被破坏而下降，使得区域生态资源的整合与优化步履维艰。

“反公共地悲剧”将使区域生态文明建设禁锢于“资源魔咒”，即使某区域拥有再丰富的生态资源，由于“反公共地悲剧”却未能获得应有的经济增长和社会进步，造成“抱着金山哭穷”的现象，使区域生态文明共享困难重重。

三、区域生态文明共享的实现机制

从国家发展战略和区域发展战略层面对区域生态文明共享“如何实现”进行审视，这是破解“反公共地悲剧”、推进区域生态文明共享的重要理路。从国家发展战略而言，建立区域生态文明共享的实现机制是实施国家区域协调发展总体战略和主体功能区战略、推进区域可持续发展和包容性增长的有效保障；从区域发展战略而言，建立区域生态文明共享的实现机制是实现建设区域生态经济模式、区域经济合作发展战略和区域交往战略转型的有力支撑。

其一，组织协调机制。组织协调机制是实现区域生态文明共享的基本前提。区域生态文明共享是一个权利与义务、责任与利益统一的综合体

---

① 周清杰、杨芬：《“反公共地悲剧”与创新型国家建设——谈如何进一步完善我国的专利制度》，《光明日报》，2011 年 2 月 11 日。

系，其实现既需要相应的目标约束，也需要一定的制度管理；既要有相应的行为监督，也要有强力有效的决策实施。因此，为避免生态资源多个利益相关者使用排他性权利而造成资源开发利用过程中的推诿扯皮或某种生态资源开发利用不足，陷入“反公共地悲剧”，就必须建立有效的组织协调机制。组织协调机制包括目标机制、信任机制和协商机制，通过组织协调机制可有效地实现区域生态文明共享的协调管理，提高生态资源利用效率。从和谐管理的角度而言，首先各级政府部门和行政机关必须树立区域协作性的公共管理目标理念，致力于区域经济社会发展、生态资源开发和环境保护的有机统一目标；其次，各权利主体相互间应该建立合作信任机制；再次，各权利主体应建立协商机制，共同参与生态文明建设，分担区域生态责任。

其二，信息交互机制。信息交互机制是保障区域生态文明共享顺畅的必要条件，就是指不同部门信息系统间，信息和信息产品的交流与共用，以便更加合理地实现资源配置，提高信息资源利用率，避免在信息采集、存贮和管理上重复浪费，避免由于信息不对称而导致区域利益矛盾冲突加剧，从而节约生态资源信息成本和利用成本，提高生态资源的社会效益和经济效益。信息经济学认为，达到“帕累托最优”的条件是完全信息，而区域内部、区域与区域之间常常存在信息不对称的缺陷，造成合作不利。信息交互机制的建立不仅仅是生态资源信息交流，还包括对其信息利用、开发与服务推送等，以此提高生态文明共享效率。

其三，合作平台机制。合作平台机制是避免区域生态文明“反公共地悲剧”的主要途径。区域生态文明共享的实现，需要相应的合作平台以适应市场运行的要求。在市场经济条件下，由于生态资源的稀缺性，区域行为主体存在着利益博弈，为了改善和解决利益冲突，需要各方通过合作平台进行有效磋商，建立多样化的多边协调机制和合作机制。例如，继珠三角、长三角、环渤海湾的中国区域经济发展第四增长极——泛北部湾经济区，通过中国—东盟博览会、泛北部湾合作联合专家组、泛北部湾经济合作论坛、企业联盟、政府首脑会议等合作方式，搭建泛北部湾区域经济合作平台，加强区域经济发展与生态文明建设协调发展。

其四，协同发展机制。区域生态资源的开发和利用是区域生态文明共享的实质内容。由于区域生态资源存在着极大的互补性，为了改变生态资源利用的低效无序、单边自主状况，实现区域效益的“多赢”和“共赢”，需要建立区域生态资源的协同发展机制。所谓协同发展，就是指协调两个或者两个以上的不同资源或者个体，相互协作完成某一目标。从发展战略而言，破解区域“自身发展能力不足”必须在区域推进战略中实现生态与经济、社会、文化协同发展。“经济社会建设”是区域可持续发展的核心，“生态建设”是区域实现可持续发展的关键要素，是实施可持续发展的必由之路，也是区域经济社会协同发展的有力支撑。从区域生态建设的参与个体而言，必须协调政府、组织机构、企业、社区、居民等各种权利主体，本着“利益均沾，责任共担、风险共承”的理念和原则寻求发展道路。

其五，问题处置联动机制。当前我国生态问题处置仍存在条块分割的状况，矿产、能源、卫生、林业、渔政等各部门都有涉及，这种状况常常会造成问题“扯皮”现象。问题处置的联动机制首先必须以“生态安全”理念的确立为统领，以生态安全作为区域生态文明共享的重要理念；其次是在生态保护、管理、修复、应急处理、生态补偿、纠纷协调等问题上建立健全行政解决机制；再次是建立区域合作的常规性和长效性的组织协调机制，解决矛盾、纠纷和冲突。近几年来，我国政府逐渐认识到产权过度分割的弊端，提出了要建立中央政府和地方政府分别代表国家履行出资人职责，享有所有者权益，权利、义务和责任相统一，管资产和管人、管事相结合的国有资产管理体制。① 这种管理体制的有效运用，能够为区域生态文明共享存在的问题解决提供有效、统一的处置联动方式。

其六，利益矛盾协调机制。利益矛盾协调机制是避免“反公共地悲剧”、实现区域生态文明共享的有效杠杆。“反公共地悲剧”究其原因还是利益相关者的矛盾和冲突造成的。所谓利益相关者就是指“任何能影响组织目标实现或被该目标影响的群体或个人”②。区域生态文明共享中的利益相关者包括地方政府、相关组织机构、社区、居民、企业等，他们分别作为核心利益层相关者、紧密层利益相关者、松散层利益相关者并以各种形

---

① 江泽民:《全面建设小康社会　开创中国特色社会主义事业新局面——在中国共产党第十六次全国代表大会上的报告》，北京：人民出版社，2002 年。

② FREEMAN, R E. Strategic management：a stakeholder approach. Boston：Pitman Publishing Inc. , 1984.

式声称对区域生态资源拥有权利和享有利益分配。一般而言，利益相关者对利益期望都很高，他们在利益分享或抽成过程中极易造成矛盾和冲突；同时，我国区域经济管理体制上仍存在机构设置的空间重叠，并引发一系列的负面效应，如权力寻租、商业贿赂、矛盾扯皮、消极服务、开发效率低下等。为避免在区域生态文明共享过程中利益冲突的“反公共地悲剧”，就必须建立区域合作职能明确的管理机构，如区域合作仲裁委员会等，有效地处理利益矛盾纠纷。

区域生态文明共享不仅是实现生态环境、经济发展的良性互动，建立生态经济系统，实现区域可持续发展的必由之路，也是破解后发地区经济发展与生态建设两难困境的关键，还是建立绿色产业和经济结构，实现多元化的生态经济模式有力支撑，更是实现区域经济发展战略向国家发展战略转型和升级的重要保障。实现区域生态文明共享、避免“反公共地悲剧”，既要使区域生态资源得到合理利用和开发，又要使区域生态资源得到充分有效的利用开发，这是提升区域经济社会综合效益的必由之路。

区域生态文明共享的生态正义问题

区域生态文明共享[①]是伴随区域经济发展战略的实施而提出的生态文明建设模式。随着区域经济发展的全面推进，区域生态文明共享的公平正义问题逐渐显现。维护生态正义，是保障区域生态文明共享有效实现的关键。

一、生态正义与泛北部湾区域生态文明共享

近几年，生态正义问题受到学界的广泛关注，学界认为：生态正义是建设环境友好型社会的伦理基础[②]；生态权利是公民的基本权利，即公民或个人要求其生存环境得到保护和不断优化的权利，生态权利的实现就是生态正义[③]；生态正义必须以生态整体主义为指导、以真正公平为目标[④]，等等。所谓生态正义就是以发展伦理为价值指导，以遵循公平、公正原则开发利用生态资源为基本内容，旨在建立一种代际、人际关系和谐的正义观念或价值原则。

作为一种正义观念，生态正义不仅强调生态资源开发利用和处置生态环境问题的制度公正，也强调生态行为主体的正义美德。一方面，生态正义首先需要实现制度公正。制度正义论者罗尔斯认为："正义是社会制度

---

① 肖祥：《"反公共地悲剧"与区域生态文明共享》，《人民论坛》2012 年第 20 期。

② 胡伟、程亚萍：《生态正义：建设环境友好型社会的伦理基础》，《青海社会科学》2006 年第 6 期。

③ 李惠斌：《生态权利与生态正义——一个马克思主义的研究视角》，《新视野》2008 年第 5 期。

④ 黄明健：《论作为整体公平的生态正义》，《东南学术》2006 年第 5 期。

的首要价值”，“正义与否的问题只涉及现实的并且被公平有效管理着的制度”。[①] 生态正义首先需要公正的生态制度规范作保障。另一方面，生态正义还需要生态行为主体对正义的道德确认和践行。美德正义论者认为：“作为人格美德的正义乃是制度正义的前提。”[②] “由于这种品质，人们行为公正和想要做公正的事情。”[③] 生态行为主体获得生态正义的美德品质，自然就会自觉主动地承担生态责任。

作为一种价值原则，生态正义一方面以追求生态资源配置的代际公平和代内公平为目的，建设良好的生态环境；另一方面生态正义还是处置人与人、人与社会、人与自然、国与国、地区与地区生态利益矛盾的基本原则，以实现社会和谐、健康、绿色发展为旨归。

所谓区域生态文明共享就是区域发展过程中以合理、公平、持续、和谐为基本价值理念，以资源共享、责任共担、发展共赢为基本方式的生态文明建设模式。泛北部湾区域合作是在不同主权国家条件下，以合作各方政府为主导，以企业为主体，以国际组织为促进力量的次区域合作。作为区域经济发展的新的增长极，泛北部湾区域生态文明共享是区域发展过程中生态文明建设的新模式，强调在区域内生态资源开发利用和生态环境保护中实现局部—全局共享、发达—后发共享、代内—代际共享、国内—国际共享。

生态正义与区域生态文明共享在价值目标和实质内容具有一致性。其一，二者的价值目标一致。生态正义的价值目标强调对生态资源合理、正当、适度以及可持续开发利用，实现人与自然和谐可持续发展。区域生态文明共享并不囿于区域经济与生态环境关系的应然性论证，而是强调权利与义务、责任与利益的有机统合，区域内各国各方实现资源共享、责任共担、发展共赢，实现区域经济社会可持续发展。其二，二者的实质内容一致。生态正义的基本内容就是生态资源开发利用的正当合理，即生态资源

---

① 约翰·罗尔斯著，何怀宏、何包钢、廖申白译：《正义论》，北京：中国社会科学出版社，1988 年，第 1、55 页。

② 阿拉斯戴尔·麦金太尔著，万俊人等译：《谁之正义？何种合理性?》，北京：当代中国出版社，1996 年，第 80 页。

③ 亚里士多德著，苗力田主编：《亚里士多德全集》（第八卷），北京：中国人民大学出版社，1997 年，第 94 页。

开发利用与一定时期的经济发展水平相适应；同时生态资源开发利用应与自然环境相协调，考虑自然的承载力和未来发展。区域生态文明共享就是针对该区域的生态环境特点，在区域生态资源开发利用中承担共同责任、共同解决生态环境问题，使生态资源的开发利用与该区域经济社会良性互动、协调发展。当前，缩小域际差距，构建连续、和谐、可持续发展的经济带，促进区域互联、合作、共赢，发挥资源禀赋优势、克服地区产业结构雷同、协调域际分工效益，是区域生态文明共享的重要任务。

二、生态不正义：生态文明共享存在的公平问题——以泛北部湾为例

在泛北部湾区域生态文明共享的实践过程中，生态不正义的问题逐渐凸显甚至恶化，出现如生态资源的争夺、生态环境破坏、以自我利益为中心处置生态问题、无节制开发利用生态资源等问题，这些问题严重影响着该区域生态文明共享，制约着经济社会的全面发展。在环境伦理学的视野中，代内正义和代际正义是生态正义问题的两个维度。[①] 泛北部湾区域生态文明共享的生态正义问题从代内正义（其中也包括域际正义）和代际正义两个方面进行分析。

（一）弱化代内平等

代内生态正义指生活在同时代的人们的生态权益平等和生态责任共担的状态。泛北部湾区域生态代内不正义的突出问题就是弱化代内平等，表现为：

1. 一个国家内不同地区和群体生态利益的不平等，突出的现象就是忽略弱势群体

由于地理环境和生态资源条件不一样，泛北部湾区域内的各国各地区发展状况不一样，往往造成某些地区和某些弱势群体的生态利益受到漠视甚至损害。如广西北部湾经济区是粤港澳地区重要的生态屏障，但广西区

---

① 李培超：《多维视角下的生态正义》，《道德与文明》2007 年第 2 期。

域生态系统敏感而脆弱，区域发展不平衡的状况较为严重，区域之间经济总量差距和人均发展水平差距呈扩大趋势，致使区域性贫困和脆弱环境问题相互交织，生态环境压力和扶贫解困的难度大，尤其是生态资源环境恶劣地区（如石漠化地区面积238万公顷，占土地总面积的10.10%）改善力度迟缓，贫困状况严重。广西北部湾经济区的发展不可能绕过弱势群体的发展问题，而贫困发展问题最大的制约因素就是生态资源条件和生态利益的分配公平。

同样，泛北部湾区域内的东盟国家也面临生态利益不平等的问题：例如，在20世纪80年代中期之前，越南的贫困状况和发展不平衡状况较为严重。由于人口剧增和发展经济的单一指标主导，不得不毁林造地、移民垦荒以扩大耕地，造成森林面积减少；不得不大规模开发和出口自然资源换取外汇，造成自然资源减少乃至枯竭。据世界银行统计，越南的广宁省和海防省在过去的30年时间里损失的红树林约4万公顷，因此造成的经济损失每年达1 000万到3 200万美元。① 越南南部的胡志明市、同奈、巴地头顿、平阳、西宁、平福、隆安七省市，生态资源丰富，盛产橡胶、胡椒、咖啡、腰果等，因此这些地区成为经济社会发展的重点，人均收入和生活水平在全国居于领先地位；而贫困人口集中于资源贫乏地区或生态资源被开采殆尽的地区。此外，泰国社会的不均衡现象导致了严重的“街头政治”和社会分裂。据联合国开发计划署（UNDP）调查显示：仅占总人口20%的泰国富裕阶层占有全国56%的财富；60%的民众生活在社会底层，他们的收入只占全国GDP的25%。大约有500万泰国人生活在官方划定的贫困线以下，大部分贫困人口居住在泰国北部和东北的农村地区，人数达到了130万。② 尽管导致泰国发展不均衡的状况有很多原因，但是不能忽视的一个重要原因就是生态资源条件的差异和生态利益的非均衡化，造成贫困的弱势群体丧失发展的条件和机会。

2. 区域内国与国之间的生态利益不平等

泛北部湾区域合作主要指的是中国与越南、马来西亚、新加坡、印度

---

① THE WORLD BANK. Vietnam environment monitor 2002. Hanoi：World Bank in Vietnam，2002：p. 17.

② 周晶璐、马毅达：《泰国社会已经严重分裂，不均衡现象导致街头政治》，《东方早报》，2010年5月20日第A13版。

尼西亚、文莱、菲律宾等东盟国家之间的经济合作。尽管《曼谷宣言》确定东盟遵循的基本原则之一就是“以平等与协作精神，共同努力促进本地区的经济增长、社会进步和文化发展”，但由于历史和现实的原因，区域内各国经济发展不平衡现象突出。东盟老成员国如泰国、印度尼西亚、马来西亚和菲律宾处于工业化的中期阶段，经济发展较好，大力发展外向型经济，生产出口劳动密集型的初级产品，而北方印支三国和缅甸致力于改革开放和市场经济体制转轨，以资源产品、初级农产品和劳动密集产品的出口来刺激国内经济增长。由于经济发展所处阶段和特征不同，区域内各国对生态资源的开发利用和占有的程度也不同，必然造成生态利益不平等的状况，最后引发利益冲突：如越南与中国在南海的争端，就是由越南对南海丰富的石油、天然气等生态资源的觊觎和占有野心造成的；又如缅甸、泰国与中国在大湄公河流域的利益冲突（2011 年“湄公河惨案”不能不说是其直接表现）等。由于区域内各国社会制度、经济发展、政治文化不同，如何协调区域内国与国之间的生态利益，使其公正健康发展将是一个长期的问题。

3. 区域内各国与发达国家之间的生态利益不平等

发达国家对发展中国家在环境问题一直存在偏见或者歧视，集中在两个方面：一是生态危机的成因，二是环境问题的责任。如美国等发达国家认为生态危机的真正原因在于人口过多，而发展中国家人口正是世界人口暴涨的主要原因，因此发展中国家应该为世界环境问题承担更多的责任。加伦特·哈丁的“救生艇理论”直白地表明了全球环境恶化背景下的南北政治观。他指出，当发展中国家向发达国家求救时，最理性的做法就是谁也不救，因为如果接纳救助所有的人，那么救生艇就会覆灭；如果接纳救助一部分人，部分的正义也会带来“歧视”。“谁也不救”的做法虽然冷漠或令人憎恶，但“彻底的冷漠就是彻底的正义”。[①] 显然，这种所谓的“正义”蕴含了对发展中国家的“不正义”。发达国家对泛北部湾区域内发展中国家生态利益的主导企图、利益占有、领土争端等，无不显示了发达国家的生态不正义现象。如美国、日本、俄罗斯、韩国等发达国家在泛北部湾区域某些国家和地区的政治渗透、利益掺和、生态资源攫取、能源安全

---

① GARETT HARDIN. Living on a lifeboat. Bioscience，1974（24）：p. 10.

影响等，都值得区域内各国，尤其是中国的密切关注和警惕。

（二）忽视代际公平

所谓代际公平就是指现在的每一代人与过去或将来的每一代人，在开发、利用自然资源和享有良好生态环境都具有平等的权利。实现可持续发展是代际公平的旨归。1987 年，世界环境与发展委员会在《我们共同的未来》报告中将可持续发展定义为："既能满足当代人的需要，又不对后代人满足其需要的能力构成危害的发展。"

泛北部湾区域生态资源丰富，海洋资源、矿产资源、油气资源、渔业资源、旅游资源尤为如此，但是关涉代际公平的生态问题不容忽视：①海洋污染加剧，海洋生态系统退化。随着沿海重化工业兴建，入海河流流域、河口及陆源排污日趋严重；港口、停港船舶和海上石油平台、海洋工程的废水、废油、垃圾排放增多，造成近岸海域水环境质量下降，溢油、赤潮现象不断出现，局部海域水质指标超标、局部海域成为污染区域。仅以广西北部湾经济区为例，防城港、钦州湾等近岸局部海域受无机氮和石油类污染物污染严重。②海洋生物资源遭到破坏，海洋生物多样性面临严重威胁。内海过度捕捞、海水养殖、海岸湿地围垦和海洋环境污染等，不仅造成了有限资源的大量耗费，也造成了生态系统的严重衰退甚至衰竭。③同时，相应的环境风险防范、监控管理、管控制度、应急反应预案等却未建立或完善。资源是有限的，环境破坏的后果是长久的。当前，维护泛北部湾区域生态的可持续发展以实现代际公平，必须把保护海洋生物多样性、海洋渔业资源开发、海岸带管理、海洋环境资源调查、海洋环境监测、海洋灾害预警等作为重点领域，开展区域内跨国专题研究与合作，共建良好的陆海生态环境。

三、维护生态正义：区域生态文明共享的公平实现

维护生态正义，确保生态文明建设中的公平正义，是实现区域生态文明共享的重要保障。

（一）生态正义的文化价值共识：实现区域生态文明共享的伦理共契

一方面，要确立区域生态正义的文化价值共识，推进区域生态文明共享。美国著名的环境史学家唐纳德·沃斯特指出："我们今天所面临的全球性生态危机，起因不在生态系统自身，而在于我们的文化系统。要度过这一危机，必须尽可能清楚地理解我们的文化对自然的影响。"① 泛北部湾区域各国站在区域发展的立场，统一思想目标，达成文化价值共识，这是实现区域生态文明共享的前提。美国生态批评家帕特里克·墨菲指出："必须培育对自己的文化身份富有见地的一套共同的语言、象征和意义的自豪感，这不是因为留恋往昔或浪漫主义的情怀，而是因为这种自豪感对我们的生存至关重要。在当今国际技术和经济相互依存的时代，人类的这种压迫性的均质化倾向威胁着我们所有的人。"② 泛北部湾区域合作不仅是由地域的条件所促成，更重要的是发展诉求、文化影响、价值目标的一致性。泛北部湾区域合作各方都是海洋国家和地区，都共同拥有海洋优势。泛北部湾区域合作总体目标是：形成相互协调、互利共赢、次区域经济一体化水平较高的泛北部湾区域经济共同体，并最终发展成为太平洋西岸经济发展充满活力，在世界具有重要地位的经济新高地，从而极大地提升泛北部湾区域在国际经济舞台中的地位。③ 营建生态正义文化价值共识，是实现区域经济、政治、文化、社会、生态等各方面的全面合作和健康开展的认识论前提。

另一方面，要打破狭隘的思维定式，以发展伦理正义指导区域生态文明共享的逐步实现。发展伦理指明，"如何更好地生存，并在生存中落实意义"，这是发展伦理生存的关怀之鹄的，"在历时性、多样性、境遇性的发展过程中，生存关怀的目标指向总是确定的、深远的和终极性的"。④ 发

---

① DONALD WORSTER. Nature's economy：a history of ecological ideals. London：Cambridge University Press，1994：p. 27.

② PATRICK D MURPHY，et al. Literature of nature：an international source book. Chicago：Fitzroy Dearborn Publishers，1998：pp. 145，132.

③ 肖祥：《生存关怀：发展伦理学的当代视界》，《中州学刊》2008 年第 1 期。

④ 伽达默尔著，夏镇平、宋建平译：《哲学解释学》，上海：上海译文出版社，1998 年，第 194 页。

展伦理正义是发展正当性的基本保障，也是生存关怀目标实现的前提。泛北部湾区域生态文明共享就是基于生态资源开发利用共同协作，实现生态利益均衡，共同促进区域发展，提升区域内各国各地区各民族的生活水平和生存质量。人类发展的历史以及区域经济发展的现实表明，在发展的过程中总会出现各种各样的“发展问题”或“发展危机”，因此，遵循发展的生态正义维度，才能矫正发展问题，实现生态文明共享。

伽达默尔指出：“人类的未来不仅要求我们做我们能做的事，而且要求我们为自己应该做的事做出理性的解释。”① 营建生态正义的文化价值共识，正是为实现区域生态文明共享做出的理性解释。

（二）正义的法律维护：加快制定和完善区域生态环境保护法律法规，保障实现区域生态文明共享

区域经济合作的实质就是利益的分配与竞争。区域内各国各地区经济发展不平衡；历史残留的领土、领海争端；民族、文化、宗教的冲突；作为资源富集地，外部政治、军事势力的介入；一些国家内部政治矛盾激化，影响对外合作等，这些因素都反映在生态资源开发利用上。美国当代西方地理学家大卫·哈维指出：“公正的规划政策的实行要清楚地认识所有社会工程必然引起的生态后果。”② 为了规范生态利益竞争，保护生态环境，就必须用法律法规来约束。

生态利益竞争不仅表现在一个国家或地区的局部范围内的生态利益之争，如广西北部湾防城港、钦州港和北海港关于铁矿石货源的竞争，以及三港口与广东湛江港的竞争；同时还表现在国家之间的竞争，如新加坡和马来西亚之间，越南、泰国和中国之间的海洋生态资源、河流资源等竞争。如果这些竞争不受规约，必然就会不断升级甚至恶化。因此，泛北部湾区域各方应该以《国际环境法》为依据，加快制定《泛北部湾区域环境保护法》《泛北部湾区域海洋保护法》及相关法律法规，诸如《清洁生产促进法》《节约能源法》《可再生能源法》《水污染防治法》《固体废物污

---

① 伽达默尔著，夏镇平、宋建平译：《哲学解释学》，上海：上海译文出版社，1998 年。

② HARVEY D. Justice，nature and geography of difference. Oxford：Blackwell Publishers，1992：p. 601.

染环境防治法》《循环经济促进法》《资源节约与合理利用法》《生态环境综合保护法》《环境污染综合防治法》等，从全局、局部生态状况出发，用法律维护正义，保障泛北部湾区域生态文明共享实现。

（三）抵御生态不正义：创造实现区域生态文明共享的外部优良环境

生态不正义主要指生态利益分配和生态责任承担在生态利益相关人之间造成的不公平现象。生态不正义行为一是来自区域内某一国之中，二是来自各国之间，三是来自发达国家。

1. 抵制区域内某一个国家或地区的生态不正义行为

区域内某一个国家或地区对生态资源的无节制开采、无节制浪费，造成生态资源耗费、生态环境破坏就是生态不正义行为。如北部湾湿地问题是重要的生态问题。北部湾共有湿地47.78万公顷。其中近海及海岸湿地33.60万公顷，河流湿地5.20万公顷，人工湿地3.90万公顷。① 但是由于沿海港口、工厂、基础设施建设的占用，围垦、建塘养殖、工厂污染物的破坏，北部湾湿地生态系统面临严峻考验。再如，森林资源的破坏问题在越南是一个较为严重的问题。越南革新开放以来，森林面积仍在大量减少，1990—1995年共损失了160万公顷的森林，即每年减少2.6万公顷。②同样的问题，在泰国、缅甸等国也不同程度存在。因此，各国各地区采取积极的生态环境保护措施，保护本国本地区生态环境和生态资源，消除生态不正义行为，实现局部生态正义，是实现泛北部湾区域生态全面正义的重要基础。

2. 抵制各国之间的生态不正义行为

一方面是对生态资源的掠夺或非正义占有，另一方面是对生态责任的推脱和对生态问题的漠视。近几年，在泛北部湾区域尤其在南海，矿产资源、油气资源、渔业资源、旅游资源的争夺呈上升态势。如由于越南觊觎南海资源尤其是油气资源引发的中越有关南海岛屿及其附近海域主权的争

---

① 广西林业勘测设计院：《广西壮族自治区湿地保护工程规划（2006—2030年）》，http：//www. gxepb. gov. cn/，2005年。

② VIETNAM GENERAL STATISTICAL OFFICE. Environment statistics compendium of Vietnam（1990－1997）. Vietnam Statistical Publishing House，1999：p. 12.

端；中菲关于黄岩岛争端；马来西亚、文莱、印度尼西亚等国在中国南海岛礁问题的争执等。但同时，各国对于海洋、河流污染等生态环境问题却缺乏积极的态度，没有积极承担应有的生态责任。因此，加强泛北部湾区域各国生态合作，合理开发利用生态资源，缓和与生态资源的紧张关系，保持对生态资源开发利用与生态供给和恢复能力的协调，是维护生态正义的最重要的实践。

3. 抵制发达国家对泛北部湾区域的生态不正义行为

当代生态学马克思主义者戴维·佩珀指出："环境质量是同物质上的穷或富联系在一起的。而西方资本主义越来越通过对第三世界财富的掠夺来维护和改善自身，使自己成为令世人仰慕的样板。"① 国际发展问题独立委员会也指出："发达国家在对发展中国家进行资源控制和掠夺的同时，为了保持高消费的生活水平和经济稳定，至今仍需依赖发展中国家。"② 一些发达国家如美国等试图插手泛北部湾的生态利益争夺，转嫁生态危机，主导生态政治走向，这些问题应该引起我们的警惕。比较突出的问题是其对生态资源和生态利益的插手。美国在"黄岩岛事件"对菲律宾的暧昧支持，与越南的"亲密接触"，不仅是出于政治的需要，也是出于生态资源战略的需要。另一突出问题就是发达国家把污染密集型的企业转移到泛北部湾一些发展中国家，或者转嫁有毒的废弃工业原料，让其承受生态破坏的后果。再生资源的回收与利用是一个有利有弊的问题。近年来，我国固体废物进口量日益增多。仅2010年，实际进口废纸、废塑料、废五金等可用作原料的固体废物就达4 000多万吨。很多废物废料是通过非法走私的渠道进入我国的，2011年全国海关查处涉及进口固废案1 121起，重点走私货物是废金属1.04万吨、废塑料1.6万吨，其他固体废物25.05万吨。③ 广西北部湾地区由于港口资源丰富，也成为发达国家转嫁废弃工业原料的重灾区。例如，2010年，久居广西南宁的马来西亚籍华人叶某与东兴市的

① 戴维·佩珀著，刘颖译：《生态社会主义——从深层生态学到社会正义》，济南：山东大学出版社，2012年，第140页。

② 国际发展问题独立委员会报告，中国对外翻译出版公司译：《争取世界的生存——发展中国家和发达国家经济关系研究》，北京：中国对外翻译出版公司，1981年，第75页。

③ 中国环保网，http://www.huanbao.com，2012年6月1日。

黄某“合作”，取道越南走私废旧固体“洋垃圾”110.42吨废轮胎从东兴海关入境时，被海关缉私部门查获。在广西梧州，一个规划面积10 000亩、总投资150亿元的“进口再生资源加工园区”于2010年10月开工建设，其中现有28家拆解企业就是以拆解国外进口的有色金属废物和后期加工为主要生产方式。一方面我们不能忽视依靠廉价劳动力进行的再生资源的回收、加工的利益，但另一方面我们也不能忽视废物进口带来的生态污染问题，更要对这种转嫁的潜在生态危机影响的长期性以及对北部湾经济区生态环境的破坏性保持足够的警惕。

（四）加强国家政府合作：广泛深入开展区域各国国际生态合作，共同解决生态环境问题

维护生态正义，保证生态文明共享的公平实现，政府的积极参与是非常必要的，因为保护环境和保护公民的生态权利是政府义不容辞的责任。泛北部湾区域生态文明共享不仅是利益的共享，更重要的还有责任的共同承担。这不仅意味着区域内各国各地区资源开发和所得收益的机会均等，也意味着各方平等地享有生态资源使用权利和环保责任的义务。由于泛北部湾经济合作是在不同主权国家的条件下的区域经济合作，因此生态环境问题需要加强国家政府之间的合作，共同面对、共同承担、共同努力。当前，泛北部湾区域各国应该在尊重国家主权和不干涉他国内政的原则下，着力建立公平合理的国际环境政治制度，倡导协调和合作，保护生物多样性，维护区域可持续发展，确保各国平等地参与解决区域环境问题。

2012年7月，以“泛北部湾区域经济合作与共同繁荣”为主题、以“共建中国—东盟新增长极”为宗旨的第七届泛北部湾经济合作论坛召开。尽管南海问题不断挑动各国敏感神经，在合作论坛上，来自中国与东盟的十余个国家的政商界人士和专家学者纷纷表示，进一步巩固和深化中国—东盟战略伙伴关系，维护友好合作大局是大家共同的战略选择。在泛北部湾区域内，中国与缅甸、越南、老挝是陆地邻国，与菲律宾、马来西亚、文莱、印度尼西亚是海上邻国，在陆地生态资源、矿产资源和海上资源各国均有共同的利益，搁置争议、加强合作、共谋发展，是实现泛北部湾区域生态文明共享重要途径。

同时，泛北部湾各国应该融入世界生态合作体系，积极参与世界生态环保活动。生态环境问题具有相互依存性，区域内各国生态系统内部的子系统相互依存，同时与国际生态大系统也是相互依存的。任何国家（地区）的环境利益都不是孤立的，保护环境的可持续发展，加强环境保护中的国际协调与合作，是各国人民不容推卸的责任。泛北部湾地区各国不仅要加强本国环境保护建设，同时还要积极参与国际环境保护工作。中国近10年来陆续参加了各种国际组织并签署了25个国际协定，在环境保护工作方面取得了卓著成就；同时通过多、双边国际组织的信贷和无偿援助进行环境合作，充分利用国际社会对环境保护项目的支持。中国在环境保护取得的成绩值得泛北部湾各国学习借鉴。

（五）实现代内基本平等：各国各地区要重视弱势群体的生态利益诉求

生态正义的一个重要内涵就是保护弱势群体利益。世界银行和国际货币基金组织倡导一个重要的概念即“PPG”（Pro-Poor Growth），即“有利于穷人的增长”。尽管现实状况中不存在PPG的这一增长模式，但是作为一种生态正义的价值理想，这却是值得推崇的。

在泛北部湾区域内中国和越南等国在重视弱势群体的生态利益诉求，实现代内基本平等方面是做得较好的榜样。广西北部经济区石漠化现象较为严重，面积达238万公顷，占土地总面积的10.10%。石漠化是岩溶地区土地极端退化的结果，是广西面临的头号生态问题。统计显示，通过造林绿化工程、退耕还林、珠江防护林、森林生态效益补偿等林业重点生态工程项目，近几年广西加大资金投入，加快植树造林，同时还通过大力发展特色产业，积极推进林业生态扶贫，使得全区增加石山森林植被2 000多万亩，全区森林覆盖率已从2005年的52.7%提高到了2011年的60.5%，石漠化地区每年提高森林覆盖率1%以上，[①] 有效解决了石漠化地区生态贫困问题。亚洲开发银行2007年数据显示，1990年越南贫困人口占总人口比重为50.66%，到2005年降低为6.48%，减少了44.18%。据不完全统计，从1993年到2009年，越南陆续实施“消灭贫困工程”“发

① 庞革平：《加快植树造林　活化治理机制　推进生态扶贫——广西石漠化综合治理成效显著》，人民网，http：//politics. people. com. cn/GB/18173898. htm，2012年6月13日。

展山区和偏远地区特困乡经济与社会工程”等，促进落后地区经济社会发展。越南将消除贫困定义为头号国家发展战略，采取多种措施减少贫困，促进少数民族和落后地区发展，成功走出了一条有利于穷人的“共享式”发展道路。联合国《人类发展报告》认为越南是“一个同时达成发展与均衡的国家”，是“人类成功发展的范例”。① 越南在开发生态资源上具有巨大优势，同时兼顾了生态经济利益的弱势群体，使发展保持了基本的平衡。

综上所述，通过营建生态正义的文化价值共识，加快制定和完善相关生态环境保护法律法规以维护生态正义，抵御生态不正义以创造实现泛北部湾区域生态文明共享的外部优良环境，加强泛北部湾区域各国国际生态合作，重视弱势群体的生态利益诉求以实现代内基本平等措施，必定能够保证泛北部湾区域生态文明共享的公平实现。正如挪威生态哲学家阿伦·奈斯所指出：“一个绿色社会，在某种程度上，不仅要解决生态可持续问题，而且要能保证和平与大部分的社会公正。”② 唯其如此，正义才不会再像“普洛透斯似的脸”一般变幻无常。③

---

① 樊继达：《越南如何消除贫困》，《学习时报》，2010 年 5 月 11 日。

② AMME NAESS. The third world, wilderness, and deep ecology. In GEORGE SESSIONS, ed. Deep ecology for the 21st century. Shambhala, 1995: pp. 397 – 407.

③ E. 博登海默著，邓正来译：《法理学——法律哲学与法律方法》，北京：中国政法大学出版社，1999 年，第 252 页。

公民生态教养及其培育路径

贯彻落实《生态文明体制改革总体方案》需要激发公民生态环境保护的主体性。十八届五中全会将“绿色”确定为“十三五”时期经济社会发展的重要理念之一，“绿色发展”必将更加深刻地影响中国社会发展和民众生活。在此现实背景下，提升广大民众生态教养以培育公民环境价值观，在全社会营造良好的生态文化氛围，已然成为推进“人人有责”地参与生态文明建设的迫切要求。

一、生态教养及其文化核心要素

教养是指文化和品德的修养，是一个人的环境、教育、经历等结合成的内在素质或品质，它表明内在道德品质和外在行为举止的有机统一。生态教养是现代文明教养的重要内容，它是建设生态文明必需的生态文化素质。在西方，“生态教养”是由环境素养的概念发展而成。美国学者罗斯（1968）最早提出环境素养（environmental literacy）的概念。享格福德（1976）认为环境素养包括认知的知识、认知的过程和情意三部分，后来他和托梅拉构建了环境素养理论模式①，认为环境素养由生态学概念、控制观、问题的知识、信念、价值观、态度和环境行动策略等八个要素组成。联合国教科文组织将1990年定为“环境素养年”，并提出环境素养应该成为全人类基本的功能性教育，以配合环境的需要并有助于可持续的发展。随着工业化不断发展，现代社会以环境恶化为代价实现物质的丰饶，生态问题日益突出并成为全球性问题引发了学者们对整个生态的反思。美

① VOLK T，HUNGERFORD H R，TOMERA A N. A nation survey of curriculum needs as perceived by professional environmental education. Journal of environmental education，1984，16（1）：pp. 10－19.

国学者大卫·沃尔和物理学家福雷特杰夫·卡皮雷在20世纪90年代最早提出和使用“生态教养”（ecological literacy）概念。大卫·沃尔在反思现代社会尤其是资本主义生产过剩而共享太少的现状后指出：我们面临的一个重大任务就是重建一个完全不同的、能够最大限度保护我们星球利益的同时维护每一个人权利的后现代世界，使我们的子孙后代得以生存。[①] 在西方，生态教养的核心内容包括生命系统的原则、尊重自然、系统思维、生态样式和可持续性转变、协作和公民身份等。

生态教养是一个系统性概念，从其目的而言，它旨在构建人与自然和谐共处的良性关系；从其构成而言，它既包括内在知识储备和道德素养提升，又包括外在价值导向和行为优化；从其形成而言，它是经过长期的教育、影响、修养而形成的一种内在品质；从其本质而言，它就是一种关于生态文化和生态道德的修养。概而言之，生态教养是以改善生态环境、协调人与自然生态关系为宗旨，经过长期的教育和习得而形成的一种生态文化和生态美德修养或品质。

生态教养的形成是个人道德修养长期磨炼的过程，其文化核心要素主要包括：

一是生态道德认知。生态道德认知就是对生态现象和生态问题在思维中做出利益取舍和善恶评判，它是经过一系列道德思维、道德判断和道德选择而最终形成的。生态道德认知伴随着生态道德意识、生态道德规范和生态道德素质的不断提升而逐渐巩固，从而形成生态保护、绿色消费和生态审美意识，有助于其自觉遵循保护生态环境的准则规范，更好地履行生态保护的道德义务与责任。生态教养是生态道德发展机制的成熟，它意味着形成了新的较高水平的认知结构，表明了有关生态问题的道德判断结构的形成并产生外显的生态道德行为。

二是生态文化知识储备。“在通往自我认识之路上，文化因素是第一个路标。”[②] 生态文化知识储备就是通过学习获得关于生态与人、经济、政治、社会、文化等发展规律的认识，并最终内化成为自己的思维体系。首

---

① DAVID WORR. Ecological literacy, education and the transition to a postmodern world. Albany: State University of New York Press, 1992: p. 5.

② 乔纳森·布朗著，陈浩莺等译：《自我》，北京：人民邮电出版社，2004年，第43页。

先，生态文化知识储备促进道德心理结构的形成和完善，生态文化知识的获得不仅是一个“明是非”的过程，还是“辨善恶”的发展过程，从而形成正确的道德价值取向。其次，生态文化知识储备促进生态文化价值结构形成，在生态实践中唤醒和张扬人的价值意识，优化价值实现方式，形成恒常稳定的生态文化价值结构。但生态文化知识储备仅仅为生态教养的形成提供了基础条件支撑，现实中“有知识无文化”“有知识无修养”的现象比比皆是，因此生态教养的最终形成还需要进一步强化生态理性修养。

三是生态公共理性修养。公共理性是公民在处理社会政治经济生活所达成的最基本的共识和价值系统。公共理性目标是实现“公共善。”[①] 一方面，生态公共理性修养要用道德的自我约束校正感性偏差，让人反思自身行为，消除人与自然的异化关系，消除主—客的二元对立。正如泰勒所说：“‘有道德’（to be moral）与‘有理性’（to be rational）乃属同一件事。”[②] 另一方面，要矫正民众行为偏差，使社会民众在处置生态环境问题时不感情用事、不贪占妄为，从而树立正确的生态价值观。生态公共理性修养作为处理生态公共生活的一种价值观念，为实现生态和谐善治注入实践伦理精神，从而促使整个社会产生恒常的生态行为，其根本目的就是使社会每一个人成为有意识、有目的、有道德的生态关心者和保护者，即“环境公民”。黑格尔曾言：“只有作为有教养的理性，它才是自为的人。”[③] 生态公共理性是生态文明建设的航标灯，因为“人类的未来不仅要求我们做我们能做的事，而且要求我们为自己应该做的事做出理性的解释”[④]。

二、生态教养缺失及其归因分析

生态教养是公民环境价值观的文化内核，也是其得以落实的关键。当

---

① 约翰·罗尔斯著，万俊人译：《政治自由主义》，南京：译林出版社，2000 年，第 225 页。

② 傅伟勋：《从西方哲学到禅佛教》，北京：生活·读书·新知三联书店，1989 年，第 256 页。

③ 黑格尔著，贺麟、王玖兴译：《精神现象学》，北京：商务印书馆，1997 年，第 13 页。

④ 伽达默尔著，夏镇平、宋建平译：《哲学解释学》，上海：上海译文出版社，1998 年，第 194 页。

前公众的生态教养缺失主要表现在如下三个方面：

其一，公民环保意识低下。环保意识的强弱反映了公民素质的高低，同时也是衡量一个国家文明程度的标尺。公众环保意识在环境保护中起着越来越重要的作用，也越来越成为一个国家国民素质的重要表现，美国、日本、德国等国家把公众环保意识作为国民素质的重要衡量标准。据相关调查研究显示，我国公众环保意识普遍薄弱，公众参与环境保护属于较低层次的参与，表现为公众参与环保的普遍性不足、制度缺失、效果不佳等。[①] 尽管大多数民众的生态环境态度、生态参与、制止破坏环境行为、日常生活的生态行为表现（如节水、节电、垃圾分类）等方面显示出积极性，但仍有相当一部分人的表现是无知、无所谓、与己无关的态度。

其二，公民生态知识匮乏。英国经济学家沃德和美国微生物学家杜博斯在《只有一个地球：对一个小小行星的关怀和维护》一书中指出：我们人类生存在两个世界里，一个是水、空气和动植物组成的几百万年前就存在的自然界，另一个是人类用工具、机器、科技和梦想按照自己目标和方向建立起来的社会物质文明世界。[②] 但是，我们却对自己生活的世界知之甚少。很多人不了解地球上的生物圈是一个大系统，生态系统进行着每时每刻的能量流动，人与自然进行着物质与能量的交换；也不了解生态系统自动调节平衡的能力是有限度的，平衡一旦被打破就会导致生态危机，自然灾害的频繁发生也是因为生态系统丧失平衡所导致的；不了解人类虽然处于“生态金字塔”的顶端，但如果没有金字塔基部的动植物支持，生命就难以维持，因此每一个物种的灭绝都是生物多样性的毁灭，最终危及人类本身；甚至不了解地球与生命、生命与水的密切关系。正是因为生态知识的匮乏，我们对自然灾害的根源认识不清、对动植物灭绝漠不关心、对生态破坏行为听之任之。

其三，公民生态行为偏差。环境保护最终要通过公众的环境行为来实

---

① 洪大用：《我国公众环境保护意识的调查与分析》，《中国人口资源与环境》1997 年第 2 期；吴上进、张蕾：《公众环境意识和参与环境保护现状的调查报告》，《兰州学刊》2004 年第 39 期；杨方：《公众环境保护意识状况调查》，《河海大学学报》2007 年第 2 期。

② BARBARA WARD，RENE DUBOS. Only one earth：the care and maintenance a small planet. New York：W. W. Norton & Company，Inc.，1972：p. 1.

现。但现实中生态行为偏差的现象比比皆是，如盗伐林木、乱扔垃圾、偷排废物或污染物、污染水源、私挖盗采、过度开发、猎杀鸟兽等。中国正面临着严峻的生态问题，这些问题归根到底都是生态行为偏差造成的。如水污染问题，中国是一个干旱缺水严重的国家，淡水资源人均只有 2 200 立方米，仅为世界平均水平的 1/4，在世界上名列 121 位，是全球 13 个人均水资源最贫乏的国家之一；然而中国辽河、海河、淮河、黄河、松花江、珠江、长江七大水系 42% 的水质超过 3 类标准（不能作饮用水源），中国有 36% 的城市河段为劣 5 类水质，丧失使用功能。再如垃圾处理，中国工业固体废物年产生量达 8. 2 亿吨，综合利用率约 46%，城市生活垃圾年产生量为 1. 4 亿吨，达到无害化处理要求的不到 10%。再如土地沙化和水土流失问题，我国荒漠化土地已占国土陆地总面积的 27. 3%，而且还以每年 2 460 平方公里的速度增长；每年流失的土壤总量达 50 多亿吨，新中国成立以来，中国水土流失毁掉的耕地总量达 4 000 万亩。①

以上生态教养存在问题的原因当然是复杂多样的。从个体而言，价值观念、文化程度、职业、宗教信仰、收入水平，甚至年龄和性别都有可能成为其影响因素；从社会层面而言，经济发展水平、制度政策、环境教育、大众传媒、环保工作力度等也会影响着生态教养的形成。因为个体因素的差异性大，且在很大程度上受外部因素影响，具有一定的普遍性，因此我们主要从外部因素分析当前影响生态教养形成的关键性原因。

一是教育责任缺失。生态道德认知和生态知识的获得是通过教育而实现的。但现实是，我们给学生们传递的知识是“什么是有用的”“什么能产生经济效益”“什么是切合当前社会需要的”；我们的学校和老师疏忽于向学生们传授如何维护生命系统的原则，如何尊重大自然，如何学会系统思维，如何实现生活的生态样式和可持续性转变，如何作为一个社会公民参与社会并承担责任。大卫·沃尔指出：未能培育人们的生态教养，这是教育不负责任的罪过。我们不仅未能教给学生们有关地球及其如何活动的基本知识，而且实际上我们传授的大量资料知识甚至完全是错误的。学生

---

① 好搜百科，http：//baike. haosou. com/doc/5404535 - 5642254. html。

们接受的教育是生态学的重要性远远比不上历史、政治、经济、社会等。[①]生态教育是一个世界性的教育问题，二十世纪七八十年代，欧美一些国家已经开始逐渐意识到其重要性并采取行动；发展中国家在追求经济发展的道路上奔忙，无暇顾及或者没有意识到生态教育问题的重要性。如何让教育承担生态教养培育的责任，需要学校、家庭和社会共同努力，从教育理念、教育制度、课程选择、教材资料运用、教学方法实施、教育实践活动等方面具体落实。

二是生态行为的法规约束乏力。教养是一个由他律向自律转变的过程。要形成自律，必须有相应的法规约束。生态行为的法规约束有两个方面的作用，一方面是对破坏生态违法行为的惩罚。尽管国家和地方政府这些年出台了许多相应的法律法规，如大气污染防治法、生态环境损害责任追究办法、生态旅游法规、生态补偿法等，但是缺乏对公民个人行为实施的具体办法和措施。由于法律的行为针对性不强、执法难度大导致的执法不严等现象经常发生，所以才会出现私挖盗采、乱砍滥伐、偷猎野生动物等违法现象。2003 年“非典”（SARS）疫情暴发敲响的警钟，这是对我们生态行为偏差的惩罚和警示。我们不应该等到自然界给予我们报复之后才醒悟，而应该通过制定强力的法规来约束。另一方面是维护公民的环境权益。美国是最早立法保护公民环境权的国家，1969 年美国国会就通过了《国家环境政策法》，规定“每个人有权享有健康的环境，同时也有责任推动环境的保护和改善”[②]。当前世界各国环境法都致力于加强国家保护公民的环境权益以及赋予公民参与环境管理权利。我国生态环境法规还存在需要继续完善的地方，如我国环境法规多是有关对环境损害的处罚性规定，以“治”为主，缺少“防”的思想；而对公民环境程序权规定较少，缺乏对公民环境权的保护，如公民环境知情权、环境事务参与权、监督权等。

三是社会生态价值导向尚未定型。从世界发展层面而言，经济作为社会发展的最强动力这点似乎为世界普遍认同，发展中国家更是将 GDP 作为发展的主导指标。世界各国贫富差距的拉大更加剧了生态利益的分化，从

---

① DAVID WORR. Ecological literacy: education and the transition to a postmodern world. Albany: State University of New York Press, 1992: p. 85.

② See National Environment Policy Act (NEPA) 42 U. S. C. E4331 (c).

而更进一步恶化了全球生态系统。从国家发展层面而言，价值导向体现了国家的政治意志，推动着社会朝着某个方向发展。长期以来，中国以经济和生产力发展为价值导向，国家经济实力得到极大提升，但也带来了生态环境破坏的负面影响。2012 年，十八大提出生态文明建设国家战略，体现了国家对于环境保护的强烈政治意志，推动中国社会向生态文明社会迈进。从个人生活层面而言，生态价值导向将直接影响着个体行为的改变，实现向生态文明实践转化。当前我国公民社会生态价值导向的定型还有待时日，如浪费水电、乱扔垃圾、捕杀鸟兽、涸泽而渔等行为随处可见。相比较而言，美国公众的环保素质较高，在美国随处可见野鹅、野鸭、小鹿，却没人猎杀，从这可窥一斑。但是，美国公民生态价值导向的定型不是一蹴而就的。二十世纪四五十年代，美国曾发生世界八大公害事件中的两起——多诺拉烟雾事件、洛杉矶光化学污染事件，五六十年代也曾因为滥施农药、化肥导致“寂静的春天”，西部大开发也使得自然精华丧失殆尽，但美国人醒悟快，绿色人士、绿色运动、绿色组织、国家领导人等纷纷参与其中，20 世纪 80 年代起，美国生态环境保护已经深入人心并取得丰硕成果。

四是社会生态文化淡薄。生态文明建设既是一场改造自然的工程，也是一场改造社会的工程，社会生态文化则是这场庞大社会工程的推动力。当前我国社会生态文化淡薄主要有三个根源：①执政者建设生态文明的政治领导力和科学决策力有待提升，影响着社会生态文化的主导方向。尽管中央已经重视并努力提高，但有些地方党政领导的决策和执行力水平制约着地方产业布局、经济发展模式、环保措施等，并决定了地方社会生态文化发展水平。②生态文明法规执行、管理落实、政策引导还需要加强，生态文化的软约束力具体化为社会生态实践还需不断强化。③全社会生态文明的自觉行动能力不强，环保政绩观、荣誉观、权利观尚未得到普遍认同，生态文化对民众没有普及深入的思想意识影响。

三、新时期生态教养的培育路径

提升民众生态教养，是新时期推进生态文明建设的必然要求，也是公民环境价值观塑造的根本途径。

（一）生态文化教育：塑造公民生态文化价值观

加强生态文化教育旨在继承生态文化传统，普及生态环境科学知识，最终在广大民众中确立生态文化价值观，为实现生态教养注入价值动力。

1. 继承优秀生态文化传统，奠定现代生态文化价值观的文化基石

世界各国以及各宗教中都有众多优秀的生态文化思想。在西方，基督教思想中蕴含的丰富生态文化观念越来越受到人们的重视。越来越多的基督教神学家和伦理学家正努力应对诸如地球变暖、暴风雨增多、不平等、拥挤、暴力增多和生物种类减少等环境挑战。在这个关键时期，基督教生态学发挥着伦理学一样的作用，致力于维护地球的福祉。[①]

尤值一提的是，中国传统文化中包含的丰富生态文化思想观念是独树一帜的。儒家思想强调“天人合一”，尽管出发点是人，却强调人要遵循自然规律。《礼记·中庸》曰：“能尽物之性，则可以赞天地之化育。可以赞天地之化育，则可以与天地参矣。”意思就是说，人若能遵循天地自然规律则可以与天地和谐并立。《荀子·天论》亦曰：“不为而成，不求而得，夫是之谓天职。如是者，虽深，其人不加虑焉；虽大，不加能焉；虽精，不加察焉；夫是之谓不与天争职。天有其时，地有其财，人有其治，夫是之谓能参。”自然有其规律，人不能强加主观意志于自然，但人可以遵循自然规律而治。道家强调“道法自然”“万物平等”“和谐共生”等思想，对于当代生态建设具有积极的启示。道家认为修道之人，应当“慈心于物，恕己于人，仁逮昆虫……手不伤生……如此乃为有德，受福于天，所作必成”[②]。《庄子·马蹄》认为：“夫至德之世，同与禽兽居，族与万物并。”中国传统文化丰富的生态思想倡导尊重自然、顺应自然，不违逆生态规律，不破坏生态平衡，追求人与自然和谐共生的生存理念，对当今生态文化建设具有积极的启示。

2. 强化生态文化学科体系建设，普及生态环境科学知识

其一，加强生态文化学科体系建设旨在为提升民众生态教养提供学科

---

① DIETER T HESSEL. Christianity and ecology: wholeness, respect, justice, sustainability. Earth Ethics 10, No. 1 (Fall 1998), http://fore. yale. edu/religion/christianity.

② 王明：《抱朴子内篇校释》，北京：中华书局，1980 年，第 114－115 页。

文化支撑。生态文化学科体系主要包括如下几个方面：①生态伦理学及其指导。生态伦理学从责任担当和价值引导两个维度提升民众的生态教养。生态责任担当就是要求民众养成环境保护的生态行为，自觉宣扬和践行环境正义，自觉同破坏生态环境的行为作斗争。生态价值引导就是在民众中倡导环境保护、资源节约、绿色消费的新风尚，将生活幸福与生态环境相结合，以价值导向引导行为实践。②生态教育学及其实施。生态教育学旨在培养民众的生态世界观、生态价值观和生态思维方式。生态教育倡导针对不同的年龄阶段实施不同内容和要求的生态教育，如儿童期重点是培育生态意识；青年期重点是养成生态行为习惯；成人期重点是培育生态美德和生态社会责任等。③生态科技及其运用。科技发展使得人类社会的进步获得持续动力。生态科技及其运用要贯彻科学发展观，即强调科技、人口、资源、环境的协调一致，强调经济增长、科技进步、生活改善、人文提升的系统发展。④生态艺术及其对生活美化。生态艺术及其对生活美化既包括艺术创作生态化、艺术审美生态化，还包括生态景观艺术化和美化，它是艺术审美和生态的双向互动。生态艺术不仅涵养民众的审美情趣，提升审美能力，实现审美价值观和生态价值观的有机融合。生态文化学科体系建设是一个系统工程，除上述四个重要方面之外，还包括生态文学、生态宗教思想研究、生态媒介、生态民俗学等。

其二，普及生态科学和环境科学知识。通过读书、讲座、报告、展览、参观学习等形式，使广大民众了解“白色污染”的严重性、生物技术的负效应、野生动物保护的必要性、生态危机的危害性等生态科学和环境科学知识，使其自觉地将生态建设、环境保护、合理利用与节约资源的意识和行为渗透到日常工作生活之中，培养绿色生活习惯、消费观念，提高环境道德意识，推动全民注重生态建设、环境保护良好的社会风尚形成。

生态文化价值观是生态教养的精神指导和动力。正确的生态文化价值观能有效约束人类行为，消除人与自然的异化关系。一方面，形成以生态伦理、生态正义、生态良心、生态责任等为主要内容的新的生态文化价值观，塑造适应新时期的绿色价值体系。另一方面，提升民众行为的合理性和正当性，让广大民众自觉摒弃“人类中心主义”的旧思想，自觉实现人与自然和谐相处。通过生态文化教育，使我们每一个人相信：“只有当人类的行为促进人与自然的和谐、完整，才是正确的。”①

（二）生态制度机制建设：强化生态教养的他律约束

生态制度机制为提升民众生态教养提供刚性的保障。建立和完善生态制度保障机制，以确保民众生态教养长效、顺利地形成。

其一，生态政策目标约束机制。生态政策从国家、社会和地方性范围为民众提供一种导向性的目标，并对利益相关者的行为产生目标约束作用。美国环保政策具有两个突出的特点：一是强调环保措施上的多样性、创新性和灵活性，力求充分发挥各级地方政府、企业和民众的积极性；二是它基本上是一种经济发展政策，即强调以开发新技术和新产品的方法来实现对环境的保护和经济的持续发展。所以生态政策的目标约束毋宁说是一种导向激励措施，鼓励民众发挥主体能动性，积极投入生态环境保护。

其二，生态法制保障机制。生态法制主要通过强制性的“他律”，规范或惩戒生态违法行为，使企业、民众、个体的社会行为符合生态要求，进而引导民众逐步养成生态意识，实现对生态文化的确认、引导和维护。美国现代化发展过程中经历了生态环境破坏到寻求可持续发展的过程，这个过程也是生态法制不断建设和完善的过程。美国联邦环境立法的开始以1872年《黄石国家公园法》为标志；1969年美国《国家环境政策法》出台，并成为环境保护基本法。美国生态法制保障机制有两个特点：一是生态立法历史悠久；二是操作性较强。美国已有一系列保护荒野、保护森林、保护野生动物的法律。与此相比，我国环境法律体系已经基本建立，但生态法制保障机制有待继续完善：一是立法指导思想有待从环境污染防治向生态系统的整体保护和建设改善转变；二是生态保护法律法规有待继续完善，如完善《环境保护法》基本法，设立专门的生态补偿、公民环境权保护法。

其三，生态制度规约机制。生态制度规约一是对那些生态违规者、逃避者、破坏者给予道义谴责和行为处罚，通过抑恶的调控机制，使个体明白什么可以做，什么不可以做，最终形成道德自觉；二是对生态保护等善

---

① RAGAN T. Earthbound：new introductory essays in environmental ethics. Random House，1984：p. 271.

行进行褒扬，通过物质激励和精神鼓励使人愿意为善、乐于为善。生态制度规约机制的扬善抑恶实质上起着“他律”向“自律”转化的作用，促使人们养成生态意识和生态行为，自觉保护环境、遵守生态道德规范，最终提升生态教养。当前我国的生态制度规约应改变重事后规范制裁和经济处罚而轻预防治理和积极建设的状况，增强公民环境权保护意识和措施，进一步建立完善生态保护的奖励机制。

（三）生态行为实践：生态教养的形成与优化

一方面，生态行为实践是锤炼形成生态教养的必要方式，在不断的行为实践中才能铸就生态道德品质、养成德性；另一方面，人的行为实践又是生态教养的外显，反映着生态教养水平。

其一，生态实践活动。20 世纪 70 年代生态行为实践问题受到欧美国家的重视。英国学者卢卡斯提出了环境教育著名的“卢卡斯模式”，英国环境教育界掀起了环境户外教育运动。[①] 美国知名儿童权益宣导人理查德·若夫提出“大自然缺失症”（nature-deficit disorder）概念，并倡导“为了自身利益我们需要愈合孩童和大自然隔离的鸿沟，这不仅是出于审美和正义的需要，我们还借此可以获得心灵、身体和精神的健康”[②]。这引起各界响应并促使美国国会通过了“让儿童走向户外”法案，全球各地也积极推动户外“生态教养”运动。

实践活动是解决人与自然矛盾的关键，只有在生态实践活动中，我们才能优化人的生态行为，调节人与自然的和谐相处。概而言之，生态行为实践有两个基本的要求：①和谐共生。一要约束自身行为，不做破坏自然生态环境的事情，维护生态平衡；二要优化人际交往行为，不要为一己之私攫取自然资源、破坏生态环境。②取用有节。即有限度地利用自然，实现可持续发展。优化生态行为实践，是生态教养不断修炼和提高的过程，“人同自然界的完成了的、本质的统一”才是人类通往未来的健康之路。

---

① LUCAS M A. Environmental education：what is it，for whom，for what purpose，and how? In The BRITISH COUNCIL. International seminars in Britain：environmental education：from policy to practice. 26 Mar. －6 Apr. 1995. London and Shropshire，1995：p. 28.

② RICHARD LOUV. Last child in the woods：saving our children from nature-deficit disorder. Algonquin Books of Chapel Hill，2008：p. 3.

其二，生态保护参与。环境政策和环境保护规划实施效果如何，在很大程度上取决于社会组织以及广大民众的参与程度与支持力度。西方“绿色运动”之所以声势浩大、影响广泛，就在于每个公民积极的生态参与。1971年，加拿大工程师大卫·麦克·塔加特发起成立国际性环境保护组织“绿色和平组织”，以非暴力抗议形式倡导人类与自然环境和谐相处。20世纪70年代围绕“增长极限”“公共地悲剧”等问题的讨论，美国环保组织如雨后春笋般涌现，极大地推动了美国生态环境保护的发展。20世纪80年代，“绿党”在欧美国家纷纷诞生，以不同方法维护绿色环境。

当前，由于利益诉求、地域差别、民族传统异质性等原因，我国生态参与的社会机制并不健全。因此，发挥社会组织和民众的作用，使社会各方围绕环境与社会发展等问题积极展开交流与行动，实现广大民众对生态建设的积极参与，使生态参与成为民众生活的一种方式，是当前培育生态教养的重要任务。

（四）社会生态文化建设：生态教养的外部环境营造

社会生态文化建设为地方经济社会良性发展提供精神动力。生态文化建设无疑是培育公众生态教养的重要路径。

一是实施生态文化建设工程。生态文化建设是一项复杂的系统工程。通过生态文化建设工程实施，可以使民众生态教养的形成更有针对性、实效性、地域性。近几年，各省和经济示范区相继出台了具有地方特色的生态文化建设规划方案，因地制宜提出了生态文化建设的战略目标和实施策略，极大地推动了生态文化的发展与繁荣。具体而言：①要制定科学的生态文化建设规划，巩固现有的生态文化建设成果。从中央到省、市及各地方政府应该制定切实可行的生态文化建设规划，使生态文化建设规划既有宏观指导性，又有可行性和地方特色。②开展生态文化建设活动，巩固生态文化建设成果。如因地制宜、因人制宜，开展诸如“生态示范区文明创建活动”“全民环境意识行动”“生态文化村建设”“大学生绿色行动”等。③加强生态文化教育基地建设，普及生态文化知识。如选择具有典型性、代表性的森林公园、湿地公园、自然保护区、博物馆、纪念馆作为生态文化教育基地，加大建设投入和开展基地活动，加强生态文明宣传教育，使生态环保意识深入人心。④加强生态文化宣传，形成良好的生态文化舆论氛围。如通过利用报纸、广播电视、网络等媒体，加大宣传力度，倡导绿色行为、弘扬低碳生活理念，进而实现生态文化价值观念深入人心、见诸行动。

二是大力发展生态文化产业。生态文化产业被誉为“朝阳产业”，它以生态文化产品为载体，向消费者传播生态、环保、健康、文明理念，同时整体性地提升民众生态文化素质。大力发展生态文化产业：一要整合地方丰富的生态文化资源。二要繁荣生态文化的艺术表现形式，如生态工艺绘画雕刻、生态歌舞艺术演出等。国内较有影响的“印象丽江”“印象刘三姐”等项目，值得大力发展。三要开发和完善生态文化旅游发展规划，推出生态文化旅游系列产品。四要建立具有地方特色的生态文化产业基地，如自然遗产基地、文化公园、生态长廊等，开展各种艺术展览、文化交流、旅游休闲、艺术品交易、就业培训等活动。作为一种新兴产业，生态文化产业将是根植于地方生态文化资源的沃土，成为符合现代产业发展趋势的可持续发展的“黄金产业”。

生态教养不仅标志着民众生态文化的修养水平，也标志着社会生态文明的建设水平。加强生态文化建设，提升民众生态教养，是生态文明建设的重要主题。一个具有生态教养的民族，才能迈开建设小康社会的坚实步伐。

道德教育研究

哲学的启迪与青年理想的树立

哲学是智慧的学问，自其产生之日起便成为人类理想和信念的家园。哲学不是以所谓实证方式存在的科学，不是以一种科学的方式就能加以认识和把握的东西，而是对各类知识中最普遍、最一般的本质和关系加以高度抽象概括的结果，是从整体上把握世界、把握人与世界关系的一般知识。因此，哲学面对的是整体，是世界观和方法论。从这一点而言，理想不可能栖息在具体科学，其归宿地只能在哲学之中。任何一种完整的哲学体系，都必须明确回答信仰与理想的问题。随着科学技术的突飞猛进，经济浪潮汹涌激荡，实用主义、享乐主义消解着哲学的神圣光彩，哲学的崇高感正在现代人心中坍塌。人们失去精神支柱和灵魂归宿，失去理想和信仰，生命群体的无归宿感正印证着海德格尔在《关于人道主义的书信》中说的“无家可归状态成了世界的命运”。哲学的启迪依然存在吗？仍然必要吗？哲学仍能引领现代青年们进入崇高的理想之境吗？

一、崇高的迷失

哲学的崇高感存在于其本体论意义和认识论意义的相互结合中，自人类进入奴隶社会并揭开文明时代的帷幕以后，哲学作为一种“形而上学”、一种理论形态的世界观，从总体上探索着人和世界的关系，寄托着人类精神曲折的求索。当代哲学崇高感的丧失主要表现在两个方面。

1. 来自西方的困惑

西方传统哲学高举理性主义的大旗，把理性抬高为一切裁判者，最终导致了“人类中心主义”和人的异化，导致了一系列全球问题的产生，导致了人的“无家可归”“家园失落”。现代人目睹了理性美梦的破灭，目睹了时代的阴暗和社会的不合理。法国社会学家艾德加·莫兰指出：“发展的危机，同样也是对我们自身发展的发展进行控制的危机。……我们从来没能控制世界的变化，而且这一变化向来就是危机的、混乱的、跌跌撞撞的、疯狂的。正如我们经常说过的那样，我们正处在‘全球化的铁器时代’和‘人类精神的史前时期’。”[①] 资本主义工业发展导致了人类文明畸形发展，人类失去了对自己、对未来的信心和理想，人类对于自身的存在（生活意义、价值和目标等）产生了根本的、普遍的怀疑。个人主义、拜金主义成了拯救灵魂的法宝，享乐主义和虚无主义成了解脱的途径。人类存在意义的丧失，造成了当代西方社会铺天盖地的无意义感。失去了思想归宿的人们，只能将就地“在失去意义的世界里不带信仰地生活”（韦伯语）。

在西方传统里，哲学主要是对真理的探索，人们一直在追问得到这种真理的可能性。可是，近年来西方哲学对“基础主义”、对唯实论提出质疑，“反唯实论和反基础主义共同为反哲学铺平了道路。反哲学把基础主义等同于哲学，因此它彻底否定哲学，或至少是所有那些与传统哲学或20世纪以前的哲学有染的思想的合法性”，以至于“我们这个世纪引人注目的现象是，哲学家对哲学作了大量的批判，因此创立反哲学竟成了一种新的哲学流派”。[②] 哲学的统一性、确定性、终极性观念被逐渐淡漠，正如维特根斯坦和海德格尔所认为的：西方哲学是一种错误、一种病态或幻觉的历史，通常所理解的哲学已经或应该终结。在“哲学已死”“形而上学的终结”“意识形态的终结”的口号下，相对主义、怀疑主义、虚无主义盛行。后现代主义的先驱们以“边缘”颠覆“中心”（德里达），以“断层”取代“根源”（福柯），以“多元”取代“基础”（罗蒂），他们对于包罗万象的近现代世界观提出了诘难，认为建立任何一种知识基础是不可能的，他们所展开的解构主义、反中心主义、反理性主义、反基础主义、多视角主义的哲学批判，正反映了当代哲学崇高的迷失。

2. 市场经济的销蚀

一方面，在商品经济中，“利益被升格为普遍原则，人已经不再是人

---

① 艾德加·莫兰著，阎素伟译：《社会学思考》，上海：上海人民出版社，2001年，第467页。

② 劳伦斯·卡弘著，冯克利译：《哲学的终结》，南京：江苏人民出版社，2001年，第28－29页。

的奴隶，而变成了物的奴隶"①。人的社会关系被异化成了商品交换关系、赤裸裸的金钱关系和功利关系，人由对物的崇拜，进而跪倒在物的面前。另一方面，市场经济从劳动力具有使用价值的角度出发，前所未有地重视人、肯定人，人的主体性明显提高，主体能力得到了前所未有的发展。个体的发展增强了社会公民的主体意识，英雄人物、模范先锋难以再有神圣性和崇高感。第三方面，大众文化（通俗文化）越来越多地取代精英文化，"文化快餐"伴随着文化垃圾涌入人们生活。文化的商品化加速了文化的更新和传播，同时也降低了文化的内在价值标准。大众文化失去了文化的批判性、价值性，失去了为人类宏大叙事（grand narrative）负责的责任感，一味迎合时代快速、时髦、肤浅、庸俗的特征，成了制造娱乐的商品。而作为这类文化生产者的所谓"知识分子"，在经济和利益的潮流中越来越趋于庸俗化、物欲化，难以用一种淡泊的心境去研究学问，无法超脱于物的湮没。至于不能商品化、货币化的哲学问题研究，难免不遭到冷落和冷眼。

崇高的迷失最主要的表现就是信仰危机，突出的现象就是没有理想追求。中国社科院曾对我国民众现状作了一次调查，在被调查者中，"有信仰者"只占28.10%，明确表示"没有信仰者"占36.09%。如果把"曾有过信仰"也视为目前没有信仰，那么"没有信仰"达到了58.33%，超过全体被调查者的一半。现代化和全球化的广泛展开，社会系统结构性矛盾、摩擦乃至冲突愈来愈多，出现了社会功能失调、关系紊乱、文化脱节、秩序瓦解、个性迷失等现象。如果说法国的"太阳圣殿教"两次骇人听闻的集体自杀和日本"奥姆真理教"的恐怖行动是当代西方社会中信仰危机的极端表现的话，中国20世纪90年代猖獗泛滥的"法轮功"则是建设社会主义过程中令人警醒的一种现象。任继愈先生分析说："……避免物质财富的损失，使人心明眼亮，总揽全局，保证规划成功，树立全局观念，则是哲学、社会科学的功劳。哲学、社会科学的重要性还没有引起足够的重视，甚至有些人还不认识。"②

---

① 《马克思恩格斯全集》（第1卷），北京：人民出版社，1995年，第24－25页。

② 《以国学对抗"法轮大法"——国学大师任继愈专访》，《新民周刊》2001年第10期。

二、哲学的启迪

任何时代，现实与理想的问题是人类生存的基本问题。理想与现实注定是对立的，理想是对现实的辩证否定，人的实践活动则是对这种对立的不断扬弃。哲学通常被看作是对人类“命运之问”的解答，其研究的主题就是如何把握、解释世界和定位人生，探询人在世界中的地位和价值，它表现和反映了人对世界和人自身根本问题的终极性探求。哲学的最主要功能就是从最深刻的层次和最深远的意义上对现实与理想的对立进行不断扬弃。

（一）哲学与世界观

世界观就是人们对于生活在其中的整个世界以及人和世界关系的根本观点、根本看法。毫无疑问，哲学是世界观的学问，是系统化、理论化的世界观，是以总体方式把握世界以及人和世界关系的理论体系。人们所处的社会历史条件、具体的生活环境、个人实践的经历、所受的教育和环境事物的影响等是不尽相同的，但起根本指导作用的是其信奉的世界观。没有一定的世界观作基础，自发形成的离散的、模糊的和不稳定的人生观是不能转变成自觉的、系统的、明确的人生观的。人究竟为什么活着，人活着有什么价值和意义，人怎样生活才有意义等问题的回答，只有在正确的世界观的指导下才能有正确的态度，有什么样的世界观，就会有什么样的人生理想。理想是人们根据对现实人生的理解，为未来设计的一种形象化蓝图，理想是世界观和人生观的集中体现。

（二）哲学与价值

价值是表现人们的需求和能够满足需求之物关系的范畴。中国哲学历来重视人的价值。孔子云：“天地之性人为贵”，“人者，其天地之德，阴阳之交，鬼神之会，五行之秀气也”。（《礼记·礼运》）《老子》云：“道大、天大、地大、人亦大，城中有四大，而人居其一。”这种“贵人”的思想，以人为价值主体，以人的道德、理想、人格为价值取向。需要指出的是，中国古典哲学有关人生价值的追求与宗教信仰中人的价值追求是完全不同的，它不是停留在生成毁灭的现世生存中，而是寄托于生命意义的永恒存在上，即超越感性生命，超越现世，实现人生的永恒性和超越性。那么人生价值如何实现永恒和超越呢？叔孙豹云："太上有立德，其次有立功，其次有立言。"（《左传·襄公二十四年》）儒家的"君子""圣人"超越了个体的局限，树立起普遍的理想典范。中国古典哲学向来重视价值理性和工具理性的统合，兼顾二者和谐一致。春秋时期，《左传》载曰："正德、利用、厚生，谓之三事。""正德"属于价值理性，"利用"则属于工具理性，是提高技术，使用器物，然后达到"厚生"之目的，满足人的生存需要。《大学》"八纲目"中"格物、致知"的工具理性与"诚意、正心"的价值理性的统一，更反映了以个人为本位，以实现人生价值为目标的新形式。

当今，特别是西方社会，工具理性的膨胀削弱了价值理性，用马克斯·韦伯的话说，现代化代表的是"工具理性"，而不是"价值理性"。工具理性摆脱了价值理性的制约，从而导致了现代化的异化，正如弗洛姆所指出："人建成了一个管理着人所创造的技术机器的复杂的社会机器，然而，人的这种全部创造却高于人，站在人之上，人并不觉得自己是个创造者和中心，而只觉得自己是一个由自己双手创造的机器人的奴隶。"① 马克思主义哲学正确对待了价值的问题，认为科学、合理的价值评价、价值认识必须符合两个要求：一是对客体状况的正确认识，二是对主体需要的正确认识。任何社会价值都要以能否促进人类社会的进步和发展作为主体需要的最高尺度和终极性标准，才能做出正确的价值选择，否则就会陷入价值相对主义或价值虚无主义。只有坚持价值性和真理性的有机统一，才能认识社会主义的价值取向和价值优势，坚定走有中国特色的社会主义道路。

（三）哲学与时代

马克思说过："任何真正的哲学都是自己时代精神的精华，是自己的时代、自己的人民的最精致、最珍贵和看不见的精髓都集中在哲学思想

---

① 弗洛姆：《资本主义下的异化问题》，《哲学译丛》1981 年第 4 期。

里。”① 哲学的发展总是继承以往人类历史所创造的先进思想文化，同时又总结当代实践经验，概括科学发展的积极成果。马克思主义哲学就是我们时代的思想智慧。哲学与时代是紧密相连、相互作用的，只有站在时代的高度，才能更好审视社会的发展、历史的演进。胡塞尔曾提出“哲学要关注生活世界”的口号。关注现实，就是重视对现时代重大实际问题的研究。哲学不能与时代思想建立一种自由和真实的联系，是难以适应社会现代性的发展的。哲学“不仅从内部即就其内容来说，而且从外部即就其表现来说，都要和自己时代的现实世界接触并相互作用”②。哲学如果放弃对现实的言说权力，“缺席”或“不在场”，或者抱着“对可以言说者言说，对不可言说者沉默”的态度，哲学将愈加置自身于冷遇之境。但是，任何一个时代都不可能抛弃哲学思维，它所抛弃的总是那些背离时代精神的陈腐之见。“我们哲学在目前所受到的冷落甚至责难恰恰表明了我们时代对哲学的关注和召唤，同时也表明了我们的哲学理论还存在许多不合时代进步要求的局限性。”③

（四）马克思主义哲学——理想眷注的家园

哲学的启迪功能主要地表现在对人的终极关怀、安身立命的重大问题的回答，为人们提供正确的思维方式、价值理想和人生意境，引导人们进入崇高的精神境界。马克思主义是近百年来与无政府主义、实用主义、自由主义、法西斯主义等思潮竞争角逐中逐渐为我们所接受的，列宁同志指出：“马克思学说具有无限力量，就是因为它正确，它完备而严密，它给人们提供了决不同任何迷信、任何反动势力、任何为资产阶级压迫所作的辩护相妥协的完整的世界观。”④ 因此，马克思主义成为我们理想的家园是必然的。这也就是为什么萨特将马克思主义指认为“唯一不可超越的哲学”。

首先，马克思主义是科学的，是对客观现实的正确反映，是关于社会发展一般规律的科学，为我们提供了科学的理论思维方式：其一，马克思

---

① 《马克思恩格斯全集》（第1卷），北京：人民出版社，1956年，第120－121页。

② 《马克思恩格斯全集》（第1卷），北京：人民出版社，1956年，第121页。

③ 薛波、赵凯荣整理：《市场经济与我国哲学发展走向撷要》，《哲学原理》1999年第12期。

④ 《列宁全集》（第23卷），北京：人民出版社，1990年，第41页。

主义哲学建立了以实践为基础的理论思维方式；其二，马克思主义哲学引入了唯物辩证法的理论思维逻辑；其三，马克思主义哲学结合了真理论和价值论。马克思主义唯物史观不仅是关于社会历史发展的理论，也是关于社会理想问题的理论，揭示了人的发展与社会发展要求的一致性，揭示了社会主义理想与共产主义远大理想的一致性，揭示了实现社会理想的理论、方法和道路。这种理想扎根于现实、符合客观发展、尊崇科学真理，是一种科学的、理性的信仰，与宗教的盲目和狂热截然不同。

其次，马克思主义是实践的，与现实生活相统一，为我们提供了广阔的时代境域。马克思主义以客观现实为基础，从中分析和概括出符合事物发展的客观规律，给人们指出了一条现实道路——社会进步必然导致共产主义的理想目标。马克思主义信仰源于现实且服务于现实生活。我们要以马克思主义原理为指南，结合实际问题，在反思现实中把握规律，在探索规律中认识现实，在理论与实践的统一中体会社会主义理想的不可动摇性。当前，我们要认识社会主义“低潮”现象与社会主义旺盛生命力本质的关系，认识市场经济现象与社会主义提倡的价值观的矛盾关系，要学习和运用哲学智慧解决社会主义建设和改革开放的实际问题。

再次，马克思主义是前进的。马克思主义信仰内化而产生的积极动力主要表现在认识世界和改造世界上，这与共产主义理想这一社会实践活动的宏伟目标指向一致。在社会主义革命时期，作为一种先进的世界观和思想武器，马克思主义与落后、反动势力坚决作斗争；社会主义建设时期，马克思主义仍作为一种先进世界观而成为人们认识世界和改造世界的指南。

中华民族正是树立了统一的马克思主义理想信念，才形成了一股坚不可摧的社会进步力量。正如邓小平同志所说的：“有了共同的理想，也就有了铁的纪律。无论过去、现在和将来，这都是我们真正的优势。”① 马克思主义应当立足于当代，放眼未来，进一步加大现代化、民族化和世界化的力度，这不仅是马克思主义实践本性的要求，也是创新发展的需要。只有这样，马克思主义才能成为我们的世界观、人生观、价值观和理想信念的支柱。

---

① 《邓小平文选》(第 3 卷)，北京：人民出版社，1993 年，第 144 页。

三、青年理想的树立

邓小平同志指出："一定要经常教育我们的人民，尤其是我们的青年，要有理想，有马克思主义信念，有共产主义信念。"① 理想是人对不完美现实的完美化和升华，是人最高的终极的精神追求，是超越性与现实性的辩证统一。当前我国正处于深刻的社会转型时期，社会主义市场经济正在建立完善。全球化和西方发达国家向我国输入其文化、价值观，不可避免地影响着青年们的理想观念。

（一）青年马克思是我们的楷模

马克思在中学作文《青年在选择职业时的考虑》中就显示了远大理想和价值取向。他认为人生的价值就在于为社会、为人类谋取利益，在于个人利益与人类利益的统一。"在选择职业时，我们应该遵循的主要指针是人类的幸福和我们自身的完美。不应认为，这两种利益是敌对的、互相冲突的，一种利益必须消灭另一种的；人类的天性本来就是这样的：人们只有为同时代人的完美、为他们的幸福而工作，才能使自己也达到完美。"② 为什么为多数人谋幸福的人才能达到完美呢？那是因为："如果我们选择了最能为人类福利而劳动的职业，那么重担就不能把我们压倒，因为这是为大家而献身；那时我们所感到的就不是可怜的、有限的、自私的乐趣，我们的幸福将属于千百万人，我们的事业将默默地，但是永恒发挥作用地存在下去，而面对我们的骨灰，高尚的人们将洒下热泪。"③ 马克思为人类利益服务的信念不是一句空话，理想单靠设计是不能实现的，它必须依赖实践。马克思的一生是战斗的一生，他参与社会生活，从事革命实践，为实现共产主义理想奋斗了一生。

（二）理想之途——加强哲学修养

马克思始终坚信："没有哲学我就不能前进。"马克思主义创始人十分

---

① 《邓小平文选》（第3卷），北京：人民出版社，1993年，第110页。
② 《马克思恩格斯全集》（第40卷），北京：人民出版社，1982年，第3页。
③ 《马克思恩格斯全集》（第40卷），北京：人民出版社，1982年，第7页。

重视哲学学习，指出这是锻炼和提高理论思维能力极其重要的途径。恩格斯曾指出，理论思维能力“必须加以发展和锻炼，而为了进行这种锻炼，除了学习以往的哲学，直到现在还没有别的手段”①。毛泽东同志也提出：“基础的东西是马克思主义哲学”，“我劝同志们要学习哲学”②。

哲学修养包括认识、思想、道德等各方面。《大学》“八纲目”提出了人生的崇高使命和远大理想是“在明明德，在亲民，在止于至善”。怎样实现这一理想呢？“古之欲明明德于天下者，先治其国，欲治其国者，先齐其家；欲齐其家者，先修其身；欲修其身者，先正其心；欲正其心者，先诚其意；欲诚其意者，先致其知；致知在格物。格物而后知至，知至而后意诚，意诚而后心正，心正而后身修，身修而后家齐，家齐而后国治，国治而后天下平。”（《礼记·大学》）“修身”是中间环节，是格物、致知、诚意、正心的凝聚，又是齐家、治国、平天下的起始。在儒家哲学的视野里，“从我做起”，“推而广之”，从“小我”到“大家”，这是一个不断提升的过程，也是实现理想的过程。当代青年必须强化哲学（特别是马克思主义哲学）的理论修养和知识功底，在固本开源的基础上开拓创新，把着眼点放在科学认识人类世界的发展规律和社会主义的前途上来，着重激发和引导他们对人民群众的历史命运和社会发展方向的理性思考。

（三）哲学赋予的使命感和责任感——实现理想的二维保证

正如马克思主义哲学所昭示的：人生的价值和意义就在于对社会所尽的责任和所做的贡献。哲学对现实世界的关注，总是与时代的主题和问题紧密相连的。马克思指出：“问题就是公开的、无限的、左右一切个人的时代的声音。问题就是时代的口号。”③ 马克思主义在当代中国的主题就是中华民族如何建设社会主义的问题，如何实现国家富强和人民富裕，这是当代青年必须承担的历史任务。

责任就是动力，每一个青年都应该有一种社会责任感，个人只有在推动社会发展的过程中履行自己的责任和义务，才能求得个人自身的发展。

---

① 《马克思恩格斯选集》（第3卷），北京：人民出版社，1972年，第365页。
② 《毛泽东文集》（第6卷），北京：人民出版社，1999年，第396页。
③ 《马克思恩格斯全集》（第40卷），北京：人民出版社，1982年，第289页。

责任感和时代相结合，与时代脉搏齐跳动，就产生使命感，使命感是责任感的升华。有了使命感，就有了为社会、为大多数人奉献的积极性和乐观态度。近百年来，外敌入侵、经济掠夺，亡国灭种的危险使得无数中华儿女抛头颅、洒热血，舍身救国，救民族于水火之中；中华人民共和国成立以后，贫穷落后的面貌又激起了有志青年忘我地投身于社会主义建设中。自私自利是遭人唾弃的，人格是渺小的，正如马克思说的："如果一个人只为自己劳动，他也许能够成为著名学者、大哲人、卓越诗人，然而他永远不能成为完美无疵的伟大人物。"① 当代青年的使命就是树立和发扬爱国主义精神，以高度的爱国信念和民族自豪感，立足本国，放眼世界，勇于创新，献身社会主义事业，尽快把我国建设成为富强、民主、文明的社会主义现代化国家。

（四）哲学的境界：求真、向善、达美——理想追求的目标

求真的任务就是寻求真理性认识，它既是对客观存在、规律、本质的真理性认识，也是对符合人们利益、合乎人性发展的真理性认识。它既要认识世界，又要认识自我，要尊重事实、尊重规律、尊重知识、尊重科学。向善是人的本性，指引一个社会构筑起正义的道德原则、仁爱的伦理关系、积极的人文精神、崇高的价值理想。善以真为前提，广义地讲，一切使人快乐、给人幸福的东西都可以称为"善"。善与恶相对，任何违背人性自由发展的东西都是"恶"的，善行目的在于满足人的需要和利益。求真和向善的终极指向是达美。"人按照美的规律来创造"②，美的尺度就是人的尺度，美的规律就是人的规律。哲学所昭示的正是人的这种有意识的生命活动，哲学"化天地之元气"，揭示生活的本质、人的本质，才能达美、造美。真、善、美之间是统一的、上升的过程。在真的基础上实现善，即获得人在自然和社会中正常生存和发展的保障，才可能创造和享受美。人类对真、善、美及其统一的追求，既是人生的理想，又是永无止境的历史过程。真、善、美高度统一的时代，就是共产主义。

如果说人生是一段航程，哲学就是船，托载起人和社会的发展；理想

---

① 《马克思恩格斯全集》（第40卷），北京：人民出版社，1982年，第7页。
② 《马克思恩格斯全集》（第42卷），北京：人民出版社，1979年，第97页。

是帆，指引着人生前进的方向。哲学不是遐想，哲学对人类的牵引是生生不息、勇往直前的。“哲学，只要它还有一滴血在它那个要征服世界的、绝对自由的心脏里跳动着，它就将永远用伊壁鸠鲁的话向它的反对者宣称：‘渎神的并不是那抛弃众人所崇拜的众神的人，而是同意众人关于众神意见的人’，哲学并不隐瞒这一点。”① 不只是哲学家，对所有人来说，“如果没有哲学那远射的光辉照耀着世界的前景，都无法前进”（詹姆士）。哲学是智慧，青年一旦掌握了哲学这一伟大的认识工具，便是理想扬帆远行之时。

---

① 《马克思恩格斯全集》（第40卷），北京：人民出版社，1982年，第189－190页。

道德情感与感动教育

一、道德情感及其特征

“道德情感是基于一定的道德认识，对现实道德关系和道德行为的一种爱憎或好恶的情绪态度体验，它是一个人根据一定的道德标准，在处理相互道德关系和评价自己或他人的行为时所体验到的心理活动。”① 道德情感是主体把握世界的一种特殊方式，是在一定的利益关系基础上，通过自身对外界的体验和自身情绪的认识、控制而形成的一种高级感情。道德情感活动以好恶、喜怒、爱憎等情绪形式表现出来，但又不等于这些情绪，它是人类道德心理中最深沉又最活跃的内容，是一切道德活动得以进行和符合目的的发展的主体保证，同时又是人们自我完善的一个方面。

对道德情感功用的低估、无视，甚至否定，是当今社会部分人产生“情感冷漠”“情感压抑”“情感枯竭”“情感危机”等主观认识根源之一。而对道德情感功用的高估或夸大，又导致一部分人产生“情感滥用”“情感泛滥”“情感至上”“情感主义”行为，影响主体积极性的弘扬和创造性的发挥。人类一切物质文明和精神文明，既是人类理性的结晶，又无不渗透着人的欲望、追求、情感、意志等非理性因素。从总体上看，道德情感有以下特点：

（一）理性与非理性因素的统一

现代美国人道主义心理学家马斯洛认为，人类价值体系存在两类不同的需要，一类是沿生物谱系上升方向逐渐变弱的本能或冲动，称为低级需

---

① 曾钊新、李建华等：《道德心理学》，长沙：中南大学出版社，2002 年，第 135 页。

要和生理需要；一类是随生物进化而逐渐显现的潜能或需要，称为高级需要。与纯粹非理性因素自然情感的自发性、盲动性的特征不同，道德情感的产生和存在是以客观的道德需要为基石的，它是人们依据一定道德标准估量、评价自己或他人的言行、处境时所生发的内心情绪体验。人们通过有关途径认同、接受一定的道德准则后，其情感活动便逐渐接受这种道德准则的导向和控制。古人说的“情合当然之则”，“发而中节”指的就是道德准则制导个人情感。只有自然情感的人，其情绪变化受低级需要的支配，随个人利害得失而转移，非理性因素占主导；具有高尚道德情感的人，其情感活动不以个人利害得失为转移，而由道德需要满足与否所制约，理性因素占主导地位。可见，道德情感的基本心理形式虽仍是情感，但已是受道德理性内控的感情。

（二）外显性和内蕴性的统一

道德情感是一个多层次的综合体，是道德情绪、道德激情、道德心境、道德情操等逐渐提升的过程。道德情感是主体对客体是否满足自己的道德需要而产生的主观感受和心理体验，这种感受和体验需反复多次才逐渐凝聚、积淀以至达到“无意识”、自动化的程度，这就是道德情感“成于内”的过程，即道德情感的内蕴性。成熟的道德情感是一个不断积累、不断深化、不断内化的过程。当然，道德情感是人们心理中极生动、活跃的因素，所谓“情动于中而不能不形于外”，即道德情感还具有强烈的外显性。内蕴性制导着外显性，使得道德情感的外显性更具有目的性和价值性，与自然情感的流露截然不同。

（三）社会普遍性与个体独特性的统一

所谓的社会普遍性，一是指道德情感人皆有之，每个人无时无刻不在感受着别人的喜怒爱恨；二是指道德情感的价值取向大致相同，所谓人同此情，情同此理；三是指道德情感也如人类其他情感一样，具有与人交流、共享、相互生发、互相感染的特征；四是指一定社会一定时期在道德情感方面的要求对全体社会成员普遍适用，比如社会主义要求人们普遍具有爱祖国、爱人民、爱劳动、爱科学、爱社会主义的道德情感。个人独特性是就每一位社会成员而言，其道德情感又是各有特殊、具体多样的。首先，道德情感作为主体对客体刺激而产生的心理感受和体验，具有鲜明的主观倾向性。主体主观因素的差异导致人们对同一刺激可能产生不同的情感体验。其次，人们的情感强度和外显方式也各不相同。有的人情感热烈奔放，有的人情感隐蔽含蓄，喜怒不形于色。同一种情感，不同的人在程度上也有差别，如对不幸者的同情，有人仅停留在怜悯的程度，有人怜悯之外加体恤，有人则深感痛惜。

二、道德情感在道德教育中的作用

在道德教育中，作为外在的教育要求，道德规范只有被人们认同进而产生相应的情感体验，在内心巩固下来，才能在各种不同的情境中显示出一种情感的定式力量，才能对道德行为产生推动作用，使之从道德规范的硬性要求转化为受教育者德性的培养，促使受教育者自觉地将社会道德规范或教育者的思想观点纳入自己的价值体系之中，成为自身道德信念的一个有机组成部分。

（一）道德情感是道德认识发展的动力

现代心理学研究表明，情感因素是人们认知信息渠道的“阀门”。情感作为主体认识活动存在的心理现象，一经产生就会反过来制约认识活动的展开。在一定程度上，情感还能够决定人的认知行为，成为人们从事某项认识活动的动力。道德认识在于对社会道德必然性的把握，而道德情感是在道德认识基础上的内心体验。道德情感不仅仅是道德认识活动的副产品，它具有重要的动力机能作用。在德育过程中，受教育者所特有的道德情感总是会影响到他对教育内容感觉的形成、知觉的选择、表象的回忆和思维的进程，并对他的道德认识行为具有肯定或否定的强化功能。正如列宁所说：“没有人的感情，就从来没有也不可能有人对真理的追求。”[①] 在德育过程中，道德知识灌输和道德行为对于受教育者来说是被动地屈从，道德认识停留在知其然而不知所以然的感性层面上，对道德规范的遵守并非出自于内在需求和自身的道德责任感，甚至可能在不道德的动机驱使下

---

① 《列宁全集》（第20卷），北京：人民出版社，1969年，第255页。

做出符合道德规范或貌似道德的行为。道德情感则可以有力地促进受教育者道德认识由感性到理性的发展，在受教育者道德内化过程中发挥着不可缺少的动力和桥梁的作用。

（二）道德情感是道德认识向道德行为发生的驱动器

道德教育的效果体现在受教育者道德品质的发展水平上。评价道德教育的效果，除了检查和考核受教育者“知”的水平外，更重要的是要认真考查其“行”的情况。因为，一个人的道德品质状况，归根结底是通过他的实际行为表现出来的。道德行为既是人的道德观念道德意志的外在表现，也是实现道德需要的手段。因此，道德行为是评判一个人品德优良与否的最重要的依据。在人的道德实践中，道德行为总是指向一定道德需要的满足，从而获得积极的道德情感体验。同时，强烈而深刻的道德情感又是道德行为发生的动力。因为，在道德行为发生之前，道德需要还只是一种可能，关于它的体验也只是用想象中的满足，但这种满足感在道德行为发生的过程中具有动力性的实际作用。道德情感之所以成为道德行为的内部动力，就在于一个人从能使他人得到快乐与满足的道德行为中体验到自我满足与幸福，获得一种自我提升的满足感。如果人总是在道德规范的硬性约束下活动，就不可能具有自律品质。因为他律必然是有时空条件限制的，当一个人处于失去外部道德规范制约的环境中，就可能会发生不道德的行为。现实生活中活生生的事实也告诉我们，一个人在接受了具有说服力的道德教育并形成正确的道德认识后，不一定产生与之相应的道德行为；而道德情感体验一旦在人的内心巩固下来，就会在各种不同的情境中显示一种定式力量，对道德行为的发生具有巨大的推动作用，使人进入一种崇高的境界，有助于道德教育从道德规范的硬性要求转化为意志自由的培养。

（三）道德情感是培育道德主体性的“发酵剂”

所谓道德主体性，就是指人在一定的道德情境中道德认知和道德实践的自主性、能动性、积极性和创造性。道德情感影响主体积极性的弘扬和创造性的发挥。恩格斯说：“在社会历史领域内进行活动的，全是具有意识的、经过思虑或凭激情行动的追求某种目的的人。”① 对主体情感需要的关怀和道德主体性的培育，是道德教育中至关重要的问题。道德教育不仅仅要“晓之以理”，更重要的是要“动之以情”。道德要落到实处，就必须要寻找人的心理基点。要使道德成为主体结构深层的心理因素，我们就必须探究主体情感在实现道德中的作用。在道德发展过程中，尽管理性使人摆脱了蒙昧，从而使人的活动自觉和自为，但合乎理性并不等于合乎德性。道德情感判断从“仁爱”出发，触动人心、洗刷精神，对于弘扬道德主体性、增强道德责任感意义十分重大。

三、感动教育

道德教育就是要培养人的道德品质。就品德结构来看，道德品质包含着道德认识、道德情感、道德行为三个方面。其中道德情感是伴随着道德认识而产生的内心体验，在品德的形成中是促使道德知识转化为道德行为的必要条件。道德情感不仅是客观现实的反映，而且也是人对客观现实的态度与行为方式。在人的成长过程中，道德情感是随着人的认识、信念、世界观的形成和发展而产生和丰富起来的。在现代道德教育中我们应该提倡感动教育。

感动教育的目的是培养学生道德情感的感受能力、控制能力和适用能力。

其一，道德情感的感受能力。道德情感是对道德必然性的体验，道德情感作为主体的意识活动，又是以道德必然性作为对象和依据的。道德是一种实践精神，体现了道德主体需要同满足主体需要的对象之间的价值关系。人们只能在这种“实践—精神”的互动中，实现对“应该”的超越，达到对“为什么”的“必然之理”的体认，才能逐渐培育道德品质。主体的道德情感感受能力即感动程度如何，决定了道德教育感化的效果及其发展。

其二，道德情感的控制能力。在个体道德发展的过程中，不良的情感因素会起到影响、干扰、阻碍、甚至破坏主体道德发展的负面作用，因此

① 《马克思恩格斯全集》（第21卷），北京：人民出版社，1965年，第341页。

控制和调节能力的培养也是感动教育的主要目标之一。具体说来，道德情感的控制能力一方面指对自我不良情感的自制，另一方面指对健康、进取、向上情感的鼓励、发扬。

其三，道德情感的适用能力。就是通过道德情感的培育，实现自我诱导、自我促进，同时实现对人际关系的调节，对不良社会现象的激愤、谴责和制止，解决现实生活中的具体问题。

如何开展感动教育呢？这是现代道德教育中一个值得探索的课题。当今社会的年轻人缺少感恩、缺少感动，缺少对社会、对父母、对亲人、对老师、对同学、对朋友和对帮助过自己的人的感激之情，这不仅是社会风气的问题，更是道德教育的问题。提倡感动教育，这是和谐人伦、增进人际友爱、倡导社会主义精神文明和思想道德教育的重要途径。在感动教育中倾注道德情感，拨动心灵的琴弦，比任何道德说教都要有效。

（一）了解他人，激发关爱他人的道德情感

现在许多独生子女娇生惯养、好逸恶劳，这似乎成了当今孩子的特色，学校道德教育面临着越来越大的困惑和艰难。某大学校园里曾贴出了一封家长来信，控诉孩子只知向父母索取，甚至为了多要钱物不惜“偷改入学收费通知，虚报学费”。这封来自山西长治上党老区63岁“无奈的老农”的来信——《儿子在大学怎么没学到良心》[①] 引起了社会的广泛讨论。信中痛陈儿子不知感恩：不知在大学里除了学习文化，还能否学到良心？

为了让学生学会感恩，可以教育学生从身边的亲人做起，通过爱父母、爱家庭，进而推己及人，达到爱同学、爱老师、爱学校、爱社会、爱祖国的目的，从而进一步改变不良的习性。比如开展如下活动：“算感恩账”，体会父母为自己付出的心血和汗水；“写感恩信”，将自己的所感所想和对父母、老师的感恩之情，写成一封信，双方交流心声、增进感情等。

（二）认识自我，激发自我约束、自我完善的道德情感

人不仅作为角色的存在物，人的存在也必然处于角色期待之中，一方面要接受外界标准对自己的评价；另一方面要以外界标准要求自己，即对自己

---

① 网易，http：//education. 163. com/06/0529/14/2IA0H1IJ00291MUP. html.

既有“评价之心”又有“命令之心”。角色伦理的规范是否与自我相符合，不同的角色伦理是否能协调地统于“自我”身上，是正确的道德角色扮演的关键。当角色伦理规范与“自我”处于一种疏离、分裂的状态，角色之“我”与“自我”不能协调统一，就往往会出现“自我镜像”的模糊，对自己职、责、权、利缺乏明确定位，也就难以承担角色伦理规范，难以培育道德角色。美国社会学家米德认为在道德意识发生过程中“主我”是有机体对他人态度的反应，“客我”也就是采取他人看待自己的态度对待自己。“主我”与“客我”的辩证统一，意味着个体不是消极被动地顺应角色伦理，而是同时保留了主动选择、自我承担的权利，使道德活动中的个体自觉产生行为责任感。这种道德行为由他律到自律的过程，也就是一个“去自我中心”的过程（皮亚杰）。

（三）认识社会，激发社会责任感和历史使命感

当人们形成强烈的责任感时，往往就会推动着人们去认识自己的义务、使命，去认识履行义务的方法和途径以及履行义务时对他人和社会的意义。康德指出：“只有出于责任的行为才具有道德价值。”① 他反对那种出于虚荣心或偏好、狂热爱好或不良企图的行为，尽管这些行为可能并非会产生一些坏的效果，但它们依然不具有道德价值。认识责任和承担责任，是具有高尚道德情操的表现。中央电视台连续多年举办了“感动中国”十大人物评选活动，当选人都是具有强烈社会责任感的榜样，对于弘扬社会正气、倡导积极健康的道德风尚起到了巨大的推动作用，这也是建设社会主义新时代的精神文明有效途径。

综上所述，正确认识和把握道德情感作用的特点，优化人们的情感活动，提升人们的情感素质，充分发挥道德情感的积极作用，在道德教育中意义十分重大，倡导感动教育是道德教育中的一条有效途径。

真正具有渗透力的道德不可能是完全理性化的，而只能是情感性或自由性的道德，因此，培育道德情感就是一种主体体认、认同、向往和信仰实现的过程。感动教育关注道德行为的发生动机是主体的内驱力而非外界的强制

---

① 康德著，苗力田译：《道德形而上学原理》，上海：上海人民出版社，2002 年，第 15 页。

性；关注道德行为结果上的内心体验，求得内心的平和、愉悦；关注道德情感的生成，把道德置于人性的基础之上，使道德真正成为人的道德，避免了将道德与人性割裂而使道德规范苍白无力的偏颇。正是从这个意义上说，感动教育就是人心灵秩序的建构。

道德关怀教育：大学德育实践与创新的一条重要理路

长期以来，大学德育课只是学生挣学分必修的知识课程而已，它对学生的思想内化、品德提升、做人境界提高、服务民众的意识养成、见义勇为的精神塑造究竟起到了多大的作用呢？近几年大学生违法违纪、恋爱越轨、打架斗殴、自杀凶杀、考试作弊、“枪手”出没等现象层出不穷，“缺德”现状的严重反映了德育的“失语”。道德关怀教育以其独特的情感激发、德育情景创设、教育主客体平等关系建立等为内涵特征，为解决大学德育课的德育困境开拓了一种崭新的理路。

一、大学德育实践困境的原因

大学德育课的德育功能弱化主要有如下几方面的原因：

其一，大学德育课的目标太高、内容太泛，缺乏对大学生切身需要的关怀。许多人认为：“德”的内容就是全面培养和提高学生的思想、政治、道德、心理和审美素质，使之成为德、智、体、美、劳全面发展的社会主义建设者和接班人，并且认为思想、政治素质是德的核心和根本。这种目标的确立似乎很全面，殊不知这种无所不包的概括，严重地损害了德育的纯洁性，降低了德育在高校教育中的核心地位。在相当长的时期内，强烈的政治化意识和倾向使高校德育不可避免地带有浓厚的政治色彩。在教育要求上以政治教育取代健康人格培养，在教育评价上以政治立场评价取代道德品质评价，这就造成了德育价值取向的偏颇。德育目标太高，就容易脱离学生实际，陷入空泛、空谈、空无。德育不是一个无所不装的容器，德育唯一的目标就是培育人之为人应该具有的基本品德素质和道德价值观。唯有让目标纯洁化，贴近学生，德育才不至于成为无所不在而实际上却是处处不在的空虚东西。

其二，大学德育课对现实问题解释乏力，缺乏对大学生现实需要的关怀。在教学实践中，我深切感受到大学生头脑中充满对现实与理想差距的思考，充满着美德的宣扬与社会黑暗现象相矛盾的疑惑，充满对道德崇高性和铺天盖地的世俗化侵蚀的迷茫。现在德育教材往往注重解释性和权威性，忽略对大学生现实需要的关怀，造成理论与实际脱节，容易陷入空洞的说教。特别是在市场经济条件下，德育一方面由于不能产生实实在在的效益而备受“冷落”，另一方面，也不能解答学生们由于生活方式、价值目标、道德取向的变化而产生的困惑和问题，因而许多大学生对德育课表现出冷淡和失望。当德育对现实“失语”，又怎么谈得上提高大学生的道德品质呢？

其三，大学德育课的德育实践忽略了大学生自身特点，缺乏对大学生德育内化途径的关怀。大学生思维方式、思想觉悟与以前相比有较大的变化，以前是“接受→消化→实施”；现在是“判断→取舍→实施”。大部分同学以自我为中心，以是否有利于自己作为思维的第一出发点，考虑利己的多，考虑利他的少。而德育工作者缺乏对学生的接受特点的关怀，更是加剧了德育功能的弱化。

其四，大学德育教师素质有待提高，对大学生德育应有的关怀能力有待提升。作为“心灵的工程师”的德育工作者本应该是有扎实的专业知识、丰富的相关知识、较高的思想品德素质，应该是高校中最受尊重、最受赞扬的人。事实是，一些大学的德育教研室“架子大”，但实际只有两三个专职教师，其他的都是聘请各部门的行政领导兼任。似乎德育课谁都可以讲，人为地贬损了德育课的地位，破坏了德育的纯洁和高尚。而一些人一边干行政，一边上课，上课的唯一目的是为了评职称，美其名曰“双肩挑”，实际则是怀着利己的心态干着不负责任、误人子弟的事情。这就不可避免地导致了更为严重的第五个问题。

其五，德育环境恶化，缺乏对大学生关怀氛围的营造。德育环境的恶化主要表现在学生受教育权利的弱化、学校办学急功近利、高校体制的逐渐官僚化、德育考核方式不科学等方面。造成此种现象的原因有：①由于高校扩招，学校规模急剧扩大，相应的办学条件却未跟上，学生享受不到应有的教育服务。②为了适应市场经济体制的变化，大学办学的“务实”以急功近利为特征，专业设置多是短期行为，课程开设盲目。③德育考核体制僵化，德育课作为一门知识课必须考试，不通过者就不能拿到相应的学分。我们难以想象：是否考试及格就说明考生的品德良好呢？不通过者是否就是品德低劣呢？大学生不是作为受教育的主体而是作为“教育产品”接受规章制度的统一、办学要求的“切割”，毫无主体性、个性而言。④大学教育及其制度设计的官僚化，使得大学正在“社会化”，不再是引领精神、倡导价值的一方净土，而成为社会的缩影。突出的问题就是高校腐败日趋恶劣，其产生的破坏性冲击波的强度、深度、广度是难以估量的。

二、道德关怀教育的内涵分析

高校德育最重要的是培育学生的道德主体性，给学生切近的道德关怀。所谓道德关怀教育就是道德教育者从关怀出发，通过激发道德接受者的道德情感，促进其人生美德系统的建立，从而完善其道德人格，实现全面发展。我们的道德教育之所以未取得应有的效果，问题的症结就在于我们将德育当作了道德知识的灌输、道德规范的传送。道德掌握学生不应该依靠权威，而应该增强学生的主体意识和选择能力，激励他们自觉地扬善抑恶，提高道德境界。道德是一种实践精神，体现了道德主体需要同满足主体需要的对象之间的价值关系。人们只能在这种“实践—精神”的互动中，实现对“应该”的超越，达到对“为什么”的“必然之理”的体认，从而实现道德关怀。①

（一）道德关怀教育的实质内容：人生美德系统的建立

对于大学生而言，人生美德系统应该有两个层次：一是底线伦理的遵守；二是道德价值观的确立。

底线伦理指人们行为方式所应遵循的最基本的、最低限度的伦理要求和规范，它关注“人应该怎样行动才合乎规则”，是人之为人的基本道德义务。对于大学生而言主要有如下的几个方面：①尊重生命。一方面是指对他人生命的尊重，另一方面是对自己生命的尊重。对生命的尊重既是社会存在的基本要求，又是人类普遍的价值诉求；既是个人基本的生存愿望，又是个人存在的迫切愿望。②行己有耻。羞耻感是个体心灵的第一层过滤网或关卡，知耻是人之为人的基本。孟子曰：“无羞恶之心，非人

---

① 肖祥：《道德关怀——现代道德建设的重要理路》，《东岳论丛》2005年第1期。

也。”（《孟子·公孙丑章句上》）陆九渊则说：“夫人之患莫大乎无耻，人而无耻，果何为人哉。”（《陆九渊集·人不可以无耻》）羞耻感，让人“有耻且格”。③诚信不欺。中国传统伦理认为，“信者，行之基也”，而“诚者，天之道也”。在整个道德体系中，诚信是最基本的道德规范和最基本的价值观。对于大学生而言，诚信就是不造假、不抄袭、不作弊、不说谎、不欺骗。④不欲勿施。孔子曰：“其恕乎！己所不欲，勿施于人。”（《论语·卫灵公》）它为人之存在确立了一条相互尊重的底线伦理。尊重作为最基本的道德共识，为人与人之间的相互交往提供了保障条件。“尊重是最基础的道德和道德的基础。一个人的道德品质是有高低之分的，但最基础的道德品质就是尊重自己和尊重别人。一个尊重自己和尊重别人的人是有道德的人。相反，不尊重自己和不尊重别人的人，就无起码道德可言。”[①] 对于大学生来说，尊重老师、同学、其他人和尊重自己都是十分重要的，尊重别人才能赢得别人对自己的尊重。

“底线伦理只不过是社会秩序的一些最浅显的要求和条件，但生活的意义毕竟在于追求美好的理想的价值。”[②] 对于大学生来说，更为重要的是要培育其道德主体性，树立道德价值观。

所谓道德价值观就是人们掌握一定的道德知识、内化一定的道德规范而在内心产生的一种稳定的、有正确道德取向和价值评价的心理态度和价值观念。如果说底线伦理作为工具性价值观是大学生道德培育的立足点和出发点，那么如何树立正确的道德价值观，树立高尚的理想情操，养成良好的道德品质才是德育的真正目的，这应该成为大学德育的重心。道德价值观的培育主要包括三个重要环节：一是培育道德意识。道德意识就是对什么是道德和人为什么需要道德的认识。道德不是生活的工具，道德本身就是人的生活所固有的内在价值尺度。对于大学生而言，只有道德意识的形成，才有可能形成高尚的品格。二是树立道德信念。道德信念是道德价值观形成的精神动力，是“追求着自己的目的的人的活动”的内驱力，是“表现本身的真正个性的积极力量”。[③] 要使“向善”成为共同的价值追求，

① 许启贤：《尊重：全球的底线伦理原则》，《云南民族学院学报》（哲学社会科学版）2003 年第 2 期。

② 赵汀阳：《我们和你们》，《哲学研究》2000 年第 2 期。

③ 《马克思恩格斯全集》（第 2 卷），北京：人民出版社，1995 年，第 167 页。

必须在大学生中培育一种普遍趋善的共同信念，道德主体性才有可能真正形成。三是养成道德品质。高校德育应该从关怀学生入手，注重其实践品格和道德品质的养成，如诚实守信、仁爱团结、谦让好礼、自强不息、克己奉公、修己慎独等。

“守德”（遵守伦理规范）之人仅仅是社会的基本要求，“有德”（塑造道德价值观）之人才是社会建设的中坚力量。因此，高校道德关怀教育的实质内容就是从底线伦理的遵守到道德价值观的培育。

（二）道德关怀教育的基本方式：道德情感的激发

道德关怀教育要从尽量满足主体的发展需要出发，激发主体的道德情感，让他们真实地感受到道德是个体切实的需要。道德情感是基于一定道德认识基础对自己是否满足道德需要而产生的主观感受和心理体验。道德情感是主体通过自身对外界的体验和自身情绪的认识、控制而形成的一种高级感情。道德情感是人类道德心理中最深沉又最活跃的内容，是一切道德活动得以进行和符合目的发展的主体保证，同时又是人们完善自己的一个方面。道德情感在道德教育中的作用主要表现为：

其一，道德情感是道德认识发展的动力。道德情感不仅仅是道德认识活动的副产品，它具有重要的动力机能作用。在德育过程中，受教育者所特有的道德情感总是会影响到他对教育内容的感觉的形成、知觉的选择、表象的回忆和思维的进程，并对他的道德认识行为具有肯定或否定的强化功能。道德情感可以有力促进受教育者道德认识由感性到理性的发展，在受教育者道德内化过程中发挥着不可缺少的动力和桥梁的作用。

其二，道德情感是道德认识向道德行为发生的驱动器。道德情感之所以成为道德行为的内部动力，就在于一个人从能使他人得到快乐与满足的道德行为中体验到自我满足与幸福，获得一种自我提升的满足感。道德情感体验一旦在人的内心巩固下来，就会在各种不同的情境中显示一种定式力量，对道德行为的发生具有巨大的推动作用，使人进入一种崇高的境界，有助于道德教育从道德规范的硬性要求转化为意志自由的培养。

其三，道德情感是培育道德主体性的“发酵剂”。对主体情感需要的关怀和道德主体性的培育，是道德教育中至关重要的问题。道德教育不仅仅要“晓之以理”，更重要的是要“动之以情”。道德要落到实处，就必须要寻找人的心理基点，使道德成为主体结构深层的心理因素，我们就必须探究主体情感在实现道德中的作用。道德情感判断从“仁爱”出发，触动人心、洗刷精神，对于弘扬道德主体性、增强道德责任感意义十分重大。

在道德教育实践中，笔者近两年在所授课的班级中开展了主题为“感动”的实践研究型教学，目的不是为了让学生完成一项作业、修一点学分，而是让学生找一个机会、找一点时间，好好地感受身边值得感动的人或事。实践证实：绝大部分学生在这一过程中深受教育，学会了去体悟父母、老师、同学和朋友给予自己的感动。在交流中，有些同学甚至泪流满面地讲述自己的感动，周围同学的掌声几次响起。感动教育的目的是培养学生道德情感的感受能力、控制能力和适用能力。当今社会的大学生缺少感恩、感动，缺少对社会、对父母、对亲人、对老师、对同学、对朋友和对帮助过自己的人感激之情，这不仅是社会风气的问题，更是道德教育的问题。提倡感动教育，这是和谐人伦、增进人际友爱、倡导道德关怀教育的重要途径。在感动教育中倾注道德情感，拨动心灵的琴弦，比任何道德说教都要有效。

（三）道德关怀教育的主客体关系模式建构：平等互助

美国著名的教育哲学家尼尔·诺丁斯最先提出“关怀伦理”（caring ethics）和“关怀教育理论”（caring theory），强调建立和维持关怀关系，双方在平等互惠的关怀关系中体验人与人之间的美好情感，从而激发道德情感。高校师生的关系远不能与小学师生亲密关系相比，许多老师上课就是完成任务，忽略对学生实际问题的关心和解答，师生之间缺少应有信任和理解，又怎么谈得上德育的效果呢？每个人都处在与他人的关系中，是“关系中的自我”（self-in-relation）。马克思指出：单个的人“是一个特殊的个体，并且正是他的特殊性使他成为一个个体，成为一个现实的单个的社会存在物”①。道德教育要取得切实效果，就必须重视个体的特殊性，在道德活动中建立教育主体与教育客体的关怀互助关系。实际生活中，学生有许多道德心理困惑急需解决，但又难以找得到适合的途径和机会。如果学生能够感受到教师的关怀，并且学会如何去关怀他人，那么他们接受外

① 《马克思恩格斯全集》（第42卷），北京：人民出版社，1979年，第123页。

界不良影响的可能性就会大大减少，道德心理困惑才不至于演变成一种极端的行动。

三、道德关怀教育在大学德育课德育的实践与创新

爱因斯坦曾说：“用专业知识教育人是不够的，通过专业教育，他可以成为一种有用的机器，但是不能成为一个和谐发展的人。”大学思想政治理论课教育应该从德入手，以德为先。

道德关怀教育如何实现德育的实践与创新呢？

第一，道德认知：从学生的发展实际出发，引导他们正确认识“自我实现”，不能偏离社会的需要。个体道德不是脱离社会的抽象的个人“本己之德”，而是社会道德在个体的内化。个体道德的形成必须通过认知，实现对道德规范的内化，这是由感性到理性的过程。道德认知是灌输与渗透的双向运动，这种互动实现了对个体身、心的双重影响（即规范的约束性和主体自觉意识的产生）。高校德育不在于教会学生多少道德知识，而在于为学生确立一种区分善恶美丑的道德原则，提高他们分析现象、处理问题、认识社会的道德认知能力。

第二，道德感染：重视德育环境的营造。如果说道德认知阶段道德主体仍处于被动、仿效的阶段，那么在道德感染阶段，对规范的服膺则是出自于对道德的情感体验、主观的积极态度和道德信念的生成。道德感染是道德对个体心灵的一种撞击，是个体道德境界升华的前奏，是个体道德生命力的强大动力。道德感染要达到切实的效果，就必须重视德育环境的营造。高校学生的主要生活环境就是校园，校园生活环境的优化、美化将为有效实施道德关怀教育提供平台。改变整个学校的氛围，营造有利的道德生活环境，这是道德关怀教育实施的前提。

第三，道德融合：道德教育的主体性激发。毋庸置疑，人是道德的主体，人的主体性是道德活动的内在依据，“主体性是一切道德活动的原动力”①。道德融合也就是内化的过程，这一过程是道德主体性的逐步确立。

---

① 肖雪慧：《人的主体性是一切道德活动的原动力》，《光明日报》，1986 年 2 月 3 日。

道德内化就是通过对社会道德的学习、选择和认同，将其转化为自身内在的行为准则和价值目标，实现一种主体内的融合，从而形成个体道德素质。道德融合是社会道德向“我”的“聚拢”，是个体的内在要求。

第四，道德升华：道德审美境界的追求。道德升华的过程是求真、向善、达美的统一。求真，既要认识世界，也要认识自我，达到海德格尔所描述的“去蔽（aletheia）”状态，即一种澄明的、真实的境界。道德之真就是既符合理性的、又是顺应情感的。善以真为前提，广义地讲，一切使人快乐、给人幸福的东西都可以称为善。道德之善，将为一个社会构筑起正义的道德原则、仁爱的伦理关系、积极的人文精神、崇高的价值理想。道德之美，是真与善的升华，马克思认为美的尺度就是人的尺度。孟子曰：“可欲之谓善，有诸己之谓信，充实之谓美”，美就是一种充实和完善。美的境界是一种感召、一种向上、一种催动。

除了完善以上的几个环节之外，道德关怀教育在大学德育课中的实践与创新还需要相应的配套创新工程的支撑。

第一，德育目标、重点的创新。德育的目标应该是提高学生的道德认知能力、道德感受能力、道德选择能力和道德审美能力。因此，高校德育的重点应以育人为根本任务，以学生为主体，塑造至善至美的品格。人只有不断追求和完善人格，才能展现出主体生命的智慧和光华；只有努力创造和完善人生，才能使人生更加璀璨和绚丽辉煌；只有实现了人格的完善和人生的完满，才能真正获得生活的幸福和快乐，才能使人生获得永恒的价值，从而实现主体价值的超越，成为自由而全面发展的人。这不正是大学德育的宗旨吗？

第二，德育课程体系的创新。大学思想政治理论课应当渗透伦理学知识。伦理学的学科内容和性质契合大学德育的宗旨，伦理学的逻辑起点是“从事实际活动的人”，而德育的目标正是回答“作为人我们应当做什么”“对于人什么是有价值的”。伦理学是探究人类自身利益需求以及如何满足这种需求的价值导向系统，毫无疑问，伦理学应该为大学生的发展和生活提供价值引导和精神支持。

第三，德育环境的创新。德育环境创新的实质内容就是德育环境的优化，它包括两个方面的内容：一是纯洁校园德育环境。其主要任务就是教育反腐，这是一个沉重而复杂的话题。腐败教育往往以一种无声的或暗示的方式告诉学生：送礼、送红包就可以打通种种关节。这无疑就在学生心灵播下了含毒的种子，这种影响是深刻而致命的，会以一种核聚变的方式波及学生的未来和社会的发展。因此，纯洁德育环境已成为高校德育的迫切而严峻的问题，关系着高校德育能否取得实效。二是纯洁高校德育工作者。作为塑造学生心灵的工程师，德育工作者必须具备良好的政治、道德、文化、心理等素质和健全的人格。德育教师不仅是教者，也应该是德育规律的研究者，德育工作者自身必须有对他人和社会的责任感；坦诚、正直的品格；乐于助人、尊重他人的美德；求实、进取的精神追求；克服困难、敢于应对挑战的毅力和雄心等方面。对大学生影响和作用力最大、最有效的莫过于老师的人格。高尚的人格具有崇高的价值导向力量，具有巨大的感召力、凝聚力，能够让学生佩服、信任、尊敬，教育者的规劝、指导、建议、批评就容易使学生认同，德育就会收到事半功倍的效果。

道德教育离不开道德关怀，德育要想取得切实的效果，就应该使学生从枯燥的道德知识的被动接受和僵化的道德法则中解放出来，找回道德选择和道德判断的自主性、能动性，实现道德生存空间的不断扩展。我们相信：德育由原来对道德规范、道德知识的解释和传授的强调，到道德关怀的彰扬，这是大学德育实践与创新的一次深刻认识和变革。

正义美德：大学生公民社会责任感的德性维度

"道德""善行"已然成为社会热议的关键词。"小悦悦事件""慈善丑闻""跌倒老人扶不扶""食品安全"等道德事件都在表明当下公民社会责任感中正义美德的缺失；而"最美妈妈""最美奶奶"等道德榜样又在启迪和昭示着公民社会责任感中正义美德的崇高。大学生公民社会责任感培育，不仅需要制度正义确认，更需要正义美德的提升。

一、正义美德：大学生公民社会责任感的核心要素

公民社会责任感是每一个公民对自己、他人、集体、社会和国家所承担责任的一种强烈的自觉意识或崇高情感意志。公民社会责任感是一切美德的基础和起点，是公民理性与良知的体现，也是大学生不断成熟和完善的重要标志；而正义美德则是大学生公民社会责任感的核心要素，缺乏对正义的认同和行为确认，就不可能有真正的公民社会责任感。

首先，正义美德是大学生锻造公民美德的实质，是公民社会责任感最重要的要素。大学生经过教育、习得、实践等途径，培育一定公民意识，提高公民素质，激发公民主体性，形成基本的公民品格之后，就会对他人、社会和国家产生一种自觉担负责任的获得性的自觉意识或崇高情感，这就是大学生社会责任感的形成。在大学生公民社会责任感的情感和意志系统中，正义美德的形成是最基本、最重要的。正义美德是对正义的自觉追寻和自觉践行，它是公民社会责任感的主体性彰显。这是因为，"个人行为的正义动机或者个人内在的正义品德构成了社会正义原则和正义制度得以实现的主观道德条件"[①]。

其次，正义美德的形成标志着大学生已经形成客观、求实、公正的处

---

① 万俊人：《制度的美德及其局限》，《中国人民大学学报》2005 年第 3 期。

世态度。公民社会责任感培育最根本的目的在于为学生确立一种看待事物、分析现象、处理问题的基本原则。人作为社会人，总会遭遇到纷繁芜杂的各种各样的问题，在对待各种事物、社会现象以及各种问题时，决不能单凭主观的好恶、情感的亲疏甚至意气用事，而应本着一种实事求是的态度，客观地、公正地去评判和取舍。比如对于社会道德问题、腐败问题、诚信问题、文化低俗化问题……如果有正义美德的导引，大学生就会自觉地认识到：事物如同硬币有两面，不要悲观地认为“天下乌鸦一般黑”，因而对社会失去信心和希望；批判的态度、清醒的认识固然必要，但每一个作批判的人首先应考虑到自己是否也会蜕化成为自己所批判的对象；任何一个孤芳自赏、置身世外、脱离现实的人，是不可能很好地融入社会的，关键是如何在世俗中保持心灵中的那份纯洁与崇高。客观公正与实事求是的处世态度，已然是正义美德的主体性呈现。

再次，正义美德的形成标志着大学生科学价值观的真正树立。市场经济下，一些人利益观念异化导致价值观和美德的“去圣化”，即对高尚的美德、永恒意义的事物、榜样的真实性采取一种怀疑的态度，在思想和行为上表现为“躲避崇高”“拒绝美德”“渴望堕落”。这种价值危机表明人们对于自身存在（生活意义、价值目标等）产生了根本的怀疑，是一种现代颓废主义的表现，容易导致人们对现实生活的无所适从。正义美德的形成一方面必然促使大学生对此种价值危机现象进行批判，另一方面必然提升大学生价值选择和价值判断的自主性，实现道德价值的不断扩展，追寻个体优雅生存的目标。

二、正义美德何以必要

首先，正义美德是大学生心灵秩序建构的基础，是社会良性伦理秩序的主体性支撑力量。社会伦理秩序的建立不能局限于制度规范正义，而更应该注重人的心灵秩序的建构，寻找作为美德正义的心理基点。社会正义的实现既需要制度正义的保障，更需要主观条件作动力。美德正义论者认为：“正义的规则只有对那些具备正义美德的人来说才是有意义的。作为人格美德的正义乃是制度正义的前提。”[①] 亚里士多德曾言：“公正是一切德性的总括。”“公正最为完全，因为它是交往行为上的总体的德性。”[②] 正义美德让人确信任何人不得从其错误行为中获益。大学生是社会的精英分子，承担着良性社会伦理秩序建构的文化重任，没有内在的正义美德，就不可能有真正的公民社会责任感。

其次，社会道德现实迫切需要培育大学生公民社会责任感，以优化社会道德环境。受社会环境的影响，高校大学生公民社会责任感缺失正义的现状不容忽视，如重个人前途、轻社会理想；重个人价值、轻社会价值；重个人利益、轻社会利益等。大学生作为社会培养的高级专门人才，能否树立强烈而牢固的公民社会责任感，不仅关系个体理想信念的实践，更与国家前途和民族命运息息相关；而能否培育具有正义美德的公民社会责任感，不仅显现出大学生社会责任意识的养成与否，更表明他们是否具备承担社会责任感的积极主动性。

再次，从大学生公民社会责任感的实践向度看，当代大学生面临的现代社会生活纷繁芜杂、生活空间极大扩展，迫切需要正义的美德去应对原有制度规范和原则难以解决的具体现实生活问题，从而进行准确的道德判断。纯粹外在规范的正义制度设计面对日新月异的现实生活问题时常常具有一种滞后性；无论规则是多么系统周全，任何一套规则都难以给所有可能的偶然事件提供指导。因此，塑造公民社会责任感，必须充分考虑实践过程中人的内在正义品质。大学生对正义的确认和维护，不应停留在“必须要（ought to be）”的阶段，而应该体现在主体对正义的自觉内化上，即揭示正义的“必然之理”、追问“为什么要（why to be）”。大学生公民社会责任感的塑造不应该依靠权威，而应是增强大学生的主体意识和选择能力，激励他们自觉地扬善抑恶，提高对正义维护和践行的道德境界。只有在这种“实践—精神”的互动中，实现对“应该”的超越，达到对“为什么”的“必然之理”的体认，才能造就大学生真正的社会责任感。

---

① 阿拉斯戴尔·麦金太尔著，万俊人等译：《谁之正义？何种合理性?》，北京：当代中国出版社，1996 年，第 80 页。

② 亚里士多德著，廖申白译：《尼各马可伦理学》，北京：商务印书馆，2003 年，第 130 页。

三、培育正义美德以提升大学生公民社会责任感

公民主体应当承担何种正义责任是大学生公民社会责任感培育的核心问题。质而言之，大学生对正义实现的愿望、动机和努力，决定着公民社会责任感的最终养成。“个人行为的正义动机或者个人内在的正义品德构成了社会正义原则和正义制度得以实现的主观道德条件。”[①] 在社会生活实践中培育大学生公民社会责任感，依赖于主体对正义的不懈追求。

其一，大学生公民个体性的获得与丰富，是培育正义美德以提升公民社会责任感的基本前提。公民个体性主要表现在主体性意识与主体责任感的统一。①培育大学生主体性意识。“主体性是一切道德活动的原动力。”[②]康德在《道德形而上学原理》确定的第一个道德命题就是“只有出于责任的行为才具有道德价值”[③]。②培育大学生主体责任感。西方传统自古希腊德谟克利特开启了功利主义伦理思想以后，公民的个体性一直倍受尊重。功利主义认为个人利益是社会利益实现的基础和逻辑起点，“不了解个人利益是什么而奢谈社会利益，是无益的”[④]。穆勒在《论自由》中提出了一个功利主义原则——群己权界原则：第一，个人行为只要不涉及他人，个人就不必向社会交代，他人或社会也无权干涉；第二，个人行为如果涉及他人，则个人必须向他人或社会交代，如有必要，他人或社会也可以干涉。中国传统文化的整体主义和差序格局造成了公民个性的丧失，而西方公民个体性的获得与丰富依赖于群己权界原则得以发展。和谐社会的发展存在于并实现于作为社会主体的人实践活动之中。“历史不过是追求着自己目的的人活动而已”[⑤]，因此社会和谐状态归根结底是社会主体（个人、

---

① 万俊人：《制度的美德及其局限》，《中国人民大学学报》2005 年第 3 期。

② 肖雪慧：《人的主体性是一切道德活动的原动力》，《光明日报》，1986 年 2 月 3 日。

③ 康德著，苗力田译：《道德形而上学原理》，上海：上海人民出版社，2002 年，第 15 页。

④ 周辅成编：《西方伦理学名著选辑》（下卷），北京：商务印书馆，1996 年，第 230 页。

⑤ 《马克思恩格斯全集》（第 2 卷），北京：人民出版社，1957 年，第 118 – 119 页。

集团、群体）的和谐，而其前提和关键便是公民个体性的获得与丰富，否则便会造成公民“自我镜像”的模糊，对自己职、责、权、利缺乏明确定位，而一个主体无法厘清自己的角色身份的社会，不可能是一个正义、和谐的社会。

其二，大学生公民社会性的拓展与成熟，是培育正义美德以提升公民社会责任感的重要途径。公民社会性的拓展与成熟必须正确处理个人与个人、个人与群体的关系。一方面，每一个人都是“关系中的我”（self-in-relation），如何建立道德关系中的“共在”（being with），而不是“为他者而存在”（being for）[①]，这是公民社会责任感的道德前提。正如马丁·布伯在《我与你》中认为，人与人之间应是一种“我—你”的相遇关系，而不是一种“我—它”的工具性关系。大学生公民社会性的拓展与成熟，将以“道德共同体”的建立为特征，其中每一个道德主体独立担当责任。另一方面，个体与群体应该实现良性互动。现代文明社会是人的发展与社会发展协调一致的社会。尊重主体、为个人的全面发展创造条件，是现代社会文明进步和社会和谐的目标。一个正义的社会，首先要保障主体之自由、生命、财产不受国家和群体的侵害，因为这种自由是主体最基本的自由，是维护主体生存和实践活动的基本保障。一个私域无自由、公域无民主的社会，无法确保公民的精神和心灵免遭侮辱，不能算是正义社会。其次，要保障公民享有以公正方式分享社会福利和享有政治参与权的自由，这种自由的权利是主体积极能动的表现。公正的社会使全体公民焕发出主人翁的主体意识，共同维护社会生活的有序稳定，“公正显然有助于促进公共效用和支撑文明社会”[②]。当公正成为美德，社会系统中各部分、各要素处于一种相互协调的状态，社会才有可能进入和谐社会。

其三，大学生对正义美德的道德确认和价值共识，是培育正义美德以提升公民社会责任感的内在动力。对正义美德的道德确认包括如下几个方面：一是主体对正义的道德认知，即主体认同正义观念并具备相应的正确认识；二是主体对正义的道德内化，即主体对正义观念具备相应的敏感度

---

① 齐格蒙特·鲍曼著，张成岗译：《后现代伦理学》，南京：江苏人民出版社，2003 年，第 58 页。

② 休谟著，张若衡译：《休谟政治论文选》，北京：商务印书馆，1993 年，第 18 页。

与亲和度，实现自觉的体认；三是主体对正义的道德实践，即主体依循正义的规范指导生活实践，行正义之事。道德确认是达成价值共识的桥梁。通过对正义美德的道德确认，将引导价值认同机制的形成、设置价值认同的路径，最终使非认同变为认同，使弱认同变为强认同。在市场经济条件下，利益的冲突加剧，利益的观念异化导致了人们普遍的价值观和美德的“去圣化”，而价值观和美德的“去圣化”，不仅导致了人们对其自身生存意义的茫然失措，而且也导致了现实生活的无所适从。工具理性的膨胀和价值理性的衰微造成了现代性价值的危机，其实质是在很大程度上造成正义的价值观危机。

其四，社会实践方面：配合思政课教学内容，开展校园实践，如班会课、交流会、报告会、校园文化活动等；拓展社会实践领域，如参观学习、公益活动、志愿者活动、下乡活动、社会劳动、实习实践等，让学生加深对社会了解，培育自觉服务社会意识和责任感。社会责任感作为一种道德情感，是知、情、行的统一，而加强社会实践则是实现这种统一的重要途径。提倡大学生公民社会责任感，才能实现学校教育与社会发展的对接，培育大学生自我控制能力和自我实现能力，提高大学生社会生活的适应能力和服务社会能力，培育高素质的社会主义公民。

强调正义美德不是否定社会制度之正义的重要性，而是将美德的正义作为实现社会和谐的最有生命力的组成部分加以凸显。和谐社会的构建不仅有赖于正义制度的建设和完善作保障，更重要的有赖于每个怀有正义美德的公民去践行，从而形成一个充满活力的共同体，共同推动社会的和谐进步。概而言之，美德正义的伦理诉求以生活中公民个体性与社会性的全面获得和增长为主观条件，以公民对正义美德的道德确认和价值共识为动力，唯其如此，正义才不会再像“普洛透斯似的脸”变幻无常。[①]

---

① E. 博登海默著，邓正来译：《法理学——法律哲学与法律方法》，北京：中国政法大学出版社，1999 年，第 252 页。

大学生负心理的道德调适

现实研究表明，大学生“缺德”现状的严重在很大程度上都是由心理问题造成的。现代身心医学研究也证实：许多心理疾病与道德问题密切相关，是道德扭曲和价值观偏差的反映。因此，用道德方式和手段调适大学生负道德心理，成为大学生的心理健康和道德教育研究中的重要问题。

一、何谓负心理

所谓负心理，就是负道德行为者的心理状态，在这里指的是大学生在日常道德生活中诱发违德行为的心理因素和心理状态，其表现为不自强、不自立、不自信、不自重、不自尊、不自省。长期负心理会导致心理失衡和病态，摧毁自我调节机制。那么，什么样的心理因素或状态容易造成大学生违德、失德呢?

其一，无知心理。所谓无知心理就是没有正确的道德认知，不知何为道德、何为非德，由此不能形成正确的道德判断，最后就容易导致非道德行为的产生。例如，一些大学生善恶不分、是非不辨、美丑混淆。当一个人对真善美与假恶丑丧失辨别力，头脑中没有基本的荣辱观念时，就易造成价值取向扭曲，什么背信弃义、见利忘义、损人利己的事情都可能做得出来。大学生道德的无知心理，反映了道德知识教育的欠缺。

其二，从众心理。在许多大学生思想中，盲从心理非常严重，比如，就餐时不讲秩序、上课时旷课迟到、考试时抄袭作弊等，这种违德的现象多是因为“随大流”思想作祟。从众心理主要就是希望通过众人违德现象的普遍性为自己违德寻找借口，从而掩盖缺德的自我真实性动机。从众心理往往会产生一种“蝴蝶效应”，恶化道德氛围、败坏道德风气。

其三，逆反心理。大学生逆反心理的产生既有生理的原因，也有道德认知不成熟的原因。从生理角度而言，大学生处于青春期，心理情绪中既有对新鲜事物的渴望又有对规章条例的约束所产生的情绪化、生理上的反抗。从道德认知角度而言，大学生的思维方式和思想觉悟多以自我为中心，由以前的“接受—消化—实施”变成了“判断—取舍—实施”，对有悖于自己的思想、判断的东西常常抱有一种敌意，于是做出一些“出格”的违德之事。

其四，侥幸心理。侥幸心理常常是因为违德、缺德时没有得到相应的惩罚、暗自庆幸。比如大学生中存在的考试作弊、请“枪手”代考等，一些人因为没被发现，非但没有受到应有的惩罚，而且顺利过关、不当得利，没有为自己的非道德行为付出成本，这必然会带来竞相模仿，加速道德环境的恶化。

其五，自卑心理。自卑心理往往是因为客观条件等原因导致主观内在的焦虑、抑郁。如一些大学生因为家庭条件、经济能力、学习成绩或同学态度等原因，导致自责自罪、自卑自弃、妒忌憎恨。自卑心理如果得不到有效疏导和排解，往往导致一些人做出一些损人害已的违德、违法行为。

其五，挫折心理。考试失败、失恋、生理缺陷、与同学关系紧张、未能当上学生干部、未评上奖学金等内部或外部原因都会给大学生造成挫折心理。人在遭受挫折时伴随着强烈的紧张、愤怒、焦虑等情绪，会做出各种各样的违德行为，如损坏公物、攻击他人、伤害自己、破坏交往等。

其六，逃避心理。逃避心理就是拒绝道德责任，“躲避崇高”“拒绝美德”“渴望堕落”。这种精神危机表明人类对于自身存在（生活意义、价值和目标等）产生了根本的、严重的、普遍的怀疑，是一种现代颓废主义的表现。价值观和美德的“去圣化”，不仅导致了大学生对其自身生存意义的茫然失措，而且也导致了现实生活的无所适从。责任是道德的基本元素之一，没有责任的意识和承担，就无所谓道德，道德素质的高低，必然以责任为基础。

以上种种负心理对大学生道德认知和道德行为产生了极其严重的影响。

从道德认知的角度而言，负心理造成了大学生在道德评价、道德价值取向上两种突出的特征：一是道德评价的主观性。随着年龄、学识的增长，大学生对一些问题已经形成自己的观点，是非对错、真假美丑皆用自己的道德标准去衡量，往往批评他人而不检讨自己，指责社会而不承担应有责任，有责人之心而无审己之量，甚至自己也不自觉地成为自己所批评的对象时仍然固执己见。二是道德价值取向的功利性。功利性本无可指责，但是若走向偏颇就会造成急功近利，其特征就是急于求成、贪图眼前利益、浮夸浮躁、虚假不实、贪大求功。一些大学生不好好学习，满脑尽想歪门邪道，遇事“利”字当头，有利则干，无利则休，有用价值凌驾于道德价值和生命价值之上。

从道德行为的角度而言，负心理造成了大学生义利冲突、知行相悖、德智分离。一是义利冲突，即道德和利益发生冲突。中国传统文化偏向于“义以为上”（《论语·阳货》）、“见利思义”（《论语·宪问》）、“先义而后利者荣，先利而后义者辱”（《荀子·荣辱》）。道德产生于利益调适的需要，有效地限制“自利”，达到“互利”，进而“利他”，这就是道德的升华。但是市场经济条件下“见利忘义”等现象造成了大学生们种种负心理，使得一些大学生追求物质享受和感官享乐，实用主义和拜金主义泛滥，在物的面前是跪倒着而不是站立着的。二是知行相悖。由于负心理的作用无处不在，一些大学生所受教育、接受的知识未能在日常行为生活中得以体现，造成了知行的悖离，例如在处理个人与他人、公共的利益关系上，往往重视个人利益、轻视他人利益、漠视公共利益。知行的相悖反映了大学生对道德所“知”不甚清晰，对道德规范未能很好地内化。三是德智分离。一些大学生致力于知识和技术的学习，轻视人文素质的培育和道德品质的提升，出现了有才无德的现象，特别是一些理工科院校，情况更为严重。

负心理仅仅是心理的表面和外显的特征，如果不加以有效调适，往往极易造成心理失衡和心理疾病，最终会造成病态人格，带来更为严重的危害后果。

二、负心理的道德调适是否可能

对于大学生种种负心理，道德调适是否可能呢？所谓道德调适，就是遵循调整价值取向的基本原则，采用思想疏导、认知补救和精神引导等方法，有效地中断“负心理—心理失衡—心理病态”的发展链条。

其一，道德引领着大学生心理的健康发展，为健康的心理品质形成提供了动力。综观大学生的种种负心理，我们可以发现：尽管引发的原因是多方面的，但无不与他们自身缺乏明确的人生观、价值观和生活目标有关。大学生负心理反映在个体心理中表现为道德选择的不确定性、道德观念模糊、道德价值评价混乱、道德忧虑等的现象。道德选择的不确定性主要源于心理的无所适从；道德观念模糊主要表现是个体内心对道德认知不清和对道德准则的强烈拒斥；道德价值评价混乱也就是内心权衡仪的失灵；道德忧虑是道德混乱引起的内心焦躁、厌倦和失望，是道德危机的心灵综合征。世界卫生组织已经把道德健康纳入健康的范畴，道德健康最重要的是道德心理健康，它是心理健康的极高表现。道德心理健康就是身心合一，就是心理状态的积极向上，表现为正确的道德认知、坚强的道德意志、健康的道德情感、崇高的道德信念、有效的道德矫治能力、良好的道德行为习惯等方面。因此，加强大学生人生观、价值观教育和思想道德教育，将有效地促进大学生健康的心理品质的形成。

其二，道德培育是一个认知心理发展的过程，道德教育与心理健康教育互相影响、互相促进。一方面，道德的养成需要经过认知、思维、判断、推理的锻炼和意志磨炼、坚定信念的心理过程，这个过程不是一蹴而就、直线发展的，它必须多次反复才能真正形成个体道德。另一方面，心理健康巩固着道德教育的成果。高校心理健康教育以培养大学生健康的人格、健康的心理、良好的社会适应性为目标，使广大学生能够形成对自我的正确认识、健康和谐的人际关系，有效地调节情绪，养成热爱生活、积极向上的乐观精神，促使自我不断完善。心理健康教育从目标而言，它与德育的目标是一致的，都以培养大学生成为有健康人格、有知识、有理想的人才为目标。

其三，道德修养能改善人的机体系统，从而有效地驱除负心理。一方面，道德能改善人的情绪状态，达到身心和谐。个人情绪的产生与其道德价值观息息相关。人的情绪、情感状态与人的精神和物质需要满足程度相关，而需要满足与个人价值观密切相关。以享乐为第一需要的人，因追求无止境而陷入无限的烦恼，有崇高精神追求的人必是节制而能保持心理平和。同时，个人情绪还与其道德行为效果有关。有益他人、社会的良好道德行为会将外界的肯定、赞美等信息反馈给行为人，使之产生一种荣誉感、快乐感；反之，损害他人、违背社会伦理道德的行为则会使个人的身心产生焦虑、负疚等不良情绪。另一方面，道德能改善人体机体系统循环，促进人体生物功能处于近平衡状态，从而维持身心健康。科学研究表明，道德愉悦能促进人体内分泌更多有益的激素、酶类和乙酰胆碱等，从而使人体调节到最佳状态，增强人体免疫力。反之，那些败坏社会道德风尚、行为悖于道德的人，因为内心紧张、精神虚慌、良心责备而造成其神经系统、内分泌系统、消化系统等的损坏，使人体多种生理机能失调，诱发各种功能性疾病。

其四，单纯的心理手段对大学生负心理的调适是有局限性的。负心理的出现是心理失衡和心理病态的前奏，此时心理要素在活动中处于矛盾对立状态，如果不加以引导，就会出现负性的失衡，如情感上的控制无度、意志上的犹豫不决、思维中的认识偏颇、性格上的孤僻自傲等。但是大多数有负心理的大学生基本上仍能照常学习和生活，此时许多心理工作者往往选择运用一般性的心理治疗和心理咨询的手段加以应付。心理治疗一般常辅以药物治疗，对大学生负心理调节显然是不必要的。心理咨询主要以倾听被辅导者的心声、暗示被辅导者心理、确证被辅导者心态为内容，只能帮助被辅导者认清自身的心理状态，从辅导老师那里得到自己心理问题的严重性肯定和克服心理问题的必要性强调，至于如何解决心理问题则没有获得有力的方法建议，因此往往效果不尽人意。另外，许多存在负心理的大学生，他们本人尚未认识到其消极性和危害性，或者有所认识，也认为没有什么大不了的，没必要向人倾诉、寻求帮助，更不愿意给自己或他人落下一个“心理有病”印象。因此，如何优化大学生心理，使他们自觉克服负心理状态带来的不良影响，仅仅依靠单纯的心理手段是不够的。

三、负心理的道德调适如何可能

心理因素与道德之间是相辅相成的，心理因素对个体道德的产生和发展起着促进作用，对道德的知和行起着调节作用；反过来，道德对心理有调控作用，当道德规范为个体所认识、领悟和内化，就会生产自觉的道德意识和道德约束力，进而调控人的心理，调节个人与他人、社会的关系。那么，大学生负心理的道德调适如何可能呢？

（一）道德认知纠偏

所谓道德认知是指对道德规范、原则及其价值的认识和理解，以及对人们的行为能根据社会道德的要求作出判断和评价。道德认知是道德内化和道德行为产生的前提，是道德自律的认识导向基础。

道德认知纠偏促使大学生道德发展机制逐渐成熟。道德认知纠偏为大学生道德行为的恒常产生做好了心理准备、从而促进道德行为定向的形成。在道德心理学中，道德行为的心理定式是个体产生自觉道德行为的心理稳定的准备状态，它最终形成之后，道德才会具有行为定向。个体道德的真正形成和自律内化的有效作用，都是以道德发展机制的形成为标准的。由于道德发展机制的形成是经历一系列道德认知、认知冲突、冲突解决等过程得以实现的，道德发展机制的成熟就意味着个体的道德发展到了较高的阶段，形成了新的较高水平的认知结构。

道德认知纠偏优化了大学生的价值实现方式，从而促进了美德的形成。人怎样进行价值思维判断，怎样确定和选择价值目标，以及怎样实现价值，都是受其认知结构的影响和支配的。苏格拉底提出了“美德即知识”，真知识不是关于客观自然的知识，也不是个人的意见，而是对整个与人的生活发生联系的所有的善的知识，知道何者为善。德谟克利特也特别强调学习善知识的重要性，他认为“对善的无知，是犯错误的原因”①。“人只有发展到高度理性自觉的时候，才能排除非理性的世俗观念，追求普遍价值，因为在他的知识结构中已不是具体的感性经验实在，而是超越了具体的感性经验实在，在更高的世界观和人生观的意义上认识和把握了外部世界普遍的价值关系与联系。”②

因此，从认知层面而言，道德认知纠偏有效促使大学生道德认知结构的形成和发展，是有效防御负心理产生的重要前提和手段。

（二）道德情感激发

道德情感是指道德主体基于一定的道德认识，对于现实生活中的道德

---

① 周辅成编：《西方伦理学名著选辑》，北京：商务印书馆，1964 年，第 76 页。

② 司马云杰：《价值实现论——关于人的文化主体性及其价值实现的研究》，西安：陕西人民出版社，2003 年，第 351 页。

关系和道德行为所产生的肯定或否定、喜爱或憎恶、倾慕或鄙弃等情绪态度体验。道德情感是道德认识发展的动力。现代心理学研究表明，情感因素是人们认知信息渠道的“阀门”。情感作为主体认识活动存在的心理现象，一经产生就会反过来制约认识活动的展开。列宁说：“没有人的感情，就从来没有也不可能有人对真理的追求。”① 道德情感可以有力地促进受教育者道德认识由感性到理性的发展，在受教育者道德内化过程中发挥着不可缺少的动力和桥梁的作用。在道德实践中，道德情感体验一旦在人的内心巩固下来，就会在不同的情境中显示一种定式力量，对道德行为的发生具有巨大的推动作用，使人进入一种崇高的境界，有助于道德教育从道德规范的硬性要求转化为意志自由的培养。道德要落到实处，就必须要寻找人的心理基点，探究主体情感在实现道德中的作用，使道德成为主体结构深层的心理因素，从而弘扬道德主体性、增强道德责任感。

大学生道德情感的培育不是一蹴而就的。大学生道德情感更多地取之于生活环境中的人和事。道德情感的产生具有情境性、针对性，人总是在一定情境中产生道德情感的。因此，加强大学生校园文化建设，加强师生互动交流、纯洁大学德育环境，创造公正民主、开放多样、平等和谐的教育情境，并让学生在实践活动中加以体验和强化，是培育积极健康的道德情感的有效之途。

其一，了解他人，激发关爱他人的道德情感。让学生学会感恩，可以教育学生从身边的亲人做起，通过爱父母、爱家庭，进而推己及人，达到爱同学、爱老师、爱学校、爱社会、爱祖国的目的，从而进一步改变不良的习性。

其二，认识自我，激发自我约束、自我完善的道德情感。人的存在必然处于角色期待之中，一方面要接受外界标准对自己的评价；另一方面，要以外界标准要求自己，即对自己既有“评价之心”又有“命令之心”。认识自我、激发自我约束意味着个体不是消极被动地顺应角色规范，而是同时保留了主动选择、自我承担的权利，使道德活动中的个体自觉产生行为责任感。这一过程，也就是一个“去自我中心”的过程。

其三，认识社会，激发社会责任感和历史使命感。当大学生形成强烈

---

① 《列宁全集》（第20卷），北京：人民出版社，1969年，第255页。

的责任感时，往往就会推动着人们去认识自己的义务、使命，去认识履行义务的方法和途径以及履行义务时对他人和社会的意义。康德指出："只有出于责任的行为才具有道德价值。"① 对于责任的认识和承担，是具有高尚道德情操的表现。

（三）道德意志培育

在道德心理学中，道德意志是人按照道德原则和要求进行道德抉择和行动时调节行为和克服困难的毅力表现和能力。其作用是支配行为主体坚持道德价值标准的要求，果断地对道德行为的方向和方式做出抉择，并抑制和排除来自内部或外部的各种障碍和干扰，使人专注于某项行为的完成，并且努力保持个人一系列行为的稳定性和一贯性。毛泽东的老师杨昌济曾说："道德教育，在于锻炼意志。人有强固之意志，始能实现高尚之理想，养成善良之习惯，造就纯正之品性。意志之强者，对于己身，则能抑制情欲之横恣；对于社会，则能抵抗权势之压迫。"② 可以说，没有道德意志，就没有道德行为，就没有道德生活。

其一，明确道德目的，加强自我修养。道德目的是道德意志的核心和实质，也是道德意志发生的起点和标志。意志是在有目的的行动中表现出来的，没有道德目的，就没有道德意志可言。培养良好的意志品质必须通过自我修养和自我锻炼才能真正起作用。因此，在培养道德意志时要注意发展和提高自我意识，特别是自我检查、自我监督、自我评价、自我命令、自我超越、自我激励等能力。

其二，道德信念的确立。道德信念是主体对道德目标的一种自觉、自愿的追求，它一经确立，就具有稳定性和强大的动力功能，直接参与道德意志活动。道德信念的内在发生机制是人的情感和意愿需要的一种内化，它遵循人类的一般认识规律，其一般步骤是：现实立足点——一般目标—价值目标—信念形成。从价值论的角度看，信念是一种特殊的价值形式，它为人们确立思想和行动上的有效原则和目标，告诉人们"应该"与"不应

---

① 康德著，苗力田译：《道德形而上学原理》，上海：上海人民出版社，2002 年，第 15 页。

② 杨昌济：《杨昌济文集》，长沙：湖南教育出版社，1983 年，第 69 页。

该”，并把行为目标指向未来。因此，道德信念为道德意志指明方向并提供保障。

其三，在生活实践中克服困难、磨砺道德意志。克服困难意味着对行动的预定目的的坚持，意志行动中所克服的苦难越大，意志行动的特征就显得越充分、越鲜明。道德品质和德性的养成不是一蹴而就的，必须在长期的生活实践中学习、体会、训练，才可能获得稳定的道德意志。

以上是从道德主体的角度而言对大学生的负心理进行道德调适，此外，还要注意从外部加强，如培育一支高素质的德育教师队伍，拓展道德教育内容，进行德育环境的“大扫除”等。其一，心理卫生学认为，教育者的人格和心理健康状态比其他专业学科知识和教育方法更能影响一个人的健康成长，从而避免部分教师不当的教育行为和人格影响给学生造成师源性的心理伤害。高尚的人格具有崇高的价值导向力量，具有巨大的感召力、凝聚力，能够让学生佩服、信任、尊敬，教育者的规劝、指导、建议、批评就容易使学生认同。其二，拓展道德教育内容。以理想信念教育为核心，以爱国主义教育为重点，以公民道德教育为基础，既要体现时代特色，同时又要继承传统道德的精华。其三，大学德育环境的“大扫除”。德育环境的恶化主要表现在学生受教育权利的弱化、学校办学急功近利、高校体制的官僚化、德育考核方式不科学、高校腐败日趋恶劣等方面。当前，纯洁德育环境已成为高校德育的迫切而严峻的问题。

消除大学生负心理及其由此造成的心理失衡是一项系统性的复杂工程，从道德的角度进行思考、预防和调适，显然已经超越了单纯的心理手段和思想政治理论课的“老套说教”。大学生心理健康教育的道德心理学研究必将成为新时期一个富于挑战性的课题。

后　记

时间真如白驹过隙！以前听到或看到这样的表述，难以体味其中的真义，那是因为仍然年轻！当真正体会到时光飞逝、流而不返的时候，已经是不惑之年，再也难以重现多愁善感的诗情才意！当我站在讲台上对坐着的青春焕发的大学生们说："我非常羡慕你们！不是因为我站着、你们坐着，而是因为你们年轻！"不知道有几人能读懂我羡慕甚至嫉妒的眼神！这是人世间任何人都无法走出的悖论！当他人对你说"要珍惜时间"的时候，你不懂；当你对比你更年轻的他人说"要珍惜时间"的时候，你懂了，别人却不懂！但时间是铁面无私的，它客观地审视和对待每一个人！

2007 年博士毕业之后，我一直从事伦理学研究，尽管没有引人注目的研究成果，但也并没有违背我在博士论文后记中的许诺——"伦理学的殿堂是神圣的、高洁的，我愿成为一个执着的攀登者！"在伦理学的相关思考中，我尤其关注马克思主义政治伦理思想研究和伦理现实相关问题研究，也写作了百余篇文章，有些纯粹是思考后的练笔，甚至在一些期刊的编辑看来不具备发表的价值，我却无法湮灭思考的冲动。有时想想，这样挺好，何须证明！

搜集了写作的一些论文，汇集在一起，算是一个工作的小结，亦算是一个思想清理，同时也算是学科建设上交的一份作业。由于篇幅所限，在编辑的一再要求下，本书删除了多篇文章，甚为遗憾。

感谢桂林理工大学马克思主义学院对著作出版的经费支持！感谢暨南大学出版社陈绪泉编辑和杜小陆编辑以及其他老师的辛勤付出！

希望在不断的思考和历练中，我会更加深沉、更加成熟！

清浅时光，岁月静好。感谢岁月的赋予，亦感谢关心、帮助、指导、扶持过我的所有的人！

肖　祥

2017 年 5 月 8 日于桂林